国家科学技术学术著作出版基金资助出版

磨削功率/能耗智能监控与优化决策系统及应用

田业冰　王进玲　著

科学出版社

北　京

内 容 简 介

本书针对我国实际磨削加工智能化程度低，较难对磨削过热、砂轮钝化、磨削烧伤等进行有效预判，极易出现磨削能耗高、效率低、烧伤频繁、表面完整性差、磨削性能不稳定等技术问题，将新一代信息技术与先进制造技术深度融合，介绍了磨削功率/能耗智能监控与优化决策软硬件系统、磨削过程监测海量功率信号的时频域特征提取方法、磨削工艺参数多目标优化方法、用户-基础-过程-知识结构的远程磨削数据库、磨削加工智能控制技术、磨削功率/能耗智能监控与优化决策系统应用及展望等。

本书内容紧跟国际科技前沿，符合制造业智能化和绿色化发展趋势，具有突出的创新性和工程实用性，可供从事精密/超精密加工工艺与装备研究工作的科技工作者、专业技术人员以及高等院校的专业教师、研究生或本科生阅读参考。

图书在版编目(CIP)数据

磨削功率/能耗智能监控与优化决策系统及应用 / 田业冰，王进玲著. -- 北京：科学出版社，2024.10. -- ISBN 978-7-03-079511-3

Ⅰ. TG580.6

中国国家版本馆CIP数据核字第2024QE8017号

责任编辑：陈　婕　纪四稳 / 责任校对：任苗苗
责任印制：吴兆东 / 封面设计：蓝正设计

科 学 出 版 社 出版

北京东黄城根北街 16 号
邮政编码：100717
http://www.sciencep.com

北京厚诚则铭印刷科技有限公司印刷
科学出版社发行　各地新华书店经销

*

2024 年 10 月第 一 版　开本：720×1000 1/16
2025 年 1 月第二次印刷　印张：15 1/2
字数：310 000

定价：128.00 元
(如有印装质量问题，我社负责调换)

序

　　磨削加工是现代制造技术的重要组成部分，广泛应用于航空航天、精密机械、光学工程、通信网络、轨道交通、新能源汽车、生物医疗等诸多军用和民用高端技术领域。然而，磨削加工受磨具磨粒摩擦磨损状态、冷却条件、机床条件、磨削参数等多重因素影响，其过程状态非常复杂。当前磨削工艺决策智能化程度低，仍依靠人工经验反复"试凑"加工参数，较难对磨削过热、砂轮钝化、磨削烧伤等进行有效预判，极易出现磨削能耗高、效率低、修整周期不合理、烧伤频繁、表面完整性差、性能不稳定等技术问题，甚至严重影响制造业可持续发展。

　　近年来，以大数据和深度学习为代表的新一代信息技术快速发展，与先进制造技术深度融合，借助传感器采集磨削过程物理信号，判断磨削状态、优化工艺目标、智能获取加工策略已成为发展趋势。尽管国内外研究学者在磨削力、声发射、温度、振动等监控方法和砂轮状态、磨削烧伤等问题判别技术方面做了大量研究工作，但都面临着信号抗干扰性差、数据处理量大、预测精度低、难以推广应用等共性难题，迫切需要研究安装便捷、响应速度快、易于工业化应用的新型智能监控与优化决策系统，最终实现高效低耗精准智能磨削加工。

　　《磨削功率/能耗智能监控与优化决策系统及应用》从高效低耗精准智能磨削加工理论、方法与关键技术各方面，系统地介绍了磨削功率/能耗智能监控与优化决策软硬件系统设计，研究了海量功率信号的时频域特征提取方法，提出了动态功率数据压缩存储方法，探究了砂轮状态在线监测与比较、磨削烧伤实时判别技术，探索了能耗效率优先的磨削工艺优化与精准智能调控技术，并给出几种典型材料和零部件高效低耗磨削加工应用实例，系统地阐述了"功率/能耗数据在线监测-海量关键特征快速提取-加工状态精准判别-多目标优化决策-磨削加工策略精准调控"的磨削功率/能耗智能监控与优化决策系统。

　　田业冰教授从在大连理工大学攻读硕士和博士学位开始从事磨削加工理论与技术方面的研究工作已有 23 年，积累了丰富的科研经验，在磨削加工方面具有坚实的学术基础。该书是其课题组近年来相关研究工作的一次全面总结，内容翔实、文笔流畅、科学严谨、学术体系完整，具有较高的可读性与借鉴性，是一部不可多得、特色鲜明、具有重要学术意义和应用参考价值的学术研究专著。

大连理工大学教授、博士生导师

2024 年 5 月 26 日

前　言

磨削是高端装备零部件加工的关键工序之一，具有加工精度高、质量好、成本低等优点，被广泛应用于航空航天、国防军工、电子通信、生物医疗、核能、汽车、船舶等尖端技术领域。但是，我国当前磨削工艺决策智能化程度低，主要依靠技术人员的加工经验设定磨削参数，通过看磨削火花、听磨削声音的方式判断磨削状态，并反复调整加工参数，较难对磨削过热、砂轮钝化、磨削烧伤等进行有效预判，极易出现磨削能耗高、效率低、砂轮修整周期不合理、烧伤频繁、性能不稳定等难题，制约了磨削技术的可持续发展。因此，研究磨削过程智能监控、工艺优化及专家决策技术，预判磨削状态，精准调控加工策略是解决现有磨削技术难题的重要突破口，对精密与超精密加工领域具有重要意义。

近年来，田业冰教授团队将新一代信息技术与先进制造技术深度融合，在磨削功率/能耗智能监控、砂轮状态和磨削烧伤问题判别、高效低耗磨削工艺优化、磨削数据库、精准智能磨削过程控制等方面开展了大量的研究工作；开发了磨削功率/能耗智能监控与优化决策硬件系统、软件系统、磨削数据库，探究了海量功率信号的时频域特征提取方法、动态功率数据压缩存储方法、砂轮状态在线监测与比较方法、磨削烧伤实时判别方法，提出了能耗效率优先的帕累托(Pareto)优化方法与加工策略精准智能调控方法。上述研究成果，能够为我国提供拥有自主知识产权的高效低耗磨削理论与技术，具有重要的学术意义和应用价值。

本书是作者研究成果的系统总结，结合作者近几年在磨削监控与智能控制技术领域的主要研究进展，对磨削功率/能耗在线和远程监控系统、高效低耗工艺优化、磨削数据库、精准智能控制技术进行了系统阐述。全书共8章，主要内容包括绪论、磨削功率/能耗智能监控与优化决策硬件系统、磨削功率/能耗智能监控与优化决策软件系统、磨削过程监测海量功率信号的时频域特征提取方法、磨削工艺参数多目标优化方法、用户-基础-过程-知识结构的远程磨削数据库、磨削加工智能控制技术、磨削功率/能耗智能监控与优化决策系统应用及展望等。通过磨削功率/能耗智能监控与优化决策软硬件系统，利用磨床功率信号，构建砂轮磨损和磨削烧伤临界阈值库，创建磨削数据库，通过闭环反馈和可编程多轴控制器(PMAC)运动控制，优化和调控磨削工艺参数，降低加工能耗，提高加工质量、效率及稳定性，从而实现高效低耗精准智能磨削。

本书由山东理工大学田业冰教授、王进玲博士后(现淄博职业学院副教授)撰写。与本书内容相关的研究工作得到了国家自然科学基金面上项目(51875329)、山东省泰山学者工程专项(taqn201812064、tstp20240826)、山东省重点研发计划项目(2018GGX103008)、山东省自然科学基金项目(ZR2017MEE050)、山东省高等学校青年创新团队项目(2019KJB030)、山东省科技型中小企业创新能力提升工程项目(2022TSGC1333)、淄博市重点研发计划项目(2019ZBXC070)以及山东理工大学引进高层次人才项目的资助，在此表示感谢。作者在研究过程中得到了天润工业技术股份有限公司、临沂开元轴承有限公司、山东工业陶瓷研究设计院有限公司、山东聚亿能智能科技有限公司等合作企业的大力支持，借此机会也表达真诚的谢意。感谢国家科学技术学术著作出版基金对本书出版的资助。感谢课题组成员刘俨后副教授、韩金国副教授、范增华副教授以及许多其他专家、同仁对本书研究内容和出版工作给予的大力支持，也感谢博士研究生胡鑫涛，硕士研究生王帅、张昆、李建伟、李阳、孟壮为本书所做的研究工作。另外，书中参考了一些专家、学者的研究文献，在此也向他们表示衷心的感谢。

由于作者水平有限，书中难免存在疏漏或不足之处，敬请广大读者批评指正。

目　录

第1章 绪 论

1.1 磨削加工过程监控与优化决策技术简介

航空航天、精密机械、生物医疗、光学工程、通信网络、新能源汽车等高端技术领域快速发展，对先进零部件功能结构、尺寸精度和表面质量要求日趋严格。传统机械加工后的零部件常存在表面粗糙度大、表面烧伤、表面划伤、表面裂纹、边缘断裂、棱边、毛刺等缺陷，严重影响航空航天等高端领域产品的服役性能和使用寿命。尤其是诸多新产品、新装备对零部件材料本身性能提出更高的要求，具有抗氧化、耐高温、耐腐蚀、高硬度、高强度等优异物理性能的高温合金、先进陶瓷、复合材料等难加工材料应用越来越广泛，对传统加工方式也提出更高的要求。因此，面向难加工材料及其应用的高端技术领域，以提高产品几何精度与表面质量为目的的精密与超精密加工技术成为现代制造业发展的迫切需要。

磨削加工相对高效、低成本，是高端装备零部件精密与超精密加工的关键工序之一，是现代制造技术的重要组成部分。磨削通过磨具表面大量不规则磨粒的不均匀性磨损来去除工件材料，具有材料去除效率高、加工精度优等优点。然而，受磨粒摩擦磨损状态、冷却条件、机床条件、磨削参数等多重因素综合影响，磨削加工是一个极其不稳定的过程，面临磨削能耗高、砂轮磨损严重、磨削烧伤频繁、表面和亚表面损伤严重等诸多难题。尽管国内外研究人员深入探讨难加工材料磨削机理，提出了缓进给磨削、高速/超高速磨削、超硬磨料砂轮磨削、高效深磨、微量润滑磨削、超声辅助磨削、高剪低压磨削等新方法和新技术，深度分析了材料去除行为，建立了磨削力、磨削热等物理模型，优化了磨削加工参数，提高了磨削加工质量和稳定性，但单纯的过程建模只是用于准确理解磨削过程状态变化，对于预测磨削加工结果是极其困难的。尤其是在磨削工艺决策上，依然凭技术人员加工经验，通过看磨削火花、听磨削声音的主观方式判断磨削状态，再反复调整磨削参数，这种"试凑"加工方式智能化程度低，缺乏对磨削过程的动态了解，无法从根本上解决磨削能耗高、效率低、烧伤频繁、表面完整性差及性能不稳定等共性难题。

人工智能、大数据、深度学习等新一代信息理论快速发展，为磨削加工技术的智能化迭代升级带来新的机遇和挑战。在磨削加工中，监测伴随磨削过程产生的声、光、电、热、力和功率等信号而形成的技术，称为磨削过程监控技术。而对监测得到的各种物理信号进行峰值、平均值、最大值、最小值、均方差等各种特征提取，实时判断砂轮状态，预测和优化加工质量、效率、能耗等指标，智能控制加工策略，称为磨削优化决策技术。磨削加工过程智能监控与优化决策技术作用过程如图1-1所示：首先，智能监控与优化决策系统监测发生在磨削加工过程的各种状态变化；其次，根据监测到的状态变化，智能判别磨削加工中的各种问题；再次，通过优化工艺参数，控制磨削加工过程；最后，得到输入和输出的因果关系，建立磨削数据库。

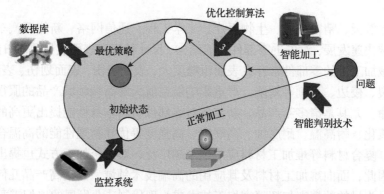

图 1-1　磨削加工过程智能监控与优化决策技术作用过程

磨削加工过程智能监控与优化决策技术建立在监控系统、数据库、智能判别技术和优化控制算法的基础上，相对于传统的"试凑"方式具有显著优势，主要包括：①可自动获取生产过程信息并通过专家决策方法进行分析，深度挖掘数据价值，有效提高信息化程度，提高生产效率，节约企业人力成本；②可智能预判磨削加工状态，最大限度地优化砂轮使用寿命，避免砂轮提前报废，实现资源优化配置；③可根据监测出的磨削加工问题，实时动态调整加工策略，有效预判甚至避免磨削烧伤等问题，提高磨削质量，提升良品率；④可获取能耗效率和其他一些与环境污染相关的机床信息，优化生产任务管理调度和加工工艺，降低当前机床能耗水平，实现磨削制造业的节能降碳、协同增效。

因此，针对高性能零部件对提高工件表面质量、尺寸精度、加工效率和低碳可持续发展的迫切需求，研究磨削加工过程智能监控与优化决策系统、方法与关键技术，建立磨削数据库，克服当前共性基础难题，对快速抢占精密与超精密制造产业竞争制高点，实现经济高质量发展具有重要价值。

1.2　磨削加工过程监控与优化决策技术发展

在全球范围制造业转型升级的迫切需求和现代科技的高速发展驱动下，以智能制造为核心的新一轮工业革命一度成为国内外精密与超精密加工技术领域关注的热点。各国国家战略的相继发布,极大程度上推动了以信息技术与制造业加速融合为主要特征的智能制造技术的发展。借助传感器采集过程物理信号,判断加工状态和问题、优化加工策略的磨削过程智能监控与优化决策技术成为重要发展趋势和研究热点。

根据磨削过程产生的物理信号(如声、光、电、热、力、功率等)和磨削输出目标(如磨损状态、磨削烧伤、磨削裂纹、表面粗糙度、材料去除效率等)的不同组合,在磨削加工过程监控与优化决策技术和系统方面产生了丰富的研究成果,总结如图 1-2 所示。

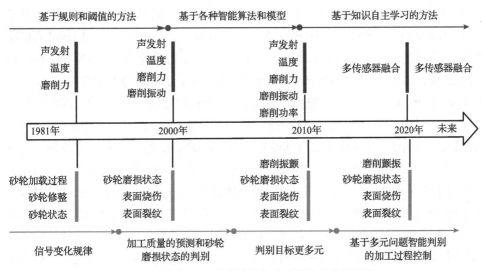

图 1-2　磨削加工过程监控与优化决策技术发展历程

发展较早期研究主要集中于分析随砂轮加载和工件接触过程的物理信号的变化规律。早在 1981 年,国外研究学者 Rahman 等[1]基于空气流动与背压测量的嵌入式气动压力传感器,分析了砂轮表面形貌从新修整状态到磨损状态的变化规律。1984 年,Dornfeld 等[2]使用声发射(acoustic emission, AE)信号研究磨削加工中砂轮的加载过程。1990 年,Lacey[3]借助简单的振动模型,确定了在磨削和砂轮修整过程中可能发生不同类型的振动及其对工件质量的可能影响。之后,国外研究逐渐从对过程监测物理信号的规律分析转向对磨削加工质量的预测和砂轮磨损状态的判别。Wakuda 等[4]通过监测和提取声发射信号的幅值,实现了砂轮与修整器之间的接触检测和颗粒清晰度的评价。Hassui 等[5]通过安装在磨床上的两处振动和声发射传感器,以工件表面粗糙度作为阈值判定量,间接判断出砂轮状态和修整时刻,同时,声发射信号的功率谱分析能够有效识别磨削颤振。Zeng 等[6]提出一种机械振动信号监测方法，通过主成分分析和参数辨识，发现源振动信号的变化与磨削参数有关。综合比较前期阶段研究成果，发现他们在判断磨削加工状态和输出结果时，普遍采用基于规则和阈值的处理方法。

2000 年以后，计算机领域的各种智能算法如神经网络、模糊树、向量机、卷积神经网络、模态分解等广泛用于磨削过程智能监控与优化决策，基于新预测模型的研究方法逐步深入。Chen 等[7]通过对激光辐照引起烧伤的声发射特性进行研究，在没有其他机械干扰因素的情况下，利用小波包变换成功提取出磨削烧伤温度下的声发射特征，完成对磨削热烧伤行为的模拟。Neto 等[8]通过声发射和振动传感器的融合监测系统，提取信号不同频率段的频谱特征作为人工神经网络 (artificial neural network, ANN) 的输入，对磨削加工表面无烧伤、烧伤和高表面粗糙度三种状态进行分类分析，结果表明 10-10-5 三层隐藏结构的 ANN 模型预计准确度更高，达到 98.3%。Thomazella 等[9]提出一种基于短时傅里叶变换 (short time Fourier transform, STFT) 和功率比 (ratio of power, ROP) 的方法，用于检测磨削颤振。Wang 等[10]对声发射信号进行分解、滤波和重构，利用随机森林 (random forest, RF) 算法，预测了磨削加工质量和砂轮状态。Pandiyan 等[11]比较了声发射、力和加速度信号等多传感器融合信号在砂带磨削过程磨具寿命预测中的作用，利用支持向量机 (support vector machine, SVM) 和遗传算法 (genetic algorithm, GA) 对砂带磨损进行了预测分类。Hanchate 等[12]首次利用解释性人工智能 (explainable artificial intelligence, XAI) 方法监控和预测磨削加工质量，将监测的振动信号的频谱图像作为卷积神经网络 (convolutional neutral network, CNN) 的输入层，训练集和测试集的表面粗糙度的预计准确度分别达到 0.99 和 0.81；基于 CNN 预计结果，提出局部可解释性模型诊断解释 (local interpretable model-agnostic explanation, LIME) 方法，确定振动信号的合理采样率范围为 11.7～19.1kHz，为磨削加工状态和结果的实时鲁棒监控提供了依据。

与国外相比，国内开展磨削加工监测技术研究也较早。华东交通大学、哈尔滨工业大学、东北大学、北京理工大学、重庆大学等多所高校都开展了磨削加工过程声发射、振动、温度、功率和力等信号监控技术研究，分析了磨削加工过程振动和声发射源及其分布、加工弧区热源变化规律，并进一步通过快速傅里叶变换、小波分析、模态分解和深度学习算法检测砂轮磨损、砂轮钝化、磨削振颤、表面加工质量、磨削烧伤[13-31]。在总结多年研究成果基础上，邓朝晖等[32]开发了凸轮轴数控磨削工艺智能应用系统和专家系统，彭云峰等[33,34]开发了基于 LabVIEW 的超精密磨床嵌入式监控系统、精密磨削加工装备的智能化监控系统，刘贵杰等[16]开发了磨削过程计算机集成智能监控系统，罗明超等[35]开发了基于虚拟仪器的磨削加工声发射监测系统，盛炜佳等[36]开发了基于声发射技术的自学习磨削加工监控系统。

综合比较国内外各种监控技术和系统的使用便捷性、设备成本、响应速度、数据分析量和信号稳定性等因素可以发现，功率监控方式具有相当广阔的市场推广前景。郑州磨料磨具磨削研究所最早在 1988 年已开展磨削功率的测量和记录，但直至 2010 年前后，以磨削功率信号控制磨削加工策略的研究才逐步深入[37]，从磨削功率信号的规律分析与预测，到通过磨削功率信号预测磨削烧伤与砂轮状态，以及优化磨削加工工艺，实现磨削加工节能减排。吴定柱等[38]针对氧化锆陶瓷材料内孔精密磨削，开发了主轴功率监测系统，通过对不同工艺参数下功率信号分析，优化内孔加工工艺。迟玉伦等[39]提出一种功率信号和材料去除率的通用模型来监测轴承产品的内切入磨削过程，开发了利用磨削功率信号模型系数评估砂轮性能和磨削质量的方法。本书作者田业冰教授课题组于 2017 年以后，相继推出便携式的功率监控系统与磨削分析软件 V1.0[40-44]和 V2.0[45-48]，包括磨削功率/能耗监测与分析处理模块[49]、磨削远程监控模块[50]、基于 LabVIEW 与 SQL 互连的磨削数据库存储调用及分析处理模块[51]、基于 LabVIEW 的 SQL 数据库远程操作系统[52]、磨削工件烧伤与表面粗糙度预测分析模块[53]，还提出了基于磨削功率阈值的智能化决策方法[54]、磨削多目标优化决策方法[55]、功率数据的压缩存储方法[56,57]和远程磨削数据库的数据结构关系[58]等。通过 45 号钢材料[59-62]和二氧化硅纤维增强石英陶瓷复合材料[63-71]的系列实验研究，进一步论证了便携式磨削功率/能耗智能监控与优化决策系统的实际应用价值。结果表明，磨削功率监控技术能够解决多段进给磨削周期的工艺问题，且安装方式也非常简单，适合工业上应用。通过功率与能耗特征阈值反馈方法，能够进一步监测、比较与判别磨削烧伤和砂轮磨损状态。

1.3 磨削功率/能耗智能监控与优化决策技术研究现状

1.3.1 智能监控技术

1. 智能监控过程

目前，应用在磨削加工中的传感器类型主要有力传感器、温度传感器、声发射传感器、加速度传感器、振动传感器、位移传感器和功率传感器等。利用磨削加工过程监控技术，建立的智能磨削加工系统与工作过程如图 1-3 所示。

相比于人工"听声音"、"看火花"的主观判断方式，监测磨削过程物理信号，能够更加实时、准确地反映磨削加工过程的各种状态变化。进一步对实时监测的物理信号进行分析、处理，并提出优化决策与控制策略，能够更加准确地控制磨

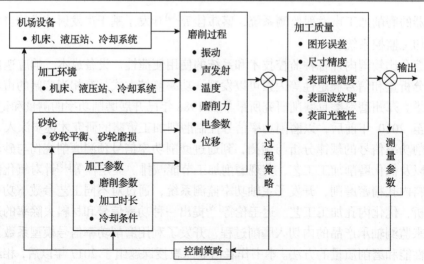

图 1-3　利用磨削加工监控与专家决策系统进行智能加工过程示意图[72]

削加工过程，降低磨削烧伤，提高磨削加工质量和效率，保证磨削稳定性。因此，磨削加工过程智能监控技术与优化决策系统受到磨削加工技术乃至精密与超精密加工技术相关学术和产业领域专业技术人员的广泛关注。

2. 磨削力/力矩监控技术

在磨削加工中，工件材料去除是通过磨粒与工件材料的不规则摩擦磨损完成的。在不均匀摩擦磨损过程中，磨粒/磨屑与工件材料之间的弹性滑擦、塑性耕犁、磨屑强烈变形，以及工件弹塑性变形产生的变形抗力等诸多因素导致磨削力的形成。磨削力大小对砂轮磨损状态和工件表面质量、表面与亚表面损伤具有重要影响，也是评价磨削加工方法、工艺和材料磨削性能的重要指标之一。国内外专家学者对磨削力信号监控技术开展了大量研究工作，主要分为以下三个方面。

(1)探寻磨削加工新技术、新方法、新工艺、新砂轮的材料去除机理，以及新材料特别是典型难加工材料的磨削特性。Batako 等[73]将压力传感器安装在机床主轴轴承上采集磨削力信号，探究高效深磨(high efficiency deep grinding, HEDG)条件下的磨削作用力对提出的新方法加工性能的影响。田业冰等提出高剪低压磨削(high shear low pressure grinding, HSLPG)加工新技术，通过实时监测磨削过程切向磨削力和法向磨削力，计算切向磨削力与法向磨削力之比，有效验证了该方法高剪切和低法向的效果，磨削加工质量显著提高[74]。Chen 等[75]探究实际振动幅度(actual vibration amplitude, AVA)对超声振动辅助端面磨削(ultrasonic vibration-assisted face grinding, UVAFG)中磨削力和表面质量的影响，发现 AVA 增大，可以有效降低磨削力，提高磨削加工质量，证明了 UVAFG 方法的有效性。Li 等[76]提出一种适用于零度微晶玻璃加工的多步高速磨削技术，讨论法向磨削力和切向磨削力随磨削深度、材料去除率和未变形切削厚度的变化规律，探寻该玻璃材料脆性向延性转变过程，并优化磨削加工参数。Zhang 等[77]探讨固体润滑剂(CeO_2 和 SiC)辅助磨削微晶玻璃的摩擦磨损机理，认为低、稳定的磨削力和小的摩擦系数可以有效提高磨削效率。

(2)诊断磨削加工过程的动态变化，如磨削颤振、磨削热/温度变化和砂轮磨损状态等。王龙山等[78]应用矩阵摄动理论，论证砂轮与工件接触刚度及工件颤振频率之间的关系，探讨径向磨削力与接触刚度、砂轮转速之间的关系，得出砂轮转速与工件颤振频率之间具有相对应关系的结论。Ren 等[79]将磨削力信号和声音信号与热输入相关联，进行特征选择，基于贝叶斯自适应最小二乘支持向量机(Bayesian adaptive direct search-least squares support vector machine, BADS-LSSVM)模型，提出砂带磨削镍 718 合金磨削热的预测方法，其结果表明，该方法的预测精度可达到 96.7%，磨削温度计算误差在 6℃以内。周文博[80]探讨单颗金刚石磨粒磨削碳化硅陶瓷材料中磨粒磨损过程，认为单颗磨粒在最大未变形切厚为 0.3μm 时，平均磨削力最大，磨粒寿命最短。Thomazella 等[9]提出一种新的基于 STFT 和 ROP 的磨削力信号处理技术，进行 AISI 1045 钢切向颤振检测的统计，并判断磨削过程砂轮的磨损状态变化。Nguyen 等[81]利用磨削加工监测的磨削力信号，结合自适应神经模糊推理系统-高斯过程回归(adaptive network-based fuzzy inference system-Gaussian process regression, ANFIS-GPR)和田口实验分析方法，预测了磨削过程中不同阶段的磨粒磨损过程，其结果表明，ANFIS-GPR 模型能够准确预测 Ti-6Al-4V 合金磨削时的砂轮磨损和表面粗糙度，预计平均误差在 0.3%以内。

(3)预测磨削加工质量，如表面粗糙度、表面和亚表面损伤等。Nguyen 等[81]提出的 ANFIS-GPR 模型在诊断砂轮状态时，能够预测磨削加工表面粗糙度。ANFIS-GPR 模型预测可靠性较高，可在工业上用于表面粗糙度在线预测。Li 等[68,69]前期研究通过磨削力信号和表面纹理曲线频域分析，基于卡方密度函数和指数衰减函数，建立了表面纹理频域曲线数学函数模型，该方法流程如图 1-4 所示；通过改进烟花算法(improved firework algorithm, IFWA)优化表面纹理曲线数学函数模型，得到最佳衰减系数 β 为 0.02471，预测结果的相关系数达到了 0.9886，表面粗糙度预计准确性显著提高。李颂华等[82]研究了磨削力对热等静压氮化硅(hot isostatic pressing silicon nitride, HIPSN)陶瓷磨削亚表面裂纹的影响，发现当磨削力增大时，陶瓷亚表面裂纹扩展程度增加。

综合分析国内外在磨削力监控技术及其应用方面的研究可知，磨削力监控为磨削加工过程的直接反馈，磨削力是判断磨削加工状态、分析砂轮状态、揭示材料去除机理的一个重要中间量，也为预计磨削加工质量(如磨削烧伤、磨削裂纹、

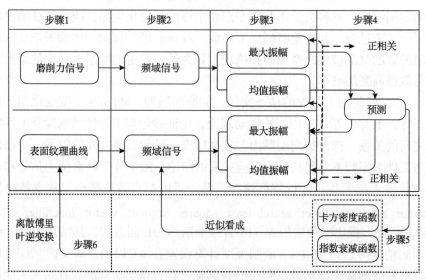

图 1-4 磨削力和表面纹理曲线的时空域-频域变化与预计流程

表面粗糙度)提供了磨削中间状态参考。但磨削力信号监控设备比较昂贵、监测过程烦琐，而且力信号漂移现象非常严重，导致信号失真。这方面的研究在实验室较为广泛和深入，而在实际工业生产中应用较少。

3. 磨削声发射监控技术

磨削声发射是指在磨削加工过程中，工件材料去除产生塑性变形，材料内部晶格发生位错或断裂，并以弹性波的形式释放出应变能，如图 1-5 所示[83]。在磨削声发射监控技术方面，国内外研究的焦点在于砂轮状态和磨削加工缺陷(如磨削烧伤、裂纹等)的诊断与识别。

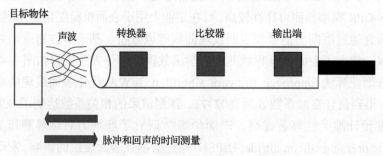

图 1-5 声发射传感器监控原理示意图

在砂轮状态诊断与识别方面，目前研究重点在于声发射信号的频域分析方法(如小波变换方法等)、相关频域特征提取(如频率范围、能量谱密度等)和预测诊断方法(如机器学习等)。邢康林[84]采用声发射技术监控磨削过程，进而收集磨削加工状态信息，实现对磨削加工对刀过程、磨削防碰撞、砂轮修整过程的监测。Liao 等[85]利用离散小波分解方法，从原始声发射信号片段中提取声发射信号特征，并探讨利用自适应遗传聚类算法对提取特征进行区分，以判别砂轮的不同状态，其结果表明，在基小波、分解水平和遗传算法参数适当的情况下，该方法在材料去除率高条件下的聚类准确率为 97%，在材料去除率低条件下的聚类准确率为 86.7%，在复合磨削条件下的聚类准确率为 76.7%。Moia 等[86]根据砂轮修整过程中的原始声发射数据，计算声发射信号的均方根值和两个附加统计量，并使用多层感知器神经网络和 Levenberg-Marquardt 学习算法，进行砂轮状态识别，成功地对砂轮修整过程中的"锋利"和"钝化"状态进行了分类，减少了砂轮修整时间和成本。Alexandre 等[87]进行了声发射信号的频域分析，提取 25~40kHz 的频段，计算频谱功率比(ROP)统计量的平均值和标准差，并输入声发射信号的模糊控制器中，检测氧化铝砂轮在单点修整过程中的表面形态。尹国强等[88]发现在砂轮发生磨损时，声发射信号在 45~65kHz、80~90kHz 和 100~110kHz 频段的能量升高显著，并且在 15kHz 附近出现了很高的尖峰，为监测砂轮状态提供了一种可行且有效的方法。王强等[89]提出了基于声发射信号归原处理法及能量系数法相结合的砂轮磨损状态检测方法，该方法能够有效兼顾砂轮磨损状态监测的快速性和准确性。

在磨削烧伤诊断与识别方面，陈明等[90]应用时序分析法，建立了声发射信号的自回归时序模型，实现了 DZ4 高温合金磨削加工过程的磨削烧伤在线预测和预报，其研究结果表明，声发射信号的功率谱结构变化能真正反映磨削烧伤发生与否，自回归时序模型参数及残差方差对工件表面状态变化敏感，可作为特征变量进行磨削烧伤在线预测。Liu 等[91]针对实际磨削过程中烧伤发生时热膨胀声发射信号难提取问题，通过激光辐照模拟磨削烧伤，并利用小波包变换提取声发射信号时频域特征，发现声发射信号的高频段随磨削烧伤变化显著。郭力等[92]通过激光照射镍基合金和陶瓷材料引发热扩散效应，从而模拟磨削烧伤，采用傅里叶变换成功提取了磨削烧伤时的声发射信号，实验研究表明声发射信号随着材料温度升高而变强。

目前，利用声发射传感器监测磨削过程的技术已较为成熟，国内外也开展了深入的研究，但仍缺少可靠的声发射信号分析处理方法，影响了特征提取的准确性；声发射信号容易受到噪声和振动的影响，导致信号失真，特别是声发射信号数据量巨大，因此，该技术难以在工业生产中进一步推广应用。

4. 磨削温度监控技术

磨削加工过程的温度信号来源于砂轮上的大量不规则磨粒与工件持续接触的摩擦热，温度过高将直接导致工件表面出现磨削烧伤等问题。在国内外研究中，磨削温度监控技术主要包括热电偶监控技术和红外测温仪监控技术两种。

在热电偶监控技术方面，研究者开展了多项研究。例如，Batako 等[73]利用单极热电偶技术监测 HEDG 过程中的温度分布，并详细介绍了 HEDG 热学模型。Rowe 等[93]通过薄膜式夹丝热电偶技术监测磨削弧区温度，提出了一种预测晶粒级配分率的温度理论模型，计算了立方氮化硼和氧化铝磨料的有效导热系数。Brinksmeier 等[94]创新性地设计了嵌入热电偶的新型砂轮，分别通过集成在砂轮上的压电传感器和蓝牙装置传输温度数据，通过砂轮磨损使热电偶连续接触，以实时监测磨削过程中砂轮表面的温度分布，为实时控制磨削加工参数提供了参考。Pavel 等[95]基于多传感器融合，分析测定的最高温度与实验测定的最高温度有很好的相关性，无论是湿磨还是干磨的条件下，立方氮化硼砂轮产生的热量都比 Al_2O_3 砂轮少，从而得出热分配系数，为进一步分析磨削加工过程热分布与磨削烧伤提供了重要参考。

在红外测温仪监控技术方面，Ilio 等[96]探讨了红外(infrared radiation, IR)热扫描成像仪在判断磨削加工状态、控制和优化磨削加工过程的工业化应用，并以难加工材料金属基复合材料(metal matrix composite, MMC)为例，分析了工件磨削弧区和砂轮表面的温度分布，如图 1-6 所示，验证了该监控装置的有效性。王德祥等[97]通过概率统计和有限元仿真的方法分别建立了磨削接触区热源分布模型和工件磨削温度场，并采用 NEC-TH5104R 型热成像仪测量了磨削温度，其实验结果表明两者结果表现出很好的一致性，误差为 2.24%～15.3%。邓朝晖等基于红外热成像仪搭建了测量凸轮轴高速磨削时磨削温度的系统，针对不同的磨削工艺参数进行了工艺实验，并利用热电偶标定，探究了不同工艺参数对磨削温度的影响[98,99]。史建茹等[100]提出了一种新型的红外仪器测温方法，研发了新型红外热成像仪实时监测磨削温度，数据经过处理后发送给中央监测机，处理结果作为调整磨削用量、修整砂轮的理论依据。

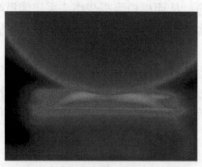 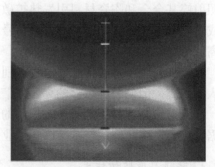

(a) 顺磨　　　　　　　　　　　　　　　　(b) 45°角磨

图 1-6　磨削弧区和砂轮表面温度分布图像(前端拍摄)

总结分析目前研究现状，热电偶监测方法成本低、安装简便，但热电偶探头与磨削接触区存在一定距离，造成温度测量结果不准确；热电偶需要埋放在工件内部，破坏了工件的完整性；利用红外测温仪进行温度和磨削热监控，需要设备镜头与工件侧面对齐，导致实际测量结果与磨削接触区温度一致性较差；在湿磨条件下，磨削液的喷射也会对测量结果产生不利影响，因此，磨削温度监控并没有广泛应用于实际生产加工中。

5. 磨削功率/能耗智能监控技术

磨削功率监控通常是指通过监测砂轮主轴的功率信号(或电流、电压信号)研究其变化规律，预测磨削烧伤和砂轮状态，进行低能耗低碳排放优化。

早期磨削功率监控技术研究较为关注功率信号的变化规律，例如，邱立峻等[101]以砂轮进给速率为输入、磨削功率为输出建立了内圆磨削系统动态模型和传递函数，使用带额外输入的自回归模型(autoregressive model with extra input, ARX)和带额外输入的自回归滑动平均模型(autoregressive moving average with extra input, ARMAX)预计磨削功率，结果表明，ARX 方法能够更加精确地预计磨削功率。陈世隐等[102]基于径向基函数(radial basis function, RBF)神经网络模型，预测了磨削加工功率的变化趋势，预测值平均相对误差仅为 3.2%。Reddy 等[103]使用合适的功率测量装置监测低温加工下的功耗，同时与干燥和常规可溶油介质下的功耗进行比较，发现使用液氮作为冷却介质可以提高研磨率，但与干油和传统可溶油相比，其功耗显著提高。早期研究验证了磨削功率信号监控与测量方法的有效性。

随着磨削功率监控技术研究的深入，许多研究学者发现通过功率信号阈值预测磨削烧伤十分有效。董新峰等[104]详细分析了外圆磨削功率的构成及作用，指出材料去除过程中主轴电机增加的磨削功率大部分转化为磨削热，并认为控制磨削功率低于相应阈值就能够有效避免磨削烧伤。Heinzel 等[105]提出在比磨削功率 P_c 与接触时间 Δt 图中确定淬火钢表面和亚表面回火区的热下限是十分有效的，可以用来检测磨削烧伤，而且识别准确率达到 0.96，如图 1-7 所示。同样，在磨削烧伤判别方面，易军等[106]进一步通过齿轮磨削实验，分析磨削功率与齿面硬度、巴克豪森信号均方根值之间的关系，确定了控制磨削烧伤的功率阈值以及检测过程中剔除烧伤件的巴克豪森信号均方根阈值。朱欢欢等[107]基于磨削热传递模型和磨削去除率模型，提出了一种基于监控功率信号的切入式磨削烧伤仿真预测与控制方法，对砂轮在粗磨、半精磨、精磨、无火花磨削各阶段的磨削功率信号进行监测，再利用计算机对机床数控系统各加工工艺参数进行控制，使砂轮实际磨削功率信号始终位于磨削烧伤最大功率边界的 75%~95%内，来避免出现工件磨削烧伤现象。Wang 等[61]通过对临界比磨削能与预设函数转化关系 $\left(d_{eq}^{1/4} a_p^{-3/4} V_w^{-1/2}\right)$ 的线性比较，提出了磨削烧伤的阈值识别模型，45 号钢的平面磨削实验验证了该模型的识别准确度达到 96%[51]。

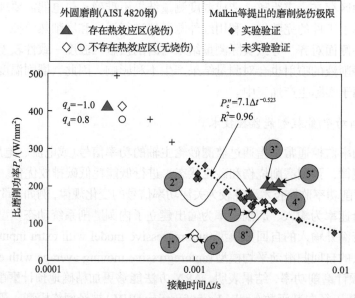

图 1-7　在 P_c-Δt 图中确定回火区域的烧伤风险

在判别磨削加工砂轮状态和提高磨削加工效率方面,陈庄等[108]提出功率传感型内圆磨削加工的无空程磨削控制策略、恒功率磨削模糊控制策略和砂轮状态监控控制策略,首次给出内圆磨削过程特有的知识库和推理机,完成决策时间仅需10ms,能够满足实际磨削过程高实时性要求。Chi 等[109]建立了内圆切入磨削的动态磨削功率信号模型(grinding power signal model, GPSM),能够有效预计粗磨、半精磨、精磨、无火花磨削各阶段的功率变化曲线。在此基础上,利用 GPSM 中的时间常数(τ)变化规律,精准识别砂轮状态和控制砂轮修整周期;利用无火花磨削后实际工件尺寸和目标尺寸误差(ΔT)与表面粗糙度一致的变化规律,准确预测磨削后工件表面粗糙度。Wang 等[51,61]提出了磨削输入参数、平均材料去除功率和磨削输出(加工时间、表面粗糙度、能耗等)的三层映射自适应人工神经网络(adaptive artificial neural network, aANN)模型,该模型有效提高磨削加工输出结果预测的准确度,能够用于优化磨削加工参数,提高加工效率。

在降低磨削加工能耗和碳排放应用方面,詹友基等[110]针对超细硬质合金材料的磨削加工过程,采用功率传感器监测了不同运行状态下的功率信号、磨削比能以及有效加工能效等信息,优化磨削加工工艺,实现节能降碳的目的。刘勇涛等[111]测量并分析了碳纤维增强树脂基复合材料(carbon fiber reinforced polymer, CFRP)基体砂轮的启动功率、空耗功率和磨削功率,验证了 CFRP 砂轮在高速/超高速磨削中减轻主轴负荷、减少能源消耗的优越性能。Tian 等提出了磨削能耗指标(如能耗效率、总能耗、有功能耗)预测的多元回归模型,并通过磨削过程功率信号监控与能耗指标计算，获取模型待定系数，预测误差能够控制在 5%以内[65,70]。

6. 其他监控技术

除上述监控技术，加速度监控技术与位移监控技术也是磨削加工过程中常用的监控技术。磨削加工过程中的法向作用力较大，易导致磨床振动，影响工件的加工质量，容易产生工件表面裂纹、完整性与粗糙度差等问题。Hassui 等[112]借助加速度传感器测量的磨削过程振动信号，研究砂轮磨损时过程振动信号与工件质量之间的关系，确定了砂轮安装的确切时间，发现切削阶段和完全熄火结束时的振动，至少在使用较高的修整重叠率时，可用于监测砂轮状况。柯晓龙等[113]针对精密平面磨床，利用加速度传感器采集了磨削加工过程中的振动信号，开发了磨削振动监测系统，通过对采集的信号分析处理，实现了振动来源的监测与评估，其实验结果证明了所开发系统的有效性。

利用加速度和位移信号监测磨削过程振动情况，可辅助分析和指导砂轮适时修整，提高工件磨削质量，但此种情况受磨床加工环境和人为因素影响较大，难以在实践应用中推广。

7. 各监控技术比较

磨削加工中不同监控技术的优缺点对比情况如表 1-1 所示。可以看出，磨削功率监控技术成本较低，不需要改变磨削装夹装置，不破坏加工工件，不易受实际生产中其他因素的影响，是一种既简单又方便的方法，当前最具有发展潜力。但是，磨削功率监控及通过功率监控控制磨削加工过程、判断磨削加工状态并没有得到充分的探索。目前的功率监控技术相关研究仍集中在测量磨削功率和从数据记录仪输出功率与处理时间单一响应的关系，磨削分析方法仅针对不同磨具和磨削加工参数下功率模式和大小的比较。因此，进一步提取所记录的有用功率信号并开发一个软件分析与专家决策系统，以全面连接磨削输入(机床、磨具、工件、加工参数等)、过程状态(砂轮磨损状态、磨削过载等)和输出(环境和生产效益目标)，这是磨削功率监控技术发展的一个重要趋势。

表 1-1 磨削过程不同监控技术对比

监控技术	原理	用途	优点	缺点
磨削力/力矩	通过三向压电晶体测力仪，监测分析切向磨削力、法向磨削力和轴向磨削力	分析新磨削加工方法的材料去除机理和新材料磨削性能、磨削加工状态变化、预测磨削加工表面质量及缺陷	技术较为成熟，有专业设备支持	整套监测系统非常昂贵，测量操作相对烦琐，并且需要改变工件装夹，降低磨削系统刚性，不适合实际磨削生产应用

续表

监控技术	原理	用途	优点	缺点
磨削温度	采用合适的热电偶或红外测温仪建立磨削温度测量系统，研究不同工艺条件下的磨削接触弧区温度	优化磨削工艺参数，预测与避免磨削烧伤等	结构简单，测量方便，成本低，技术较为成熟	在工件内部埋放热电偶，破坏工件，或测量准确度不高，且磨削液对测量结果影响较大，不适合实际磨削生产的应用
声发射	检测工件材料、砂轮磨粒与结合剂等由局部应力集中源能量迅速释放而产生的瞬时弹性波	常用于砂轮状态识别与诊断、磨削烧伤和裂纹损伤识别与诊断等	适用范围广，灵敏度高，响应速度快	易受实际加工环境噪声和振动的影响，测量结果稳定性差，且数据量巨大，不适合实际磨削生产的应用
磨削功率/能耗	利用功率传感器监测与分析磨削过程中主轴瞬时功率与能耗	分析磨削能耗、监测砂轮状态、磨削参数优化等	动态评估，实时监测，不受实际生产中其他因素的影响	现有系统仍集中在监测数据与时间单一响应的关系，对于复杂的磨削过程，目前的功率监测工作仍需进一步开展
磨削振动	检测机械振动的振幅和频率等	对磨床进行故障诊断以及加工过程的监测等	安装方便，频响宽，灵敏度高	易受实际加工环境噪声和振动的影响，测量结果稳定性差，不适合实际磨削生产的应用

1.3.2　能耗指标评价体系与模型

1. 磨削功率与能耗流分析

了解磨床各组成部分和加工阶段功率、能耗的变化规律是评价与优化磨削过程能耗的前提。一般来说，磨床分为切削系统和辅助系统两大部分。切削系统是实现加工运动的必要构件，包括主轴系统和进给系统。主轴系统驱动砂轮旋转，由伺服系统、机械传动系统、主轴电机和砂轮组成。进给系统控制加工工件的速度和位置，由伺服系统、机械传动系统、进给电机和工作台组成。辅助系统的主要作用是维持加工运动、保证加工精度及方便技术人员操作，包括冷却系统、润滑系统、液压系统、数控系统、照明系统、排屑系统等。其中，切削系统能耗与加工参数和工艺规划密切相关，也是国内外研究的焦点。胡桐[114]对数控机床进给系统各部分进行动力学分析，得出进给系统能耗流和损耗特点、功率模型。Hadi等[115]重点针对机床主轴启动时的尖峰功率和能耗进行了分析与建模，表明优化后峰值功率从 20kW 平滑到 10kW，整体能耗降低 1.4%。Shang 等[116]指出主轴和进给轴是重型机床加工中的可变能耗源，以驱动系统、电机和传动系统能耗之和计算切削系统能耗，并指出机床主轴的功率特性在低速和高速下是不同的。目前，相关研究主要集中于切削、铣削、钻削等加工机床能耗分析，磨削过程主轴和进给轴功率、能耗流分析相对较少，基本上基于简化材料去除机理的切向磨削力经验公式或统计学上的二次或三次拟合模型开展，并未综合考虑磨床运行状态和砂轮磨耗状态等密切作用下的功率和能耗特征变化规律。

就平面磨削加工分析了整个磨削加工过程功率流的变化情况，可认为磨削功率信号经历开机、回原点、冷却泵开启、x-进给开启、主轴开启、循环材料去除(包括空磨 1(前后空磨)、材料去除、空磨 2(左右空磨)、x-进给停止、x-进给开启、y-进给开启、z-进给开启)以及关机的变化过程，如图 1-8 所示。

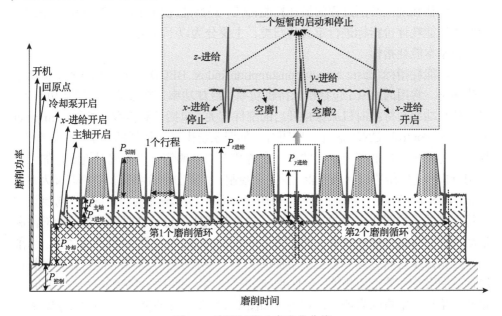

图 1-8 磨削过程功率变化曲线

由于磨床在各个加工状态下的工作部件和运动方式不同，它具有不同的能耗特性。启动和关机状态所需的时间由驱动电机的伺服控制和停转功能确定，通常为常数。在启动之后，砂轮和工件沿着 x 轴、y 轴和 z 轴驱动，初始化加工位置，砂轮线速度逐渐增加到预设值。为了防止快速旋转的砂轮与工件之间发生意外碰撞，空磨 1 行程通过保持前后间隙大小 a 与工件分开。当砂轮与工件接触时，开始去除工件材料，增加的部分功率为切削功率或材料去除功率。此时，x 轴保持匀速进给运动，消耗的功率为与工件进给速度相关的恒定值。由于工作台的重量和惯性很大，设置了左右双边间隙距离 b 完成空磨 2 行程，以确保工作台在左右极限位置转向，此时伴随 x-进给功率的减小和增大。同时，在空磨 2 行程，工件沿着 z 轴来回进给，完成一个行程的材料去除，伴随 z-进给功率的增加。1 个磨削循环完成后，在空磨 1 行程中，进行沿着 y 轴的进给，以启动下一个磨削循环，伴随 y-进给功率的增加。

另外，由图 1-8 可以看出，磨削功率的主要部分由电气控制和冷却设备消耗，这一部分在整个加工过程中保持不变。移动部件，如主轴和沿 x 轴、y 轴和 z 轴移动的工作台，表现出可变和动态的功率特性。功率峰值可用来推断各个加工阶段的变化，如空磨 1 和空磨 2 中间的 y-进给功率的突然变化、x-进给停止和空磨 1 之间的 z-进给功率的突然变化、空磨 2 和 x-进给开启之间的 z-进给功率的变化等。

2. 能耗评价指标

为评估和规范磨削过程的最佳耗能特性，提高能耗利用率，实现可持续发展，应对磨床能耗评价指标进行定义和归类，主要分为以下四类。

1）基本能耗指标

基本能耗指标（basic energy consumption index, BECI）直接反映磨削过程功率变化情况。常用的 BECI 包括机床待机功率、冷却功率、空载功率、切削功率等。机床待机功率与待机时机床保持开启的部件有关，包括计算机数字控制（computer numerical control, CNC）芯片、照明灯、伺服系统供电等消耗的功率。Guo 等[117] 提出一种新机床超低待机空闲状态，设置状态切换阈值，以实现对机床在加工、空闲待机和超空闲待机状态下能耗的主动控制。大部分研究将待机功率假设为常数 $P_{控制}$，如图 1-8 所示。冷却功率特指机床冷却泵开启后增加的功率部分，与流量和泵特性有关，如图 1-8 中的 $P_{冷却}$。空载功率与机床执行运动时启动的辅助部件和运动部件本身运行能耗有关，如在图 1-8 中，空载功率为 $P_{x进给}$ 和 $P_{主轴}$ 之和。切削功率是指由于材料去除导致主轴增加的功率，与磨削加工参数、砂轮和工件材料属性、润滑特性等密切相关。y 轴和 z 轴进给功率，即 $P_{y进给}$ 和 $P_{z进给}$，与工作台重量和进给伺服电机的启停特性相关，如图 1-8 所示，在研究中一般假定为常数。

2）能耗效率指标

能耗效率指标（energy efficiency index, EEI）包括能耗效率和能耗利用率。前者指有用功率占总功率的比值，后者指有用能耗占总能耗的比值，分别如式（1-1）和式（1-2）所示：

$$\eta_1 = \frac{P_c}{P_t} \tag{1-1}$$

$$\eta_2 = \frac{E_c}{E_t} \tag{1-2}$$

式中，有用功率 P_c 和有用能耗 E_c 均为与切削运动相关的功率或能耗；P_t 和 E_t 分别为总功率和总能耗。

国内外研究的焦点在于有用功率 P_c 或有用能耗 E_c 的构成，部分学者认为只有主轴增加的材料去除功率和能耗为有用功率和有用能耗。Liu 等[118]建立了主轴系统变频器、主轴电机和机械传动系统的能量损失模型，计算了主轴材料去除增加功率，进而获得了机床的能耗效率。Draganescu 等[119]利用主轴系统的能量传递效率计算材料去除功率，建立了机床主轴的能耗效率模型。本书作者前期也专门针对磨床主轴系统总能耗和材料去除能耗建立了自适应人工神经网络模型，评估平面磨削过程能耗利用率[59]。另有学者认为，在材料去除工作阶段内维持加工运动的其他组成部分，如待机、冷却、进给等功率和能耗为有用功率及有用能耗。Zhao 等[120]分别测量机床的总输入功率、主轴功率和进给系统功率，将主轴和进给功率之和作为有用功率，评估机床的能耗效率。

此外，少数学者进一步在工艺层面，将切削能量划分为剪切能量和摩擦能量，以剪切能量作为有用能量计算了能源效率。Pawanr 等[121]将切削能量划分为一次摩擦能量、二次摩擦能量、切削能量和犁削能量，研究了磨粒形状对材料去除机制和相应能耗的影响。Kishawy 等[122]将切削能量分为一次剪切区域能量、二次剪切区域能量以及材料剥离能量，研究了材料剥离能量在总能量中的占比。Chetan 等[123]将切削能量分为剪切能量、摩擦能量、犁削能量和动能，研究指出由于犁削能量和动能较小，在计算总能量时可以忽略。

3）比能耗指标

比能耗指标（specific energy consumption index, SECI）指去除单位体积工件材料所消耗的电能，包括比切削能耗（specific cutting energy, SCE）和比能耗（specific energy consumption, SEC）。其中，SCE 定义为去除 1mm^3 材料的切削能耗，如式（1-3）所示；SEC 定义为 SCE 与材料去除时系统固定能耗之和，如式（1-4）所示[124]：

$$\text{SCE} = \frac{P_c}{\text{MRR}} = \frac{E_c}{\text{MRV}} \tag{1-3}$$

$$\text{SEC} = \frac{P_t}{\text{MRR}} = \frac{E_t}{\text{MRV}} \tag{1-4}$$

式中，MRR 为材料去除率（mm^3/s），即单位时间内去除材料体积；MRV 为材料去除体积（mm^3）。

与 EEI 研究现状相似，SECI 相关研究的关注点在于材料去除能耗的构成方面，对主轴而言，将主轴系统在材料去除阶段增加的功率作为 SCE 的分子，将主轴空磨能耗作为 SEC 的固定能耗分量。主轴 SCE 和 SEC 大多用于评估新砂轮、新材料或新磨削方法的磨削性能，判断加工质量。Kadivar 等[125]研究磨削参数、砂轮修整参数、冷却润滑条件以及材料堆积方向对 SCE 的影响，确定了砂轮修整是导致磨削过程 SCE 不同的主要因素。Ren 等[126]研究了晶粒尺寸对碳化钨磨削中的 SCE 的影响，其结果表明，SCE 不仅与磨削工艺参数有关，还与工件材料的物理机械性能有关。Wang 等[67]使用主轴系统的 SCE 指标作为砂轮磨损状态的指征参数，根据 SCE 密度图可视化方法更加直观地判定了砂轮状态。对机床整机而言，将去除单位体积材料增加的机床总能耗作为 SCE 和 SEC 的分子，将机床整机消耗的能量作为 SEC 的固定能耗分量。整机 SCE 和 SEC 的常用计算方法如表 1-2 所示。

表 1-2　整机 SCE 和 SEC 的常用计算方法

模型	参数解释
$\text{SEC} = \dfrac{P_c}{60\eta Z}$	P_c 为材料去除功率（kW）；η 为主轴系统效率；Z 为材料去除率（cm³/min）
$\text{SEC} = \text{SCE} + k = \dfrac{P_0}{\dot{v}} + k$	P_0 为待机功率（kW）；$\dot{v}$ 为材料去除率（cm³/s）；k 为与加工过程相关的常数（kJ/cm³）
$\text{SEC} = C_0 + \text{SCE} = C_0 + \dfrac{C_1}{\text{MRR}}$	C_0 为与加工过程相关的系数；C_1 为与机床相关的系数；MRR 为材料去除率（cm³/s）
$\text{SEC} = C_0 v_c^\alpha f^\beta a_p^\gamma + \text{SCE} = C_0 v_c^\alpha f^\beta a_p^\gamma + \dfrac{C_1}{v_c f a_p}$	C_0、α、β、γ 为与加工过程相关的系数；V_s 为砂轮线速度（m/min）；f 为进给速度（mm/r）；a_p 为切削深度（mm）；C_1 为待机功率（W）
$\text{SEC} = \dfrac{P_0}{Q} + \text{SCE} = \dfrac{P_0}{Q} + B_0 Q^{B_1}$	P_0 为待机功率（kW）；Q 为材料去除率（cm³/min）；B_0、B_1 为与加工过程相关的系数
$\text{SEC} = k_0 + \dfrac{k_1 n}{\text{MRR}} + \dfrac{k_2}{\text{MRR}} = \text{SCE} + \dfrac{k_1 n}{\text{MRR}} + \dfrac{k_2}{\text{MRR}}$	k_0 为材料去除对应的 SEC（kJ/cm³）；k_1 为主轴空转功率拟合公式的斜率；n 为主轴转速（r/s）；k_2 为待机功率+主轴空转功率拟合公式截距
$\text{SEC} = \dfrac{C_0}{\text{MRR}} + \text{SCE} = \dfrac{C_0}{\text{MRR}} + C_1 \dfrac{\overline{P}_{\text{cutting}}}{\text{MRR}}$	C_0 为与机床空切削功率相关的系数；C_1 为与切削功率相关的系数；MRR 为材料去除率（mm³/s）；$\overline{P}_{\text{cutting}}$ 为刀具尖端的平均切削功率（W）
$\text{SEC} = C_1 n^{C_2} + \dfrac{C_3 n}{\text{MRR}} + \dfrac{C_4}{\text{MRR}} = \text{SCE} + \dfrac{C_3 n}{\text{MRR}} + \dfrac{C_4}{\text{MRR}}$	C_1、C_2、C_3、C_4 为拟合系数；n 为主轴转速（r/min）；MRR 为材料去除率（mm³/s）

4）能耗基准指数

能耗基准指数（energy benchmark index, EBI）指能耗效率或能耗水平的参考值，类似于电器设备（如冰箱、电视、空调等）的电能水平。对于机床，EBI 依赖于不同磨削过程、工件大小和加工参数，不能简单地通过每小时消耗多少瓦电能来衡量。

Paetzold 等[127]提出一种基于主轴和电气装置功率的参考值的能耗效率指标作为 EBI。Kreitlein 等[128]提出使用机床最低能耗需求作为评估机床能耗整体基准的指标。类似地，作者前期研究中使用磨削过程中主轴系统的五级能耗效率作为 EBI。然而，上述研究的 EBI 普适性有限。Cai 等[129]提出一种更实用的动态基准评级系统，通过建立数据库获取能耗数据，进一步确定动态能耗基准并制定基准评定体系。Hu 等[130]提出一个动态分级系统，通过计算能耗基准与最小能耗和最大能耗之间的差异来评价机床能耗基准。Mahamud 等[131]提供了一种用最小和理论特性要求来表征工厂级能耗效率基准的通用方法。随着机床对能耗和生产的要求更具体，EBI 还包括了更多的因素，如时间跨度、用户满意度和加工模式等。

综上分析，机床能耗指标的发展历程如图 1-9 所示。

3. 能耗评价指标评估模型

磨削能耗指标评估模型是进行工艺决策和优化的前提，包括经验模型、统计模型、物理模型和混合模型四种。

1) 经验模型

经验模型是在加工经验基础上演化而来，通过记录和比较经验数据总结输入输出模式和相关性，例如，利用切削力经验模型和速度关系计算材料去除功率和能耗。Pawanr 等[121]提出一种获得机床瞬时能耗的实验方法，研究主轴加速瞬态能耗的经验模型系数，结果表明该方法较为方便、准确。Zheng 等[132]基于脆性材料的延性-脆性转变机制，建立了一种考虑多个晶粒之间随机相互作用的磨削力模型，推导出磨削功率的经验公式，计算不同材料去除模式下的磨削能耗，实现了对临界磨削深度的准确预测。李阳等[60]根据多元非线性回归幂函数，得出磨床主轴材料去除能耗的经验系数，研究结果表明，经验方法简单有效，不依赖大量统计数据且不需要复杂的数学计算。然而，该模型存在一定的主观性和局限性，只能在特定加工条件下使用。

2) 统计模型

统计模型也称为数据驱动模型，即通过收集、分析和处理大量历史数据，建立能耗指标和影响因素之间的数学关系。与经验模型相似，统计模型也是基于历史经验数据。然而，统计模型并未事先假设预定的输入输出关系，而是完全基于数据的数理统计。常见的统计模型包括回归模型、响应面模型、机器学习模型等。Huang 等[133]建立了机床启动过程中能耗与目标速度之间的二次函数，简化了经验模型方程形式，提高了二次模型的实用性。He 等[134]从数控代码分析中提取功率参数，分析机床各部件能耗特性，并根据统计数据建立了主轴、进给轴及辅助系统能耗模型。Lv 等[135]通过大量实验研究了七种不同机床的能耗特性，分别以主轴速度的线性函数和二次函数形式分段拟合了主轴旋转功率。现阶段研究结果表明，统计模型的准确性过度依赖于大量数据支持，增加了实验方法研究统计模型系数的成本。Wang 等[61]应用人工神经网络算法实现了对表面粗糙度、加工时间、总能耗、有用能耗的预测，获得了较高的预测精度，相关系数分别达到 0.9966、0.9935、0.9993 和 0.9466。

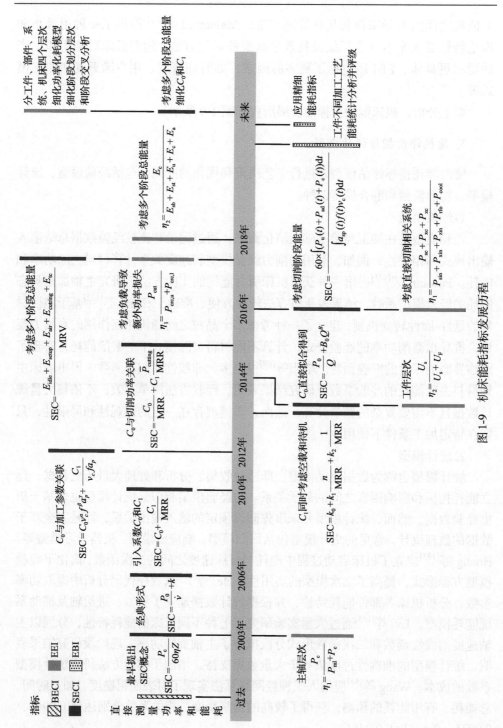

图 1-9 机床能耗指标发展历程

3）物理模型

物理模型也称为工程模型、白盒模型或正向模型，是基于物理原理和定律建立的数学方程。物理模型通常用于预测单个组件或过程的电能消耗，如主轴电机、材料去除能耗和比磨削能等。Chetan 等[123]研究了单层立方氮化硼（cubic boron nitride, CBN）砂轮对轴承钢进行 HEDG 过程中的能耗，通过建立剪切、一次滑擦、二次滑擦和耕犁过程力模型，计算 HEDG 过程中的比磨削能，与实验结果对比，该物理模型预测匹配性较好。Shao 等[136]考虑刀具侧面磨损，建立了平均材料去除功率的改进物理模型，结果表明，该模型预测能力优于瞬时材料去除功率经验模型。Pervaiz 等[137]提出一种通过有限元仿真来预测机床能耗的方法，模拟结果与实验结果吻合效果较好。相比于经验模型，物理模型的准确度更高，但同时依赖于大量物理参数，且同样具有特定条件下的局限性。

4）混合模型

混合模型指经验模型、统计模型、物理模型和机器模型的混合使用。机床加工状态复杂多变，这种随机性使得混合模型能够捕捉到能耗评估中的不确定性。研究人员将物理模型和统计模型进行整合，提出任务分割混合模型、统计主导混合模型和物理主导混合模型三种新方法。使用物理模型描述机床系统的能耗转换机制，使用统计模型捕捉物理建模过程的随机不确定性，研究结果表明该混合模型能够通过实际加工场景，修正、优化和更新物理模型的相关参数，具有较高的灵活性和适应性。Tian 等[65]分别利用主轴材料去除功率的经验模型和空磨、进给功率的统计模型，研究了平面磨削加工过程的能耗预计方法和能耗分布特性。

综上，由经验模型与统计模型、物理模型与统计模型混合使用的建模方法，以及统计模型中的机器学习方法由于灵活性强、适应度高等优点在实际磨削加工中应用越来越广泛，也成为本书研究的重点内容之一。

1.3.3 能耗与质量、效率多目标优化方法

使用优化算法优化机械加工工艺起源于 20 世纪 80 年代，工业强国如美国、英国、法国、德国等逐步将算法优化后的加工工艺融入制造业生产中，国内相关制造业单位也快速投入研究，并取得突破性进展。随着计算机技术的快速发展，以规则推理、神经网络、支持向量机、粒子群优化算法、遗传算法等为代表的人工智能技术在制造业领域具有得天独厚的应用优势。因此，磨削加工领域业内人士针对加工过程信息，纷纷使用人工智能算法建立相关模型并进行工艺决策优化，极大地提高了磨削加工质量和加工效率。

Ji 等[138]指出构建具有高能耗效率的绿色机床是下一代生产系统的目标之一，并通过响应面方法、灵敏度分析和模拟退火粒子群优化（simulated annealing-particle swarm optimization, SA-PSO）混合算法等优化机床静动态性能结构和能耗

设计。Hu 等[139]建立了综合考虑非切削能耗和材料去除能耗的加工能耗(machining energy consumption, MEC)模型，利用模拟退火(simulated annealing, SA)算法降低了 19.28%的车削能耗，并分析了能耗最小化切削参数对加工时间的影响。何彦等[140]提出一种面向机械车间柔性工艺路线的节能调度方法，实现了加工时间、能耗和机床负载的协同优化。Khan 等[141]建立了车削工艺的过程性能仿真器(process performance simulator, PPS)和考虑碳排放、成本、能耗的多目标参数优化模型，同时降低了 18.10%比磨削能和 16.25%加工成本。Yan 等[142]提出了一种柔性流水车间节能多级优化方法，将单机功率模型和切削参数优化结合到车间节能调度，能耗降低了 12.8%，同时加工效率提高了 20.5%。Wang 等[143]建立了以能耗最低和加工时间最短为目标的铣削参数选择双目标优化模型，采用改进的人工蜂群(artificial bee colony, ABC)算法得到最优的铣削工艺参数。Lv 等[144]搭建了凸轮轴制造过程投入-过程-产出(input-process-output, IPO)模型，提出主观权重和客观权重的层次分析法(analytic hierarchy process, AHP)和标准间相关性(criteria importance through intercriteria correlation, CRITIC)法解决传统指标与环境影响指标之间的复杂相互作用，优化后能耗提升 4.69%，加工效率提高 26.94%。Jia 等[145]提出了一种机床能耗可视化分析方法，钻削实例表明能耗效率提高了 12.6%。相对而言，针对车削、铣削、钻削等加工工艺的能耗和工艺性能协同优化技术相对成熟，但由于磨削加工机理较为复杂且加工过程极其不稳定，磨削能耗特征和性能作用规律具有极大的不确定性，磨削技术方向相关研究相对较少。

　　沈南燕等[146]针对异形零件非圆磨削，搭建了磨削力、扭矩及磨削能耗的计算模型，探究了不同工艺参数和材料去除率对磨削能耗的影响规律，并进行了工艺优化。尹晖[147]针对典型机床关键零部件，对磨削加工过程中的磨削比能、能效进行研究，建立了能耗、磨削比能以及能效的理论预测模型，探究了不同加工工艺对能效的影响，实验验证了模型的正确性。丁成等[148]进一步利用蜜蜂进化型遗传算法将材料去除能耗优化至 728J。Wang 等[149]进行了磨削生产成本、生产率和碳排放的综合优化。以上研究在磨削能耗与加工质量、效率等性能指标协同优化等方面开展了探索性研究，但基本都是将多目标优化问题通过权重系数研究转为单目标优化，系数的大小往往直接决定优化结果，特别是磨削全过程能效特征与表面质量的协同作用规律和优化决策研究仍很缺乏。

　　张昆等[60]研究了磨削能耗的反向传播(back propagation, BP)神经网络模型，提出基于动态惯性权重的自适应粒子群优化(adaption particle swarm optimization, APSO)算法，优化得到磨削能耗最优的磨削加工参数。针对生产目标和环境目标协同最优问题，提出利用带精英策略的非支配排序遗传算法(nondominated sorting genetic algorithm II, NSGA II)，在 Pareto 最优面自动搜寻磨削质量、加工时间和能耗效率最优的加工参数，45号钢材料和二氧化硅纤维增强石英陶瓷复合材料平面磨削实验结果均验证了所提方法的有效性[61,70]。

1.3.4　磨削数据库与决策系统

实时监测的物理信号通常含有复杂的噪声信号且数据量特别大、典型特征不明显，离散型制造企业很难直接识别监测物理信号，并直接将其用于工业生产。因此，开发一种能够自动引导操作者进行信号采集、分析、处理和决策的桌面软件系统，得到了广大科研工作者与企业技术人员的关注。

国外对于磨削专家决策系统与数据库研究起步较早。1964年，美国成立美国空军加工性数据中心（AFMDC），基于历史经验数据、车间数据和书本记录数据开发了切削数据库 CUTDATA，可以为3750种以上的工件材料、22种加工方式及12种刀具材料提供切削参数[150,151]。1971年和1973年，德国切削数据情报中心和马格德堡切削数据库中心，基于经验历史数据，分别开发了切削数据库 INFOS 和 SWS。INFOS 存储的加工性信息达200多万条，成为世界上存储切削加工信息最多、软件系统最完整和数据服务能力最强的切削数据库之一[152]。但是，磨削系统和数据库的开发研究仅是作为切削的一个子系统开展的，并不具有独立的磨削数据库。1996年，我国郑州磨料磨具磨削研究所组织并开发了专门针对磨削加工技术的磨削数据库[152,153]，其数据来源仍是经验历史数据，而且早期开发的切削（磨削）数据库无再决策功能，只是对众多加工数据进行统一查询和管理。

1994年，Rowe 等[154]总结了模糊逻辑、决策树、遗传算法、神经网络及自适应优化等智能算法在磨削加工领域的应用效果，认为开发能够对砂轮和工艺参数进行智能选择的桌面式系统将是磨削加工专家决策系统未来发展的重要趋势。Choi 等[155]基于分析模型、实验数据和专家知识开发了通用智能磨削咨询系统 GIGAS。Morgan 等[156]建立了磨削数据库和智能辅助系统 IGA，采用实例推理（case-based reasoning, CBR）和规则推理（rule-based reasoning, RBR）的方法，指导操作者智能地选择待加工件材料的最优磨削参数。邓朝晖等[157]基于粗糙集-实例推理（roughset-case-based reasoning, RS-CBR），开发了凸轮轴数控磨削工艺专家系统，能够实现对磨削工艺特征属性权重的自动计算。但 GIGAS、IGA、凸轮轴数控磨削工艺专家系统等相似系统存在明显的问题：①推理机制过于单一，且需要过于频繁的人机交互，难以实际应用和推广；②磨削数据库数据量不足、数据可靠性不高；③系统功能不够完善和系统化，仅具备查询功能，无法提供完整的工艺实例指导，也不能就整个磨削过程智能化地解决工艺问题[158]。

为此，张新玲[159]针对目前磨削数据库存在数据孤岛的问题，提出了基于数据仓库技术的磨削数据共享平台。刘伟等[160]以凸轮轴磨削加工中的工件、磨床、砂轮、磨削液和磨削参数等数据信息作为研究对象，设计开发了凸轮轴磨削数据库系统 CGDS，向用户提供凸轮轴磨削数据服务，提高了生产效率和加工质量。曹德芳[158]以加工工艺最优化和智能化为目标，开发了专门针对凸轮轴数控磨削加工的工艺智能优选与数控加工软件平台。通过磨削加工过程 3D（三维）虚拟仿真，基于三次样条插值法建立了凸轮转速优化调节的数值计算模型，进行凸轮轴加工速度优化与智能调节。但他们的工艺系统和磨削数据库研究仍基于大量经验数据统计，然而，在现实应用中，众多企业不愿提供属于本企业机密的磨削加工数据；而且，历史经验数据大多是磨削加工参数到磨削输出单级映射关系的体现，仍缺乏对磨削加工过程的动态了解，无法对磨削过程的突然过载、砂轮钝化、磨削烧伤进行有效预判。

在磨削加工过程物理信号监控技术发展的基础上，毕果等[34]采取内置与外置振动、声发射和温度传感器相结合的方式，搭建了精密磨削装备智能监控系统，在确保机床安全平稳运行下，提高磨削加工质量的稳定性。Guo 等[161]通过多传感器信号联合监测，使用堆叠稀疏自动编码器（stacked sparse autoencoder, SSAE）方法进行融合信号特征提取，建立了智能磨削烧伤检测系统。Zhu 等[162]提出了一个大数据驱动的刀具磨损在线监测框架 TCM。Mu 等[163]开发了一个刀具状态在线监测系统，利用小波包提取振动信号时频域特征，将第二波段（125～250Hz）、第三波段（250～375Hz）、第四波段（375～500Hz）、第七波段（750～875Hz）和第八波段（878～1000Hz）的频谱能量作为 BP 神经网络的输入，用于在线识别铣刀轻度、中度和重度磨损状态，准确率达 67%。但 Zhu 等[162]和 Mu 等[163]开发的刀具监测系统，具体针对的是切削和铣削加工，不是磨削加工，而且，振动信号、声发射信号的稳定性和实时分析难以保证。Yin 等[164]针对磨削加工过程，提出了一个基于 ANFIS-GPR 混合算法的新型砂轮磨损和表面粗糙度间接测量系统。刘贵杰等[16]建立了磨削过程计算机集成智能监控系统，在线提取声发射信号的均方根（root mean square，RMS）峰值、快速傅里叶变换（fast Fourier transform, FFT）峰值、信号标准偏差以及信号累计幅值增量等特征值。通过神经网络建立的过程监测信息与磨削烧伤、磨削颤振、砂轮钝化等磨削故障问题的在线实时诊断，如图 1-10 所示，故障识别率达到了 100%。然而，目前的磨削加工专家决策系统面向的均是磨削加工状态、质量、效率和稳定性问题，并未考虑磨削加工能耗高，以及能耗与生产目标协同的可持续制造问题。

He 等[165]建立了一个机械加工工艺规划支持系统 GMPPSS，用于指导磨床、切削工具和冷却液的选择，以及优化工艺流程以节约电能消耗。Deng 等[166]基于案例和规则的混合推理方法，开发了绿色切削过程的专家系统 ES。通过使用 ES，切削过程的能耗降低了 7%~15%。然而，通过 GMPPSS 和 ES 无法获取高效低耗最优磨削加工策略。国内外在磨削专家决策与数据库系统相关研究比较如表 1-3 所示。

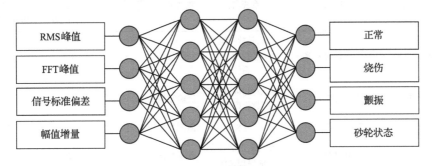

图 1-10　磨削过程监测神经网络

表 1-3　国内外在磨削专家决策与数据库系统相关研究比较

年份	国家	单位	系统名称	数据来源	是否监测加工过程	是否能在线诊断加工故障	是否提供环境目标协同优化
1964	美国	美国空军加工性数据中心	CUTDATA	经验数据	×	×	×
1971	德国	切削数据情报中心	INFOS	经验数据	×	×	×
1973	德国	马格德堡切削数据库中心	SWS	经验数据	×	×	×
1996	中国	郑州磨料磨具磨削研究所	磨削数据库	经验数据	×	×	×
1997	英国	利物浦约翰摩尔斯大学	GICS	监测数据	√	√	×
2003	中国	中国机械科学研究院集团有限公司	DMTS	经验数据	×	×	×
2003	中国	山东大学	HISCUT	经验数据	×	×	×
2005	中国	中国海洋大学	磨削故障在线诊断系统	监测数据	√	√	×
2007	英国	利物浦约翰摩尔斯大学	IGA©	监测数据	√	√	×
2007	美国	普渡大学	GIGAS	经验数据	×	×	×
2007	中国	重庆大学	GMPPSS	监测数据	×	×	√
2007	中国	湖南大学	磨削数据共享系统	经验数据	×	×	×
2009	中国	厦门大学	磨削加工智能化数据库系统	经验数据			

续表

年份	国家	单位	系统名称	数据来源	是否监测加工过程	是否能在线诊断加工故障	是否提供环境目标协同优化
2010	中国	湖南科技大学	凸轮轴数控磨削工艺智能专家系统	经验数据	×	×	×
2012	中国	华中科技大学	复杂刀具磨削工艺数据库系统	经验数据	×	×	×
2018	中国	湖南科技大学	ES	监测数据	×	×	√
2019	中国	厦门大学	精密磨削装备智能监控系统	监测数据	√	√	×
2019	中国	东华大学	智能磨削烧伤检测系统	监测数据	√	√	×
2019	中国	湖南大学	砂轮磨损和表面粗糙度间接测量系统	监测数据	√	√	×
2020	中国	中国科学院合肥智能机械研究所	TCM	监测数据	√	√	×
2021	中国	哈尔滨理工大学	刀具磨损状态监测系统	监测数据	√	√	×

1.4 本书研究内容

本书针对当前实际磨削加工中依靠操作人员的加工经验设定磨削参数,通过看磨削火花、听磨削声音的方式判断磨削状态,较难对磨削过热、砂轮钝化、磨削烧伤等进行有效预判的现状,围绕易于出现的磨削能耗高、磨削效率低、磨削烧伤频繁、表面完整性差、磨削性能不稳定、砂轮修整周期不合理的共性技术难题,提出开发磨削功率/能耗智能监控与优化决策系统。在磨削功率/能耗时频域特征提取、磨削输入-中间过程变量-磨削输出三层映射模型建立,以及磨削参数多目标优化方法、远程磨削数据库搭建、磨削加工智能控制技术等方面进行关键技术攻关,并结合典型金属材料、陶瓷材料、复合材料,以及典型轴承和曲轴企业案例进行应用研究。

本书主要研究内容包括以下七个方面:

(1)磨削功率/能耗智能监控与优化决策硬件系统。依托 SMART-B818 Ⅲ 精密磨床,设计硬件系统总体框架,选择 PPC-3(portable power cell-3)便携式功率传感器实现磨床电机功率的实时采集,采用 NI cDAQ 9174 和 NI 9203 数据采集装置将模拟信号转换为数字信号,利用基于 USB(通用串行总线)接口的数据传输协议以及连接端口完成功率数据的传输,搭建磨削功率信号在线采集硬件系统。使用基于 TCP/IP(传输控制协议/网际协议)无线通信网络的终端监控器,将采集的功率数据通过无线传输的方式发送至管理中心服务器,实现磨削加工过程磨削功率/能耗远程采集和管理。

(2)磨削功率/能耗智能监控与优化决策软件系统。依据磨削加工中采集的功率信号特征,利用 LabVIEW 软件开发具有数据采集、信号处理、数据分析计算、能耗计算与监控、砂轮状态监测、砂轮比较、远程监控、磨削烧伤预测、数据库存储/调用/分析、参数优化、能效工况总结等功能的软件系统。

(3)磨削过程监测海量功率信号的关键特征提取方法。根据在线监测功率信号的时域与频域性质,通过快速傅里叶变换(FFT)将功率信号由时域变换至频域,分析高频电气和机械噪声频率范围,设计多频段低通滤波器,消除噪声信号,提高功率信号信噪比。在此基础上,进一步剖析功率信号的时域特征和频域特征,提取关键功率/能耗特征参数,用于实时判别磨削烧伤状态、可视化比较砂轮状态和在线预测加工质量。

(4)磨削工艺参数多目标优化方法。针对材料去除阶段功率和能耗的复杂特性,提出鲸鱼算法优化的广义回归神经网络模型,预测材料去除功率和能耗;针对其他如主轴空磨、x 轴进给较为简单的磨削功率/能耗分量,建立单因素物理参数模型;针对磨削加工质量的复杂变化特性,提出建立磨削输入层-过程物理量层-表面质量三层映射自适应人工神经网络(aANN)模型。并将各模型作为决策函数,利用带精英策略的非支配排序遗传算法(NSGA II)反求满足能耗效率最大(能耗最小)、加工时间和表面粗糙度最小目标的 Pareto 最优前沿,获取最优磨削加工参数。

(5)用户-基础-过程-知识结构的远程磨削数据库。根据远程磨削数据库数据来源、结构,设计远程磨削数据库的管理方式和调用流程。针对海量监测功率信号的数据库快速存储和调用技术要求,提出功率信号的高效压缩与单元格存储方法,降低数据量,提高数据库响应速度。

(6)磨削加工智能控制技术。介绍磨削功率/能耗智能监控与优化决策软硬件系统的调用方法、磨削数据库中知识数据的动态配置和基于优化决策系统的自适应反馈控制技术。搭建多轴智能运动控制硬件系统,通过对伺服电机单向、复杂运动控制,实现精准智能磨削加工。

(7)磨削功率/能耗智能监控与优化决策系统应用及展望。开发的磨削功率/能耗智能监控与优化决策系统在典型的 45 号钢金属材料、氧化锆(ZrO_2)陶瓷材料和二氧化硅纤维增强石英陶瓷(SiO_{2f}/SiO_2)复合材料进行实验验证,并结合某型号轴承和曲轴的磨削加工实际进行推广应用。

以大数据为代表的新一代信息技术与先进制造技术深度融合,具有研究面广、需要突破的关键技术多、各技术具有模块化和集成化等特点，其产业化后可应用到磨削产业的多个环节中，具有广阔的市场前景。

参 考 文 献

[1] Rahman J F, Radhakrishnan V. Surface condition monitoring of grinding wheels by pneumatic back-pressure measurement[J]. Wear, 1981, 70(2): 219-226.

[2] Dornfeld D, Cai H G. An investigation of grinding and wheel loading using acoustic emission[J]. Journal of Engineering for Industry, 1984, 106(1): 28-33.

[3] Lacey S J. Vibration monitoring of the internal centreless grinding process part 1: Mathematical models[J]. Proceedings of the Institution of Mechanical Engineers, Part B: Journal of Engineering Manufacture, 1990, 204(2): 119-128.

[4] Wakuda M, Inasaki I, Ogawa K, et al. Monitoring of the grinding process with an AE sensor integrated CBN wheel[J]. Journal of the Japan Society for Precision Engineering, 1993, 59(2): 275-280.

[5] Hassui A, Diniz A E, Oliveira J F G, et al. Experimental evaluation on grinding wheel wear through vibration and acoustic emission[J]. Wear, 1998, 217(1): 7-14.

[6] Zeng Y G, Forssberg E. Application of vibration signal measurement for monitoring grinding parameters[J]. Mechanical Systems and Signal Processing, 1994, 8(6): 703-713.

[7] Chen X, Liu Q S, Gindy N. Signal analysis of acoustic emission for laser imitating grinding burn[J]. Key Engineering Materials, 2005, 291-292: 91-96.

[8] Neto R F G, Marchi M, Martins C, et al. Monitoring of grinding burn by AE and vibration signals[C]. International Conference on Agents and Artificial Intelligence, Loire Valley, 2014.

[9] Thomazella R, Lopes W N, Aguiar P R, et al. Digital signal processing for self-vibration monitoring in grinding: A new approach based on the time-frequency analysis of vibration signals[J]. Measurement, 2019, 145: 71-83.

[10] Wang N N, Zhang G P, Ren L J, et al. A novel monitoring method for belt wear state based on machine vision and image-processing under varying grinding parameters[J]. The International Journal of Advanced Manufacturing Technology, 2022, 122(1): 87-101.

[11] Pandiyan V, Tjahjowidodo T. Use of acoustic emissions to detect change in contact mechanisms caused by tool wear in abrasive belt grinding process[J]. Wear, 2019, 436-437: 203047.

[12] Hanchate A, Bukkapatnam S T S, Lee K H, et al. Explainable AI (XAI)-driven vibration sensing scheme for surface quality monitoring in a smart surface grinding process[J]. Journal of Manufacturing Processes, 2023, 99: 184-194.

[13] 邓建平, 薄化川. CBN砂轮磨削 GCr15 时的磨削温度研究[J]. 华东交通大学学报, 1989, (2): 1-5.

[14] 邓建平, 薄化川. AE 法测 CBN 砂轮磨钝过程[J]. 华东交通大学学报, 1989, (1): 74-78.

[15] 穆玉海, 张国雄, 袁哲俊. 高精度磨削加工用声发射对刀仪的研制[J]. 天津大学学报, 1996, (6): 981-986.

[16] 刘贵杰, 刘立静, 唐婷, 等. 磨削过程计算机集成智能监控系统[J]. 中国机械工程, 2005, (20): 1843-1845, 1850.

[17] 刘贵杰, 巩亚东, 王宛山. 磨削加工参数智能化在线调整方法研究[J]. 中国机械工程, 2003, (15): 3, 14-17.

[18] 徐春广, 王信义, 杨大勇, 等. 磨削过程声发射信号传播特性研究[J]. 北京理工大学学报, 1998, (4): 415-419.

[19] 周洪煜, 陈晓锋, 张梅有, 等. 应用神经网络和 AE 信号对磨削烧伤的在线检测[J]. 计算机测量与控制, 2006, (8): 990-991, 1015.

[20] 郭力, 郑良瑞, 冯浪. 基于相关性分析与 CNN-BiLSTM 神经网络的 PSZ 陶瓷磨削表面粗糙度智能预测[J]. 南京航空航天大学学报, 2023, 55(3): 401-409.

[21] 郭力, 霍可可, 郭君涛. 基于 EMD 的金刚石砂轮磨损状态声发射监测[J]. 湖南大学学报(自然科学版), 2019, 46(2): 58-66.

[22] 郭力. 基于 BP 神经网络的高效深磨工程陶瓷工件表面粗糙度的声发射预测[J]. 湖南文理学院学报(自然科学版), 2008, (3): 62-67.

[23] 侯智, 余忠华. 复杂制造过程质量与可靠性监控理论综述[J]. 矿山机械, 2013, 41(5): 125-130.

[24] 万林林, 周启明, 邓朝晖. 工程陶瓷磨削过程的声发射在线监测研究进展[J]. 材料导报, 2023, 37(4): 84-94.

[25] 滕洪钊, 邓朝晖, 吕黎曙, 等. 多传感器信息融合的加工过程状态监测研究[J]. 机械工程学报, 2022, 58(6): 26-41.

[26] 邓朝晖, 刘伟, 吴锡兴, 等. 基于云计算的智能磨削云平台的研究与应用[J]. 中国机械工程, 2012, 23(1): 65-68, 84.

[27] 杨磊, 李郝林, 迟玉伦. 基于自适应模糊神经网络的砂轮磨损评估[J]. 轻工机械, 2020, 38(6): 72-76.

[28] 迟玉伦, 李郝林. 基于时间常数外圆切入磨削砂轮钝化的监测方法[J]. 中国机械工程, 2016, 27(2): 209-214.

[29] 焦阳, 李郝林. 数控磨削过程中砂轮电机电流的实时监测[J]. 上海理工大学学报, 2009, 31(1): 77-79.

[30] 郭维诚, 李蓓智, 杨建国, 等. 磨削过程信号监测与砂轮磨损预测模型构建[J]. 上海交通大学学报, 2019, 53(12): 1475-1481.

[31] 于腾飞, 苏宏华, 戴剑博, 等. 单颗磨粒磨削碳化硅陶瓷磨削力与比能研究[J]. 南京航空航天大学学报, 2018, 50(1): 120-125.

[32] 邓朝晖, 唐浩, 刘伟, 等. 凸轮轴数控磨削工艺智能应用系统研究与开发[J]. 计算机集成制造系统, 2012, 18(8): 1845-1853.

[33] 苏史博, 毕果, 彭云峰, 等. 基于 LabVIEW 的超精密磨床嵌入式监控系统[J]. 航空制造技术, 2020, 63(11): 88-93.

[34] 毕果, 汤期林, 王振忠, 等. 精密磨削机床智能监测系统开发与应用[J]. 航空制造技术, 2019, 62(6): 32-40.

[35] 罗明超, 胡仲翔, 林允森. 基于虚拟仪器的磨削加工声发射监测系统研究[J]. 设备管理与维修, 2005, (5): 31-32.

[36] 盛炜佳, 赵勍波, 韩东芳, 等. 基于声发射技术的自学习磨削加工监控系统[J]. 传感器与微系统, 2010, 29(4): 99-101.

[37] 丁春生, 赵延军, 丁玉龙, 等. 不同晶粒度硬质合金的磨削性能研究[J]. 金刚石与磨料磨具工程, 2009, (5): 67-70.

[38] 吴定柱, 刘中磊, 李学崑, 等. 磨削功率监控与功能陶瓷精密磨削工艺优化研究[J]. 现代制造工程, 2016, (2): 113-118.

[39] 迟玉伦. 基于功率信号的切入式磨削工艺优化关键技术研究[D]. 上海: 上海理工大学, 2016.

[40] Tian Y B, Liu F, Wang Y, et al. Development of portable power monitoring system and grinding analytical tool[J]. Journal of Manufacturing Processes, 2017, 27: 188-197.

[41] 田业冰. 难加工材料磨削功率/能耗智能监控及分析决策系统研究与开发(特邀报告)[C]. 第三届高校院所河南科技成果博览会, 新乡, 2020.

[42] 田业冰. 难加工材料磨削功率/能耗智能监控及分析决策系统研究与开发[C]. 2020 年中国(国际)光整加工技术及表面工程学术会议暨 2020 年高性能零件光整加工技术产学研论坛, 常州, 2020.

[43] 张昆. 磨削功率与能耗智能监控及工艺决策优化研究[D]. 淄博: 山东理工大学, 2021.

[44] 李建伟. 磨削功率与能耗远程监控系统及专家数据库的研究[D]. 淄博: 山东理工大学, 2021.

[45] Wang J L, Tian Y B, Hu X T, et al. Predictive modelling and Pareto optimization for energy efficient grinding based on aANN-embedded NSGA II algorithm[J]. Journal of Cleaner Production, 2021, 327: 1-14.

[46] Wang J L, Tian Y B, Hu X T. Grinding prediction of the quartz fiber reinforced silica ceramic composite based on the monitored power signal[C]. International Conference on Surface Engineering, Weihai, 2021.

[47] Tian Y B. Power/energy intelligent monitoring and big-data driven decision-making system for energy efficiency grinding[C]. European Assembly of Advanced Materials Congress, Stockholm, 2022.

[48] 山东理工大学. 机械加工声发射信号采集与分析系统 V1.0[CP]: 中国, 2023SR0363029. 2023.03.20.

[49] 山东理工大学. 磨削功率与能耗数据监测及分析处理系统[简称: 磨削数据监测及分析]V1.0[CP]: 中国. 2019SR1409494. 2019.12.20.

[50] 山东理工大学. 磨削远程监控系统[简称: 磨削远程监控]V1.0[CP]: 中国, 2019SR1409492. 2019.12.20.

[51] 山东理工大学. 基于 LabVIEW 与 SQL 互连的磨削数据库存储调用及分析处理系统[简称: 磨削数据库系统]V1.0[CP]: 中国, 2019SR1407852. 2019.12.30.

[52] 山东理工大学. 基于 LabVIEW 的 SQL 数据库远程操作系统[简称: 远程数据库操作系统]V1.0[CP]: 中国, 2021SR0045911. 2021.01.11.

[53] 山东理工大学. 磨削工件烧伤与表面粗糙度预测分析系统[简称: 磨削烧伤与表面粗糙度预测分析]V1.0[CP]: 中国, 2021SR0045938. 2021.01.11.

[54] 田业冰, 范硕, 李琳光, 等. 一种磨削功率与能耗智能监控系统及决策方法[P]: 中国, ZL201711087573.2. 2019.05.24.

[55] 山东理工大学. 机械加工多目标预测与优化系统 V1.0[CP]: 中国, 2023SR0371904. 2023.03.21.

[56] 李建伟, 田业冰, 张昆, 等. 面向磨削数据库的功率信号压缩方法研究[J]. 制造技术与机床, 2021, 8: 117-121.

[57] 王进玲, 李建伟, 田业冰, 等. 磨削功率信号采集与动态功率监测数据库建立方法[J]. 金刚石与磨料磨具工程, 2022, 42(3): 356-363.

[58] 田业冰, 王进玲, 胡鑫涛, 等. 一种用户-基础-过程-知识递进结构的远程磨削数据库管理系统及高效低耗智能磨削方法[P]: 中国, CN114153816A. 2022.03.08.

[59] 张昆, 田业冰, 丛建臣, 等. 基于动态惯性权重粒子群优化算法的磨削低能耗加工方法[J]. 金刚石与磨料磨具工程, 2021, 41(1): 71-75.

[60] 李阳, 刘俨后, 张昆, 等. 基于改进遗传算法的磨削能耗预测及工艺参数优化[J]. 组合机床与自动化加工技术, 2021, 10: 124-128.

[61] Wang J L, Tian Y B, Hu X T, et al. Development of grinding intelligent monitoring and big data-driven decision making expert system towards high efficiency and low energy consumption: Experimental approach[J]. Journal of Intelligent Manufacturing, 2024, 35(3): 1013-1035.

[62] 王进玲. 磨削功率监控与高效低耗工艺参数优化方法研究[R]. 淄博: 山东理工大学, 2023.

[63] 田业冰, 王进玲, 胡鑫涛, 等. 一种基于鲸鱼优化算法的广义回归神经网络预测磨削材料去除功率和能耗的方法[P]: 中国, CN116362115A. 2023.03.07.

[64] Hu X T, Tian Y B, Wang J L, et al. Cutting energy model in surface grinding based-on nonuniform wear and additional load loss[C]. Proceedings of the 17th International Conference on High Speed Machining, Nanjing, 2023.

[65] Tian Y B, Wang J L, Hu X T, et al. Energy prediction models and distributed analysis of the grinding process of sustainable manufacturing[J]. Micromachines, 2023, 14(8): 1603.

[66] 田业冰, 王进玲, 胡鑫涛, 等. 一种平面磨削加工过程能量效率评估方法[P]: 中国, CN114662298A. 2022.06.24.

[67] Wang J L, Tian Y B, Zhang K, et al. Online prediction of grinding wheel condition and surface roughness for the fused silica ceramic composite material based on the monitored power signal[J]. Journal of Materials Research and Technology, 2023, 24: 8053-8064.

[68] Li Y, Liu Y H, Wang J L, et al. Real-time monitoring of silica ceramic composites grinding surface roughness based on signal spectrum analysis[J]. Ceramics International, 2022, 48(5): 7204-7217.

[69] Li Y, Liu Y H, Tian Y B, et al. Application of improved fireworks algorithm in grinding surface roughness online monitoring[J]. Journal of Manufacturing Processes, 2022, 74: 400-412.

[70] 李阳. 石英陶瓷复合材料磨削工艺优化及表面粗糙度在线监测研究[D]. 淄博: 山东理工大学, 2022.

[71] Wang J L, Tian Y B, Hu X T, et al. Integrated assessment and optimization of dual environment and production drivers in grinding[J]. Energy, 2023, 272: 127046.

[72] 汤期林, 彭云峰, 童雅芳, 等. 超精密磨床多信号监测系统的设计与实现[J]. 组合机床与自动化加工技术, 2019, 2: 72-75.

[73] Batako A D L, Koppal S. Process monitoring in high efficiency deep grinding—HEDG[J]. Journal of Physics: Conference Series, 2007, 76(1): 012061.

[74] Tian Y B, Li L G, Liu B, et al. Experimental investigation on high-shear and low-pressure grinding process for Inconel 718 superalloy[J]. The International Journal of Advanced Manufacturing Technology, 2020, 107: 3425-3435.

[75] Chen Y R, Su H H, Qian N, et al. Ultrasonic vibration-assisted grinding of silicon carbide ceramics based on actual amplitude measurement: Grinding force and surface quality[J]. Ceramics International, 2021, 47(11): 15433-15441.

[76] Li P, Chen S Y, Jin T, et al. Machining behaviors of glass-ceramics in multi-step high-speed grinding: Grinding parameter effects and optimization[J]. Ceramics International, 2021, 47(4): 4659-4673.

[77] Zhang Z Z, Yao P, Li X, et al. Grinding performance and tribological behavior in solid lubricant assisted grinding of glass-ceramics[J]. Journal of Manufacturing Processes, 2020, 51: 31-43.

[78] 王龙山, 崔岸, 于爱兵. 砂轮变速磨削抑制工件颤振的研究[J]. 中国机械工程, 1999, 10(2): 140-142.

[79] Ren X K, Chai Z, Xu J J, et al. A new method to achieve dynamic heat input monitoring in robotic belt grinding of inconel 718[J]. Journal of Manufacturing Processes, 2020, 57: 575-588.

[80] 周文博. 金刚石砂轮磨削碳化硅的磨损及加工质量影响研究[D]. 南京: 南京航空航天大学, 2019.

[81] Nguyen D, Yin S H, Tang Q C, et al. Online monitoring of surface roughness and grinding wheel wear when grinding Ti-6Al-4V titanium alloy using ANFIS-GPR hybrid algorithm and Taguchi analysis[J]. Precision Engineering, 2019, 55: 275-292.

[82] 李颂华, 隋阳宏, 孙健, 等. 磨削力对 HIPSN 陶瓷磨削亚表面裂纹的影响[J]. 现代制造工程, 2020, 3: 1-6.

[83] 徐水竹, 杨京, 张仲宁, 等. 基于小波变换的磨削声发射在线监测方法研究[C]. 中国声学学会 2009 年青年学术会议, 长沙, 2009.

[84] 邢康林. 内圆磨削监控反馈系统构建与应用[D]. 郑州: 河南工业大学, 2014.

[85] Liao T W, Ting C F, Qu J, et al. A wavelet-based methodology for grinding wheel condition monitoring[J]. International Journal of Machine Tools and Manufacture, 2007, 47(3-4): 580-592.

[86] Moia D F G, Thomazella I H, Aguiar P R, et al. Tool condition monitoring of aluminum oxide grinding wheel in dressing operation using acoustic emission and neural networks[J]. Journal of the Brazilian Society of Mechanical Sciences and Engineering, 2015, 37(2): 627-640.

[87] Alexandre F A, Lopes W N, Lofrano Dotto F R L, et al. Tool condition monitoring of aluminum oxide grinding wheel using AE and fuzzy model[J]. The International Journal of Advanced Manufacturing Technology, 2018, 96(1): 67-79.

[88] 尹国强, 巩亚东, 李宥玮, 等. 基于 AE 信号的新型砂轮点磨削状态监测方法[J]. 东北大学学报(自然科学版), 2018, 39(9): 1288-1292.

[89] 王强, 刘贵杰, 王宛山. 基于小波包能量系数法的砂轮状态监测[J]. 中国机械工程, 2009, 20(3): 285-287.

[90] 陈明, 浦学锋, 张幼桢. 声发射信号的时序分析法在磨削烧伤预报中的应用研究[J]. 南京航空航天大学学报, 1996, (1): 120-125.

[91] Liu Q, Chen X, Gindy N. Investigation of acoustic emission signals under a simulative environment of grinding burn[J]. International Journal of Machine Tools and Manufacture, 2006, 46(3-4): 284-292.

[92] 郭力, 尹韶辉, 李波, 等. 模拟磨削烧伤条件下的声发射信号特征[J]. 中国机械工程, 2009, 20(4): 413-416.

[93] Rowe W B, Black S C E, Mills B, et al. Grinding temperatures and energy partitioning[J]. Proceedings of the Royal Society of London A: Mathematical, Physical and Engineering Sciences, 1997, 453(1960): 1083-1104.

[94] Brinksmeier E, Heinzel C, Meyer L. Development and application of a wheel based process monitoring system in grinding[J]. CIRP Annals, 2005, 54(1): 301-304.

[95] Pavel R, Srivastava A. An experimental investigation of temperatures during conventional and CBN grinding[J]. The International Journal of Advanced Manufacturing Technology, 2007, 33(3): 412-418.

[96] Ilio A D, Paoletti A, Sfarra S. Monitoring of MMCs grinding process by means of IR thermography[J]. Procedia Manufacturing, 2018, 19: 95-102.

[97] 王德祥, 葛培琪, 毕文波, 等. 磨削弧区热源分布形状研究[J]. 西安交通大学学报, 2015, 49(8): 116-121.

[98] 邓朝晖, 刘涛, 廖礼鹏, 等. 凸轮轴高速磨削温度的实验研究[J]. 中国机械工程, 2016, 27(20): 2717-2722.

[99] Wan L L, Li L, Deng Z H, et al. Thermal-mechanical coupling simulation and experimental research on the grinding of zirconia ceramics[J]. Journal of Manufacturing Processes, 2019, 47: 41-51.

[100] 史建茹, 黄大宇, 董智勇. 基于网络的监测技术在磨削温度监控上的应用[J]. 中原工学院学报, 2007, (4): 16-17.

[101] 邱立峻, 杨佳. 基于砂轮进给率和磨削功率的内圆磨削系统分析[J]. 辽东学院学报(自然科学版), 2010, 17(4): 313-316.

[102] 陈世隐, 郭佳杰, 黄国钦. 基于径向基神经网络对磨削功率预测的研究[J]. 超硬材料工程, 2016, 28(4): 33-36.

[103] Reddy P P, Ghosh A. Effect of cryogenic cooling on spindle power and G-ratio in grinding of hardened bearing steel[J]. Procedia Materials Science, 2014, 5: 2622-2628.

[104] 董新峰, 马燕玲. 基于电动机功率的磨削烧伤在线检测方法[J]. 精密制造与自动化, 2011, (2): 31-32.

[105] Heinzel J, Jedamski R, Rößler M, et al. Hybrid approach to evaluate surface integrity based on grinding power and Barkhausen noise[J]. Procedia CIRP, 2022, 108: 489-494.

[106] 易军, 金滩, 张明东. 基于磨削功率测量和巴克豪森无损检测的齿轮成形磨削烧伤研究[J]. 机械传动, 2019, 43(9): 109-112.

[107] 朱欢欢, 李厚佳, 张利华, 等. 切入式磨削烧伤仿真预测与控制方法研究[J]. 金刚石与磨料磨具工程, 2019, 39(5): 44-49.

[108] 陈庄, 刘飞, 但斌. 一种功率传感型内圆磨削加工的自适应控制策略[J]. 重庆大学学报(自然科学版), 1997, 20(3): 1-7.

[109] Chi Y L, Li H L, Chen X. In-process monitoring and analysis of bearing outer race way grinding based on the power signal[J]. Proceedings of the Institution of Mechanical Engineers, Part B: Journal of Engineering Manufacture, 2017, 231(14): 2622-2635.

[110] 詹友基, 田笑, 许永超, 等. 基于超细硬质合金磨削过程的机床能耗研究[J]. 金刚石与磨料磨具工程, 2020, 40(2): 61-66.

[111] 刘勇涛, 傅玉灿, 杨路, 等. 高速超高速磨削用 CFRP 砂轮功率消耗试验研究[J]. 金刚石与磨料磨具工程, 2015, 35(6): 14-18.

[112] Hassui A, Diniz A E. Correlating surface roughness and vibration on plunge cylindrical grinding of steel[J]. International Journal of Machine Tools and Manufacture, 2003, 43(8): 855-862.

[113] 柯晓龙, 黄海滨, 刘建春. 基于精密磨削的振动监测技术研究与应用[J]. 重庆理工大学学报(自然科学), 2013, 27(12): 77-81.

[114] 胡桐. 数控机床进给系统能量特性研究[D]. 重庆: 重庆大学, 2012.

[115] Hadi M A, Brillinger M, Wuwer M, et al. Sustainable peak power smoothing and energy-efficient machining process thorough analysis of high-frequency data[J]. Journal of Cleaner Production, 2021, 318: 128548.

[116] Shang Z D, Gao D, Jiang Z P, et al. Towards less energy intensive heavy-duty machine tools: Power consumption characteristics and energy-saving strategies[J]. Energy, 2019, 178: 263-276.

[117] Guo J, Wang L M, Kong L, et al. Energy-efficient flow-shop scheduling with the strategy of switching the power statuses of machines[J]. Sustainable Energy Technologies and Assessments, 2022, 53: 102649.

[118] Liu N, Zhang Y F, Lu W. A hybrid approach to energy consumption modelling based on cutting power: A milling case[J]. Journal of Cleaner Production, 2015, 104: 264-272.

[119] Draganescu F, Gheorghe M, Doicin C V. Models of machine tool efficiency and specific consumed energy[J]. Journal of Materials Processing Technology, 2003, 141(1): 9-15.

[120] Zhao G Y, Hou C H, Qiao J F, et al. Energy consumption characteristics evaluation method in turning[J]. Advances in Mechanical Engineering, 2016, 8(11): 1-8.

[121] Pawanr S, Garg G K, Routroy S. Development of a transient energy prediction model for machine tools[J]. Procedia CIRP, 2021, 98: 678-683.

[122] Kishawy H A, Kannan S, Balazinski M. An energy based analytical force model for orthogonal cutting of metal matrix composites[J]. CIRP Annals-Manufacturing Technology, 2004, 53(1): 91-94.

[123] Chetan, Ghosh S, Rao P V. Specific cutting energy modeling for turning nickel-based nimonic 90 alloy under MQL condition[J]. International Journal of Mechanical Sciences, 2018, 146-147: 25-38.

[124] Gutowski T, Dahmus J, Thiriez A. Electrical energy requirements for manufacturing processes[C]. Proceedings of the 13th CIRP International Conference on Life Cycle Engineering, Lueven, 2006.

[125] Kadivar M, Azarhoushang B, Klement U, et al. The role of specific energy in micro-grinding of

titanium alloy[J]. Precision Engineering, 2021, 72: 172-183.

[126] Ren Y H, Zhang B, Zhou Z X. Specific energy in grinding of tungsten carbides of various grain sizes[J], CIRP Annals-Manufacturing Technology, 2009, 58(1): 299-302.

[127] Paetzold J, Kolouch M, Wittstock V, et al. Methodology for process-independent energetic assessment of machine tools[J]. Procedia Manufacturing, 2017, 8: 254-261.

[128] Kreitlein S, Scholz M, Franke J. The automated evaluation of the energy efficiency for machining applications based on the least energy demand[J]. Procedia CIRP, 2017, 61: 404-409.

[129] Cai W, Liu F, Zhang H, et al. Development of dynamic energy benchmark for mass production in machining systems for energy management and energy-efficiency improvement[J]. Applied Energy, 2017, 202: 715-725.

[130] Hu L K, Wang Y N, Shu L J, et al. Energy benchmark for evaluating the energy efficiency of selective laser melting processes[J]. Applied Thermal Engineering, 2023, 221: 119870.

[131] Mahamud R, Li W, Kara S. Energy characterisation and benchmarking of factories[J]. CIRP Annals, 2017, 66(1): 457-460.

[132] Zheng Z D, Huang K, Lin C T, et al. An analytical force and energy model for ductile-brittle transition in ultra-precision grinding of brittle materials[J]. International Journal of Mechanical Sciences, 2022, 220: 107107.

[133] Huang J, Liu F, Xie J. A method for determining the energy consumption of machine tools in the spindle start-up process before machining[J]. Proceedings of the Institution of Mechanical Engineers, Part B: Journal of Engineering Manufacture, 2016, 230(9): 1639-1649.

[134] He Y, Tian X C, Li Y F, et al. Modeling and analyses of energy consumption for machining features with flexible machining configurations[J]. Journal of Manufacturing Systems, 2022, 62: 463-476.

[135] Lv J X, Tang R Z, Jia S, et al. Experimental study on energy consumption of computer numerical control machine tools[J]. Journal of Cleaner Production, 2016, 112: 3864-3874.

[136] Shao H, Wang H L, Zhao X M. A cutting power model for tool wear monitoring in milling[J]. International Journal of Machine Tools and Manufacture, 2004, 44(14): 1503-1509.

[137] Pervaiz S, Deiab I, Rashid A, et al. Prediction of energy consumption and environmental implications for turning operation using finite element analysis[J]. Proceedings of the Institution of Mechanical Engineers, Part B: Journal of Engineering Manufacture, 2015, 229(11): 1925-1932.

[138] Ji Q Q, Li C B, Zhu D G, et al. Structural design optimization of moving component in CNC machine tool for energy saving[J]. Journal of Cleaner Production, 2020, 246: 118976.

[139] Hu L K, Tang R Z, Cai W, et al. Optimisation of cutting parameters for improving energy

efficiency in machining process[J]. Robotics and Computer-Integrated Manufacturing, 2019, 59: 406-416.

[140] 何彦, 王乐祥, 李育锋, 等. 一种面向机械车间柔性工艺路线的加工任务节能调度方法[J]. 机械工程学报, 2016, 52 (19): 168-179.

[141] Khan A M, Liang L, Mia M, et al. Development of process performance simulator (PPS) and parametric optimization for sustainable machining considering carbon emission, cost and energy aspects[J]. Renewable and Sustainable Energy Reviews, 2021, 139: 110738.

[142] Yan J H, Li L, Zhao F, et al. A multi-level optimization approach for energy-efficient flexible flow shop scheduling[J]. Journal of Cleaner Production, 2016, 137: 1543-1552.

[143] Wang W J, Tian G D, Chen M N, et al. Dual-objective program and improved artificial bee colony for the optimization of energy-conscious milling parameters subject to multiple constraints[J]. Journal of Cleaner Production, 2020, 245: 118714.

[144] Lv L S, Deng Z H, Meng H J, et al. A multi-objective decision-making method for machining process plan and an application[J]. Journal of Cleaner Production, 2020, 260: 121072.

[145] Jia S, Cai W, Liu C H, et al. Energy modeling and visualization analysis method of drilling processes in the manufacturing industry[J]. Energy, 2021, 228: 120567.

[146] 沈南燕, 王为东, 李静, 等. 非圆磨削加工过程中磨削能耗建模与分析[J]. 机械工程学报, 2017, 53 (15): 208-216.

[147] 尹晖. 典型机床关键零部件切削磨削比能能效建模及其数据库系统研发[D]. 湘潭: 湖南科技大学, 2018.

[148] 丁成, 张华, 鄢威. 无心外圆磨削能耗建模及优化研究[J]. 机械设计与制造, 2021, (4): 227-230.

[149] Wang Z X, Zhang T Q, Yu T B, et al. Assessment and optimization of grinding process on AISI 1045 steel in terms of green manufacturing using orthogonal experimental design and grey relational analysis[J]. Journal of Cleaner Production, 2020, 253: 119896.

[150] 叶俊. 数控车床切削用量专家系统研究与开发[D]. 杭州: 浙江工业大学, 2009.

[151] 刘战强, 武文革, 万熠. 高速切削数据库与数控编程技术[M]. 北京: 国防工业出版社, 2009.

[152] 吴花秀, 王春清. 磨削数据库的研究与开发 (I) [J]. 金刚石与磨料磨具工程, 1997, (6): 23-25.

[153] 吴花秀, 耿直, 王春清, 等. 磨削数据库的研究与开发 (之二) [J]. 金刚石与磨料磨具工程, 1999, 1 (115): 47-48.

[154] Rowe W B, Yan L, Inasaki I, et al. Applications of artificial intelligence in grinding[J]. CIRP Annuals, 1994, 43 (2): 521-531.

[155] Choi T, Shin Y C. Generalized intelligent grinding advisory system[J]. International Journal of

Production Research, 2007, 45 (8)：1899-1932.

[156] Morgan M N, Cai R, Guidotti A, et al. Design and implementation of an intelligent grinding assistant system[J]. International Journal of Abrasive Technology, 2007, 1 (1)：106-135.

[157] 邓朝晖, 张晓红, 曹德芳, 等. 粗糙集——基于实例推理的凸轮轴数控磨削工艺专家系统[J]. 机械工程学报, 2010, 46 (21)：178-186.

[158] 曹德芳. 凸轮轴数控磨削工艺智能应用系统的研究与开发[D]. 长沙: 湖南大学, 2012.

[159] 张新玲. 基于数据仓库技术的磨削数据共享平台应用研究[D]. 长沙: 湖南大学, 2009.

[160] 刘伟, 李希晨, 邓朝晖, 等. 凸轮轴磨削数据库系统的设计与开发[J]. 湖南科技大学学报 (自然科学版), 2019, 34 (4)：67-73.

[161] Guo W C, Li B Z, Shen S G, et al. An intelligent grinding burn detection system based on two-stage feature selection and stacked sparse autoencoder[J]. The International Journal of Advanced Manufacturing Technology, 2019, 103 (5)：2837-2847.

[162] Zhu K P, Li G C, Zhang Y. Big data oriented smart tool condition monitoring system[J]. IEEE Transactions on Industrial Informatics, 2020, 16 (6)：4007-4016.

[163] Mu D F, Liu X L, Yue C X, et al. On-line tool wear monitoring based on machine learning[J]. Journal of Advanced Manufacturing Science and Technology, 2021, 1 (2)：1-9.

[164] Yin S H, Nguyen D, Chen F J, et al. Application of compressed air in the online monitoring of surface roughness and grinding wheel wear when grinding Ti-6Al-4V titanium alloy[J]. The International Journal of Advanced Manufacturing Technology, 2019, 101 (5)：1315-1331.

[165] He Y, Liu F, Cao H J, et al. Process planning support system for green manufacturing and its application[J]. Frontiers of Mechanical Engineering in China, 2007, 2 (1)：104-109.

[166] Deng Z H, Zhang H, Fu Y H, et al. Research on intelligent expert system of green cutting process and its application[J]. Journal of Cleaner Production, 2018, 185: 904-911.

第2章 磨削功率/能耗智能监控与优化决策硬件系统

2.1 磨削功率/能耗智能监控与优化决策硬件系统总体设计

本节通过面向对象设计、模块化设计方法，总体设计磨削功率/能耗智能监控与优化决策系统的结构框架、逻辑框架和功能框架。在结构框架中，制定了磨削功率/能耗智能监控与优化决策硬件系统结构、软件系统结构和远程磨削数据库结构。在逻辑框架中，制定了硬件系统、软件系统与远程数据库交互的工作原理，以及系统间交互工作过程的详细路线。在功能框架中，制定了硬件系统、软件系统与数据库实现的具体功能，包括磨削功率/能耗信号的在线监测与远程传输、砂轮状态比较与监测、磨削烧伤预测、磨削工艺策略优化、能效工况总结、工业化应用大数据的存储管理等功能[1]。磨削功率/能耗智能监控与优化决策系统总体设计如图 2-1 所示。

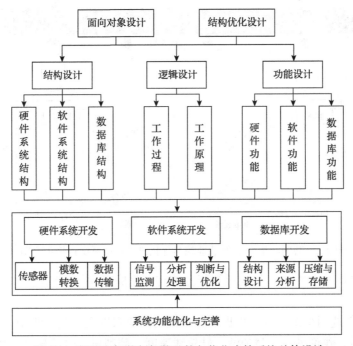

图 2-1 磨削功率/能耗智能监控与优化决策系统总体设计

其中，硬件系统包括在线监控硬件系统、远程监控硬件系统与自适应反馈控制硬件系统三部分,具体用于在线/远程监控磨削功率/能耗与自适应控制磨床智能加工。在线/远程监控,可代替传统听磨削声音、看磨削火花,能够更加及时、准确地感知磨削状态的动态变化。软件系统包括系统模块设计与数据传输/管理两部分,具体用于磨削功率信号的在线与远程监测、功率和能耗特征提取、砂轮状态与磨削烧伤的智能诊断和多目标工艺参数优化决策,主要体现为开发决策系统和远程磨削数据库。通过大数据专家决策技术,代替人工经验决定磨削工艺参数和确定磨削烧伤、砂轮状态等,能够获取多种输出目标最优的磨削加工工艺[2,3]。远程磨削数据库包括用户、基础、过程、知识等各种数据,具体用于磨削加工过程各种与加工相关的数据的高效存储与管理[4]。在线监控与远程监控系统、数据库的通信通过网络/云数据传输,能够远程控制工厂车间磨床系统运行,实现精准智能磨削加工。磨削功率/能耗智能监控与优化决策硬件系统各部分交互工作过程如图 2-2 所示。

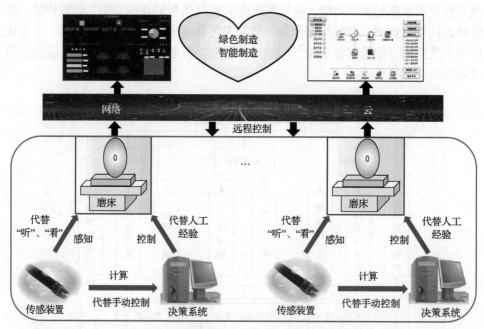

图 2-2　磨削功率/能耗智能监控与优化决策硬件系统连接示意图[5]

本章主要讨论磨削功率/能耗智能监控与优化决策硬件系统设计,其总体设计要求如下:

(1)硬件选用总体要求。根据硬件系统功能要求以及磨削过程中产生的数据,如工件材料、砂轮属性、磨削液、砂轮线速度、磨削量、进给速度、砂轮修整量等,设计硬件系统数据实时采集方式。针对磨床各运动子系统,选择合适的功率传感器实时采集加工过程功率信号,选用合适的模数转换器将模拟信号转换为数字信号。以高速、高通、高质、兼容为目标，选用合适的数据传输协议以及连接端口，搭建磨削功率/能耗在线监控硬件系统。以实时、有效、兼容、方便为目标，选用合适的数据传输协议与连接端口，将在线监测功率数据传递至车间/企业管理端应用程序。

(2)传感器连接单元设计。根据监测目的和要求，可将功率传感器与机床不同控制部分相连，测量机床部分或整体输出功率，如与砂轮主轴伺服控制器输出端相连，测量主轴在空行程阶段、材料去除阶段的功率，揭示材料去除过程功率/能耗的动态变化机制，提取功率和能耗特征，判断砂轮状态、预测磨削加工表面粗糙度和磨削烧伤；与机床空气开关输出端相连，测量机床的整体能耗，分析磨削加工过程的能耗效率，促进企业节能降碳；与冷却泵输出端相连，测量磨削加工过程冷却部分能耗，优化磨削液使用量等。

(3)功率信号采集单元设计。根据信号监测的要求和目标，设置功率传感器的响应时间、采样率、采样范围等内容，实现功率信号的快速响应和有效采集。对实时采集的模拟功率信号，探寻模数转换与数模转换装置与方法，将模拟信号转换为计算机可识别与读取的数字信号，在计算机软件系统端通过反转换计算将数字信号转换为模拟信号，并通过波形、数据、文件等形式显示和保存。

(4)远程监控单元设计。根据车间和企业管理端要求，设计远程监控单元的数据传输协议、数据传输方式和传输速度等，以保证车间和企业管理端能够实时接收机床端数据，并进行分析。

(5)自适应反馈控制单元设计。根据软件系统和数据库反馈的磨削参数调整量，通过多轴运动控制卡硬件及其程序设计，反馈控制磨床伺服电机转速和磨削用量，减少磨削烧伤，及时调整砂轮修整策略，提高加工质量和加工效率，降低磨削能耗，实现高效低耗精准智能磨削加工。

2.2　磨削功率/能耗在线监控硬件系统

2.2.1　功率传感器安装与调试

1. 功率传感器监测原理

在交流电路中，功率信号划分为有功功率、无功功率、视在功率三种。其中，凡是消耗在电阻元件上、功率不可逆转换的那部分功率(如转变为热能、光能或机械能)称为有功功率，简称"有功"，用 P 表示。有功功率反映了交流电源在电阻元件上做功能力的大小，或单位时间内转变为其他能量形式的电能数值。将消耗在电感或电容元件上，能够与交流电源往复交换的功率称为无功功率，简称"无功"，用 Q 表示。交流电源能够提供的总功率，称为视在功率或表现功率，在数值上是交流电路中电压与电流的乘积，用 S 表示。

视在功率 (S)、有功功率 (P) 与无功功率 (Q) 之间的关系，可以用功率三角形来表示，如图 2-3 所示。它是一个直角三角形，两直角边分别为 Q 与 P，斜边为 S。S 与 P 之间的夹角 $\varPhi$ 为功率因数角，它反映了该交流电路中电压与电流之间的相位差。

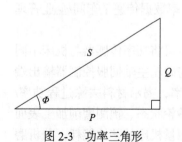

图 2-3　功率三角形

一般来说，选用三相功率传感器，可进行磨削加工过程机床、主轴、冷却轴、进给轴等各部分实时运行功率信号的在线采集。功率传感器包括 3 个电流互感器和 3 个电压传感器，分别实现对所测电流和电压信号的采样。再计算电压和电流的有效值，如式 (2-1) 和式 (2-2) 所示[6]：

$$U_{\text{rms}} = \sqrt{\frac{1}{T}\int_0^T u^2(n)\mathrm{d}t} \tag{2-1}$$

$$I_{\text{rms}} = \sqrt{\int_0^T i^2(n)\mathrm{d}t} \tag{2-2}$$

采集得到的有功功率可通过式 (2-3) 计算：

$$P = \frac{1}{T}\int_0^T u(n)i(n)\mathrm{d}t \tag{2-3}$$

2. 功率传感器安装

功率传感器一般为三相四线电压/电流测量式，具有三条相线 A、B、C（又称火线）和一条中性线 N（又称零线）。中性线 N 的引入，可以使电压的公共参考点以中性线为参考，能同时测量线电压和相电压。图 2-4 为功率测量系统的接线示意图。

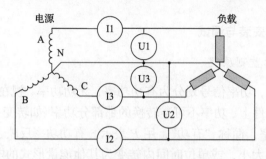

图 2-4　功率传感器内部电路图

功率传感器安装时，具体操作步骤如下。

(1)安装前,首先检查仪器是否有损坏,特别是检查功率传感器的接线端子是否裸露在外。

(2)安装时,将功率传感器按照颜色黄、绿、蓝分别接在电气控制柜中相应被测量电机的 U、V、W 输入端或伺服系统的 U、V、W 输出端。特别注意:①需使电流方向与电流钳上标注电流流向相同;②电压钳外接线路连接,避免 3 个电压钳接触,造成短路。电流传感器和电压传感器接线示意图如图 2-5 所示。

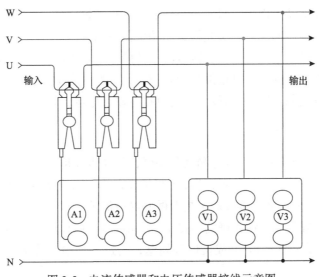

图 2-5 电流传感器和电压传感器接线示意图

(3)开启功率传感器开关电源前,需先确认电源电压是否在允许的范围内,且供电插座的地线是否接地。

(4)确认完成步骤(1)~(3)后,接入电源,功率传感器进入工作模式,实时采集磨削加工过程的功率信号。功率传感器与磨床硬件系统连接情况如图 2-6 所示。

(a) 主轴功率测量　　　　　　　　　(b) 进给轴功率测量

图 2-6 功率传感器接线现场

功率传感器安装过程注意事项包括：

(1)检查输入端子的极限电压与极限电流，在使用中不可超过该极限值。

(2)保持工作环境干净干燥，无酸碱、易燃、易爆等化学物质，无其他腐蚀性气体。

(3)避免在野外阳光直射、高温、潮湿和浓雾下使用和存放功率传感器，以防绝缘层老化，造成接线短路等故障。

(4)仪器在移动工作位置时应小心轻放，不得摔掷。

(5)万一发生任何问题，需立即关闭功率传感器电源。

(6)不允许带电连接、拆卸、测试功率传感器的输入端子和输出端子。

(7)功率传感器的电流测量部分内阻较小，不能直接并接电源，应与电源和负载串联。而电压测量部分内阻较大，可直接并联在电源上。

3. 功率传感器调试

功率传感器安装后，需进行测试和调试，具体步骤包括：

(1)仔细检查硬件连接是否无误，尤其是检查 3 个电流互感器和 3 个电压传感器的接线方向是否正确，接线端子是否做好绝缘保护。

(2)在确保安装和接线正确的前提下，启动机床，观察功率计上功率显示数据，出现无数据显示、显示为 0 或负值等问题，需进一步检查功率传感器安装是否正确。

①若无数据显示，则检查功率传感器工作电源是否正常供应、量程选择开关是否拨到正确位置及接线是否正确；

②若数据显示一直为 0，则检查功率传感器的输入端子和输出端子是否掉线；

③若数据显示为负值，则进一步检查功率传感器电流和电压测量单元的接线端子极性是否错接，以及相序是否错接。

2.2.2 功率信号数模-模数转换与采集

图 2-7 为功率信号转换与采集系统总体结构的流程示意图。通过电流传感器和电压传感器实现对磨床加工时产生的电流和电压信号的采集，并根据式(2-3)计算为功率信号，后由数据采集系统进行采集，将模拟功率数据转换为可供计算机识别的数字电流或电压信号(即信号调理，进行模数转换)。在计算机端，接收数字信号时需完成 NI MAX(measurement & automation explorer)的预配置，设定好采集相关参数，通过 NI DAQmx 驱动引擎和 NI DAQmx 应用程序接口接收该段数字信号。最终加工信号传输到 LabVIEW 等软件系统中供程序调用，并执行其他数据分析、处理[7]。

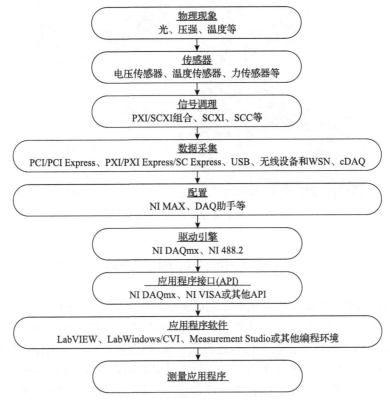

图 2-7　功率信号转换与采集系统总体结构的流程示意图

　　本章利用便携式功率计(PPC-3)、数据采集系统(USB 便携式采集机箱 NI cDAQ 9174 和电流模块 NI 9203)，开发磨削功率/能耗在线监控硬件系统。PPC-3 功率计能够测量单相、三相、直流或变频驱动的主轴、进给轴、磨床整机的驱动功率，功率单位为 kW 或 hp。PPC-3 功率计的功率采集模块具有两个隔离的模拟输出，即 0~10V，直流最小阻抗 2000Ω 和 4~20mA，直流最大阻抗 500Ω。所选功率传感器的测量响应时间为 0.015~10s。采样频率范围为 0~1000Hz。PPC-3 功率计的功率传感器有 6 个功率测量量程，分别为 3kW、5kW、10kW、25kW、50kW 和 100kW(或 4hp、10hp、20hp、50hp、100hp 和 130hp)。可根据被测驱动系统的额定功率大小，选择相应的量程，以达到最大灵敏度。PPC-3 功率计的外壳尺寸为 470mm×370mm×145mm，可便携式携带。模拟信号的功率输出至模数转换系统，采用 USB 数据采集机箱(NI cDAQ 9174)和电流模块 NI 9203 采集。功率信号监测硬件实验装置如图 2-8 所示[8]。

图 2-8　功率信号监测硬件实验装置

2.3　磨削功率/能耗远程监控硬件系统

功率传感器、数据采集卡和磨床端计算机组成磨削功率/能耗在线监控系统，磨床端计算机通过 TCP/IP（传输控制协议/网际协议）、CDMA（码分多址）无线协议、5G 通信协议等将磨削功率信号远程发送至远程端计算机。本书搭建的远程监控系统硬件平台结构如图 2-9 所示。远程端计算机可以搜索磨削专家数据库中的知识数据，为当前磨削工艺提供参考反馈信息[9,10]。磨削功率信号远程接收模块和信号处理模块按需安装于 TCP Client PC，接收远程发送模块发送的磨削功率信号，进行压缩提取处理，并授权 SQL Server PC 远程访问数据库。TCP Client PC 具有接收 LabVIEW 分析处理采集信号和 SQL 数据库存取双重功能。对数据库进

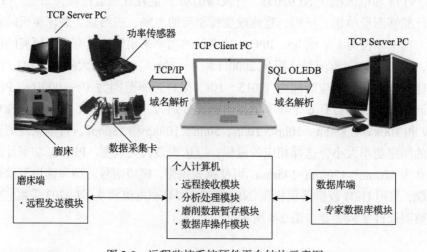

图 2-9　远程监控系统硬件平台结构示意图

行可视化操作、标准初始化并将分析出的典型特征值存储到 SQL Server 数据库中。

2.4　自适应反馈控制硬件系统

在磨削功率/能耗智能监控与优化决策硬件系统中，自适应反馈控制硬件系统需要将决策信息反馈至磨床加工系统，实现磨削加工过程的精准智能控制。具体来说，自适应反馈控制硬件系统包括三部分：控制器、多轴运动控制卡和接线端子。在本节研究中，自适应反馈控制硬件系统选用 CCNCS-8400 Clipper 集成控制器，将控制器与多轴运动控制卡集成在一个控制箱中，外形尺寸如图 2-10 所示[11]。Clipper 集成控制器在保持低价、整合的同时，提供了强大的控制性能。它采用 Turbo PMAC2 CPU，提供 8 轴伺服模拟或步进控制。另外，采用通用的以太网和 RS232 串行通信方式，可方便地与上位机连接，并可以通过选择轴扩展卡对伺服通道及输入/输出端口进行扩展。

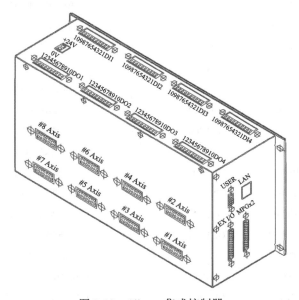

图 2-10　Clipper 集成控制器

控制器上端有三组插头，上面是一组 4 个 10 针的插头，分别标有 DI1~DI4。从左至右还标有 10、9、…、2、1，是光隔离数字量输入接口。下面也是一组 4 个 10 针的插头，分别标有 DO1~DO4，从左至右还标有 1、2、…、9、10，是光隔离数字量输出接口。两组插头的中间有一个 2 针的插头，为外接+24V（直流）隔离电源的引入插头。控制器右端有 4 个插头，分别标有 USER、LAN、EX I/O、MPG2，用作用户插头、Ethernet 插头、扩展的输入/输出插头和手摇脉冲发生器插头。

从正面看, Clipper 集成控制器有 8 个 26 芯的 D 型插头, 上面分别标有#1 Axis~#8 Axis, 是 8 个轴控制接口, 可以同时控制磨床的 8 个伺服电机系统。每个轴控制接口都是 26 芯的 D 型插头且每个插头的定义是相同的, 在插头的上方有插头标号#1 Axis~#8 Axis 对应多轴运动卡的#1 轴~#8 轴。多轴运动控制卡 26 芯插头引脚分布和定义如表 2-1 所示。

表 2-1　多轴运动控制卡 26 芯插头引脚分布和定义

端子号	符号	功能	功能描述
1	CHC*/	INPUT	编码器 Z 信号负
2	CHC*	INPUT	编码器 Z 信号正
3	CHB*/	INPUT	编码器 B 信号负
4	CHB*	INPUT	编码器 B 信号正
5	CHA*/	INPUT	编码器 A 信号负
6	CHA*	INPUT	绢码器 A 信号正
7	GND	COMMON	地
8	+5V	OUTPUT	编码器电源
9	INC	COM	输入基准电位
10	PUL*	OUTPUT	脉冲输出
11	DIR*	OUTPUT	方向输出
12	SRDY*	INPUT	放大器故障
13	HOME*	INPUT	参考点标记
14	PLIM*	INPUT	正极限, 常闭
15	NLIM*	INPUT	负极限, 常闭
16	SVON*	OUTPUT	驱动器使能
17	OUTC	COM	输出基准电位
18	+24V	COM+	光隔离电压 V+(+12~+24V)
19	PUL*/	OUTPUT	脉冲输出, PUL*的非信号
20	DIR*/	OUTPUT	方向输出, DIR*的非信号
21	AGND	COMMON	模拟地, 内部与 GND 通
22	DAC*	OUTPUT	±10V 脉冲量输出
23	DAC*/	OUTPUT	22 脚模拟量的反信号
24	GND	COMMON	地
25	ADCIN_*	INPUT	模拟量入, 1 接 1、3 轴, 2 接 2、4 轴
26	0V	COM-	光隔离电压公共端

下面以安川交流伺服系统为例，说明 26 芯轴控制接口的连线。模拟量和数字量控制方式接线分别如图 2-11 和图 2-12 所示，1～6 号引脚用于接电机编码器的反馈信号，采用线驱动输出型，接编码器 A−、A+、B−、B+、Z−、Z+。7 号引脚与编码器共地连接，8 号引脚为其提供+5V 电源。如图所示，该安川交流伺服系统需+24V 供电，固 8 号引脚空置不接。9 号引脚输入基准电位设置为光隔离电压 V+，与自身 18 号引脚相连。同理，17 号引脚与 26 号引脚相连。13、14、15 号引脚分别为参考点标记、正极限（常闭）、负极限（常闭），与安川交流伺服系统共 COM−连接至 34 号引脚。12 号引脚为安川交流伺服系统故障输入端口，16 号引脚为启动安川交流伺服系统输出端口，常接安川交流伺服系统 29、40 端口。

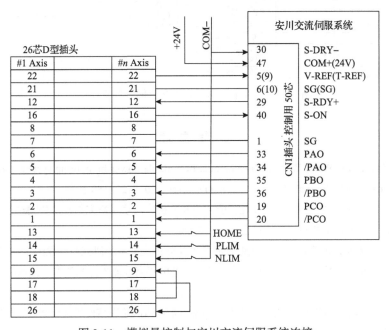

图 2-11　模拟量控制与安川交流伺服系统连接

在图 2-11 中，如果 26 芯 D 型插头的 22、21 号引脚接安川交流伺服系统的 5、6 号引脚，则要设置伺服工作在速度控制方式。如果 26 芯 D 型插头的 22、21 号引脚接安川交流伺服系统的 9、10 号引脚，则要设置系统工作在力矩控制方式。在图 2-12 中，如果 26 芯 D 型插头的 10、11、19、20 号引脚接安川交流伺服系统的 3、5、4、6 号引脚，则要设置系统工作在位置控制方式。如果 26 芯 D 型插头的 10、11、19、20 号引脚接安川交流伺服系统的 44、46、45、47 号引脚，则要设置伺服工作在位置控制方式。

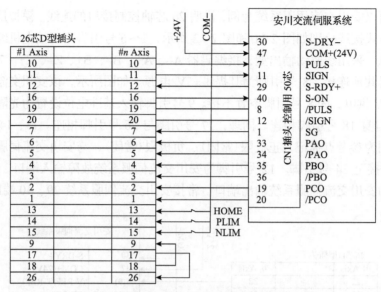

图 2-12　脉冲串控制与安川交流伺服系统连接

参 考 文 献

[1] Tian Y B, Liu F, Wang Y, et al. Development of portable power monitoring system and grinding analytical tool[J]. Journal of Manufacturing Processes, 2017, 27: 188-197.

[2] 田业冰. 难加工材料磨削功率/能耗智能监控及分析决策系统研究与开发(特邀报告)[C]. 第三届高校院所河南科技成果博览会, 新乡, 2020.

[3] 田业冰. 难加工材料磨削功率/能耗智能监控及分析决策系统研究与开发[C]. 2020 年中国(国际)光整加工技术及表面工程学术会议暨 2020 年高性能零件光整加工技术产学研论坛, 常州, 2020.

[4] 田业冰, 王进玲, 胡鑫涛, 等. 一种用户-基础-过程-知识递进结构的远程磨削数据库管理系统及高效低耗智能磨削方法[P]: 中国, CN 114153816 A. 2022.03.08.

[5] Tian Y B. Power/energy intelligent monitoring and big-data driven decision-making system for energy efficiency grinding[R]. European Assembly of Advanced Materials Congress, Ursula, 2022.

[6] 张昆. 磨削功率与能耗智能监控及工艺决策优化研究[D]. 淄博: 山东理工大学, 2021.

[7] Wang J L, Tian Y B, Hu X T, et al. Development of grinding intelligent monitoring and big data-driven decision making expert system towards high efficiency and low energy consumption: Experimental approach[J]. Journal of Intelligent Manufacturing, 2024, 35(3): 1013-1035.

[8] 王进玲, 李建伟, 田业冰, 等. 磨削功率信号采集与动态功率监测数据库建立方法[J]. 金刚石与磨料磨具工程, 2022, 42(3): 356-363.

[9] 李建伟. 磨削功率与能耗远程监控系统及专家数据库的研究[D]. 淄博: 山东理工大学,

2021.

[10] 李建伟, 田业冰, 张昆, 等. 面向磨削数据库的功率信号压缩方法研究[J]. 制造技术与机床, 2021, 8: 117-121.

[11] 郭庆鼎, 唐光谱, 唐元钢, 等. 基于自适应控制的双电动机同步传动控制技术的研究[J]. 机械工程学报, 2002, 2: 79-81.

第3章　磨削功率/能耗智能监控与优化决策软件系统

3.1　EconG©总体框架与功能结构

针对实际加工过程，依靠加工经验设定磨削参数，通过看磨削火花、听磨削声音等方式判断磨削状态，反复调整磨削参数的现状，围绕磨削加工中磨削能耗高、磨削效率低、易于磨削烧伤、磨削质量差以及磨削性能不稳定等共性难题，提出开发磨削功率/能耗智能监控与优化决策软件系统(简称 EconG©)。EconG©由监测功率数据驱动，采用人工智能的先进技术，如数据云、深度学习、大数据等进行决策，而不是由经验历史数据进行推理。以砂轮状态和磨削烧伤的诊断控制，以及生产-环境目标(能耗、能耗效率等)协同优化为主要功能，包括七个主要功能模块：磨削功率/能耗实时监测模块、时频域磨削功率/能耗特征提取模块、砂轮状态比较和监测模块、磨削烧伤实时判别模块、三层映射模型建立模块、磨削工艺参数多目标优化模块、能效工况总结模块。EconG©每个模块底层由数据驱动，包括用户数据、基础数据、监测数据、特征数据、知识数据等。EconG©底层数据与功能模块框架如图 3-1 所示[1]。

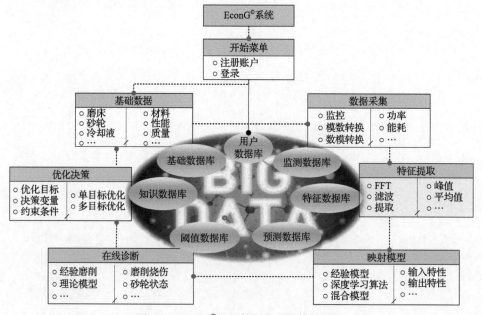

图 3-1　EconG©底层数据与功能模块框架

EconG©中的开始菜单模块用于管理系统用户数据，以形成磨削制造业上下游产业链共享的用户数据库。在基础数据选择模块中，定义了磨削加工过程中的磨床、砂轮、磨削液等加工条件，以及工件尺寸、材料、加工质量要求等基本数据，构成基础数据库。在基础数据库中可查阅和记录该型号工件历史工程经验数据或文献记录数据，作为待加工工件的初始加工数据参考。开发的 EconG©系统初始登录界面如图 3-2 所示[2-4]。

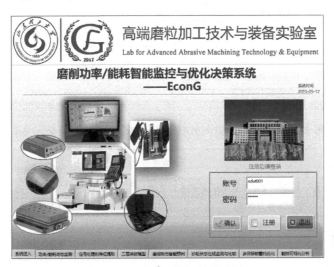

图 3-2　EconG©系统初始登录界面

对于离散制造企业，快速理解和直接使用监控数据是非常重要的。在基础数据选择模块之后，设计了磨削功率/能耗实时监测模块（功率/能耗 DAQ 模块）和时频域磨削功率/能耗特征提取模块来获取实时磨削功率/能耗信号和相关的功率、能耗特征（如峰值、平均值、最小值等），用于进一步分析砂轮状态和磨削烧伤状态，以及进行单/多目标优化决策。其中，单/多目标优化决策模块建立在有效的评估模型的基础上，因此 EconG©设计了一个三层映射模型模块，来表征磨削输入参数、过程监测变量和感兴趣的磨削输出之间的关系。根据磨削功率/能耗智能监控与优化决策系统所需实现的功能要求，功率监测数据及各模块间的交互关系如图 3-3 所示。

定义好 EconG©中数据库与模块、功率信号与模块、模块与模块相互逻辑之后，选择合适的编程语言或软件，开发软件系统和数据库。EconG©的开发结构如图3-4所示。在LabVIEW平台上开发系统模块和后台处理器的图形用户界面。EconG©提供了三个端口（用户端口、服务器端口和云端口）来有效地管理所有系统模块和磨削数据库。磨削数据库由 SQL Server 软件构建，与 EconG©软件系统的

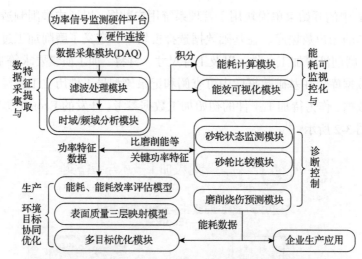

图 3-3　软件系统中监测磨削功率/能耗数据与模块间交互关系

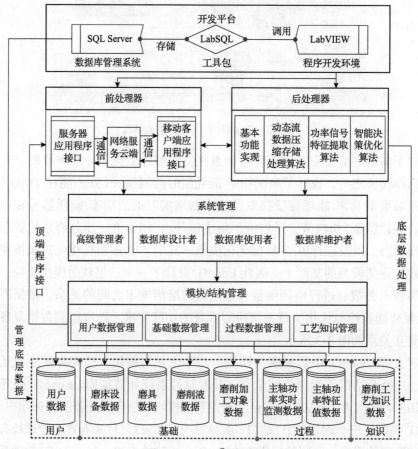

图 3-4　EconG©开发结构

连接是通过 LabSQL 工具包建立的。图形用户界面和后处理器使 EconG©系统的操作员能够从磨削数据库中读取、加载和编辑数据,以判别磨削砂轮状态和磨削烧伤、优化磨削工艺参数。

3.2 软件开发工具和互联方法

3.2.1 LabVIEW

LabVIEW 是一种用图标代替文本行创建应用程序的图形化编程语言。相比传统文本编程语言根据语句和命令的先后顺序决定程序执行顺序,LabVIEW 采用数据流编程方式。数据在程序框图节点中的流动决定了虚拟仪器(virtual instruments,VI)和函数的执行顺序,其中,VI 是可模拟物理仪器的 LabVIEW 程序模块。

LabVIEW 提供许多外观与传统仪器(如示波器、万用表)类似的控件,可用来方便地创建用户界面。用户界面在 LabVIEW 中称为前面板,前面板创建完毕后,可使用图形化的函数添加源代码来控制前面板上的对象。图形化代码,即 G 代码或程序框图代码,是添加在程序框图上的代码,在后面板完成。程序框图在某种程度上与流程图类似。程序框图、前面板和图形化代码共同构成一个完整 VI。

3.2.2 SQL Server

SQL Server 是美国 Microsoft 公司推出的一种关系型数据库系统,本书采用 SQL Server 2014 作为本系统的后台数据库系统开发工具,用结构化查询语言进行后台数据库系统的开发。常用的 SQL Server 数据类型如表 3-1 所示,其中 int、nvarchar(50)、float 等数据类型无法进行波形存储;text 类型为可变长度字符串,存储可变长度的非 Unicode 数据,最大长度为 $2^{31}-1$ 个字节[5]。将波形数据转变为文本字符进行存储具有现实意义。

表 3-1 常用的 SQL Server 数据类型

内容	含义
int	存储范围是 1～2147483647 的整数
nvarchar(50)	国际化可变长度字符串,最大长度为 50。包含 50 个字符的可变长度 Unicode 字符数据。字节的存储大小是所输入字符个数的 2 倍
float	可变精度浮点数值,一种近似数值类型;可精确到第 15 位小数,其范围为 $-1.79\times10^{-308}\sim1.79\times10^{308}$
text	可变长度字符串,存储可变长度的非 Unicode 数据,最大长度为 $2^{31}-1$ 个字节

3.2.3　LabVIEW 与 LabVIEW 远程网络连接

网际协议(internet protocol, IP)、用户数据报协议(user datagram protocol, UDP)和传输控制协议(transmission control protocol, TCP)是网络通信的基本工具。其中，IP 无法保证数据传输的成功，而 UDP 在目的端口未打开时会放弃数据包，不能确保目的端收到数据。因此，本书选用 TCP/IP 实现单个网络内部或互相连通的网络间的通信。

LabVIEW 的 TCP 可用于创建客户端 VI 和服务器 VI，通过打开 TCP 连接函数可主动创建一个具有特定地址和端口的连接。若连接成功，则该函数将返回唯一识别该连接的网络连接句柄，可在此后的 VI 调用中引用该连接。此时，可通过读取 TCP 数据函数及写入 TCP 数据函数对远程程序进行数据读写，实现双向通信。

远程网络连接具体操作为：①在服务器端，通过 TCP 侦听 VI 创建一个侦听器并等待一个位于指定端口已被接受的 TCP 连接；②在客户端，通过 TCP 侦听器函数创建一个侦听器，用"等待 TCP 侦听器"函数侦听和接受新连接。若连接成功，则 VI 将返回一个连接句柄、连接地址以及远程 TCP 客户端的端口。等待 TCP 侦听器函数返回连接至函数的侦听器 ID。在结束等待新连接后，用关闭 TCP 连接函数关闭侦听器。关闭侦听器后，侦听器无法进行读写操作。

3.2.4　LabVIEW 与 SQL Server 连接

LabVIEW 本身并不具备 SQL Server 数据库访问功能，以 LabVIEW 编制的 VI 需要其他辅助方法来进行 SQL Server 数据库访问。本书利用 LabSQL 在数据库操作中实现应用程序与数据库之间的数据交互传递。LabVIEW 与 SQL Server 互联采用 OLEDB(低级应用程序接口)驱动方式，LabVIEW 提供 LabSQL-ADO-functions 帮助用户实现互联[6]。

3.3　EconG©系统模块设计

3.3.1　磨削功率/能耗实时监测模块

1. 在线监测模块

通常，直接监测得到的功率信号是模拟的，不能被计算机直接读取。所以，在第 2 章中设计了功率信号转换与采集装置，通过信号的模数转换与调理，使得计算机能够读取模数转换后的数字信号。在 EconG©的磨削功率/能耗实时监测模块，需将数字信号反变换回模拟功率信号。以 0～100kW 测量范围内的 PPC-3 功率传感器为例，根据调制后电流信号的范围 4～20mA，确定功率 P 和电流 I 的变换关系[1]：

$$P=\begin{cases} 187.5I-0.75, & 0\text{kW} \leqslant P \leqslant 3\text{kW} \\ 187.5I-1.25, & 3\text{kW} < P \leqslant 5\text{kW} \\ 625I-2.50, & 5\text{kW} < P \leqslant 10\text{kW} \\ 1562.5I-6.25, & 10\text{kW} < P \leqslant 25\text{kW} \\ 3125I-12.5, & 25\text{kW} < P \leqslant 50\text{kW} \\ 6250I-25, & 50\text{kW} < P \leqslant 100\text{kW} \end{cases} \tag{3-1}$$

式(3-1)被封装为一个磨削功率/能耗实时监测模块的子模块。其他功率信号采集信息，如响应时间、采样率和每个循环显示样本量等，可通过磨削功率/能耗实时监测模块面板直接设置，以满足不同应用磨削加工场景下的功率信号采集。具体包括：添加功率量程的选择旋钮，可测功率范围为 3kW、5kW、10kW、25kW、50kW 和 100kW，用于调整最大监测灵敏度并提高采集信号的准确性；设计系统响应时间选项，可从 0.015s、0.075s、0.15s、0.5s、1.0s、5.0s 和 10.0s 中进行选择；设置手动输入采样频率选项，可以在 0～1000Hz 范围内自由选择。此外，磨削功率/能耗实时监测模块中还添加了数据记录功能，通过 TDMS 文件进行存储，以供进一步分析[7]。另外，在 EconG©的初始版本中，提供了力监测模块。EconG©使用者可以根据需要先验证功率监测的有效性，磨削功率/能耗实时监测模块设计界面如图 3-5 所示。

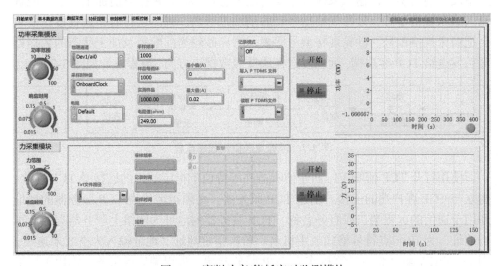

图 3-5　磨削功率/能耗实时监测模块

图 3-6 为根据磨削功率/能耗数据采集模块监测得到的一段完整的磨削功率信号，通过监测数据可以明确分析磨削的各个加工阶段以及相应的功率和时间，如程序启动、砂轮空转、磨削加工、程序停止等。通过采集模块的数据采集，可为监控系统提供有效的实时信号，确保磨削加工在线监控系统的时效性和准确性。

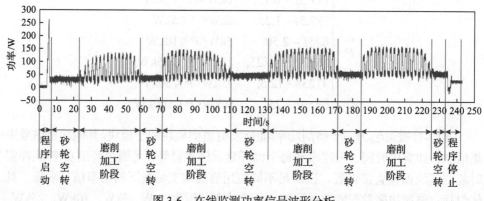

图 3-6 在线监测功率信号波形分析

2. 远程监测模块

根据磨削加工监控目的，EconG©设计了车间管理端的磨削功率/能耗远程监控功能，包括远程发送模块与远程接收模块。远程发送模块基于 TCP/IP 建立连接并传输信号，功能是将数据进行整理并按照固定格式进行转换后，发送至 TCP 客户端。程序运行开始前，需要用户设置本机 TCP 服务器端的网络地址和端口。根据采集硬件规格型号，输入采样频率及备注信息（按需）。根据当前加工设备，配置输入磨床规格型号、砂轮规格型号和磨削加工参数。程序运行时，远程发送模块会把磨床规格型号、砂轮规格型号等表示磨床砂轮当前配置及加工状态的数据处理后发送给 TCP 客户端。远程发送模块按照数据流方向，流程设计如图 3-7 所示。

图 3-7 远程发送模块程序流程

使用打开 TCP 侦听 VI，创建侦听器并等待位于指定端口的已接受 TCP 连接，建立与 TCP 客户端的连接。创建 TCP 服务器，必须指定代表 TCP 服务器的地址和用于通信的远程端口或服务名称。TCP 服务器的地址为网络上服务器端的计算机地址，为 IP 句点符号格式或主机名。若未指定地址、地址输入为空或未连线，则 LabVIEW 默认将本计算机作为 TCP 服务器端。远程端口或服务名称用于标识计算机上的连接通道，即要侦听连接的端口号，TCP 服务器端用它侦听通信响应。

依据互联网数字分配机构(Internet Assigned Numbers Authority, IANA)的定义，有效的端口号为 49152～65535，常用端口号为 0～1023，注册端口号为 1024～49151。不是所有操作系统都支持 IANA 标准。例如，Windows 返回的动态端口号为 1024～5000。若 TCP 客户端与 TCP 服务器端不在一个局域网内，需建立远程计算机的连接，则必须指定 TCP 服务器的网络地址。TCP 服务器端在指定端口连接时，TCP 侦听 VI 可生成连接引用。本程序设定 TCP 服务器端有 10s 时间进行连接，之后服务器将会报超时错误。

发送磨削参数数据流程如图 3-8 所示。使用写入 TCP 数据函数将磨削参数数据写入 TCP 网络连接。写入 TCP 数据函数写入的数据前带有描述该消息的文件头，大小固定。文件头中包含说明消息类型的命令整数，以及说明消息中其他数据大小的长度整数。同样，读取 TCP 数据函数要指定读取数据的字节数，即数据长度。所以写入 TCP 数据函数一般成对使用。第一个写入 TCP 数据函数指定发送磨削参数数据的大小，第二个写入 TCP 数据函数发送参数数据。将参数数据字符串用变体做强制类型转换成为 TCP 可以写入读写的变体字符串，连接至第二个写入 TCP 数据函数的输入端。用字符串长度 VI 获取参数数据变体字符串的长度，再用变体做强制类型转换将长度转换为变体长度字符串，连接至第一个写入 TCP 数据函数的数据输入端。

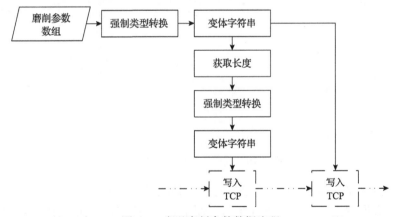

图 3-8　发送磨削参数数据流程

发送功率幅值数据流程如图 3-9 所示。同发送磨削参数数据的区别在于功率幅值数据需要循环即时发送，也不能打包一定长度以后断点续传。在远程监控状态下，采用条件循环瞬时发送功率幅值数据。发送功率幅值数据的循环关闭条件为：①TCP 服务器端发送字节长度为零，此时波形无数据；②有错误；③按下停止按钮；④接收到客户端数据不为零，此时 TCP 客户端数据接收完毕。本书开发的远程发送功率数据界面如图 3-10 所示。

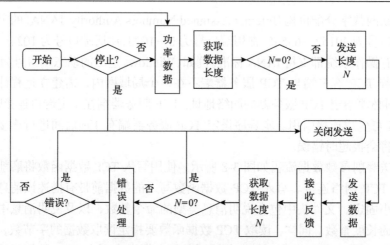

图 3-9　发送功率幅值数据流程

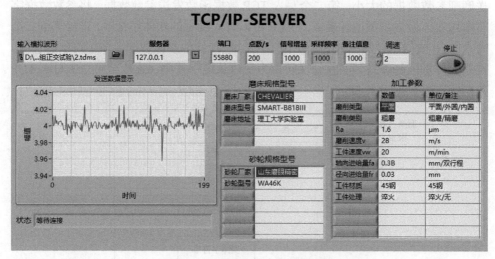

图 3-10　远程发送功率数据界面

远程接收模块基于 TCP/IP 建立连接并传输数据，其功能是接收 TCP Server 端发送的数据并进行存储和格式解析，便于数据处理模块读取使用。远程接收模块由初始设置、创建 TCP 客户端、接收参数数据、接收波形数据、工作状态显示、数据暂存、状态反馈和关闭连接等模块组成。按照数据流的方向，程序流程如图 3-11 所示。图 3-12 为磨削功率/能耗远程接收模块界面设计。

图 3-11　远程接收模块程序流程

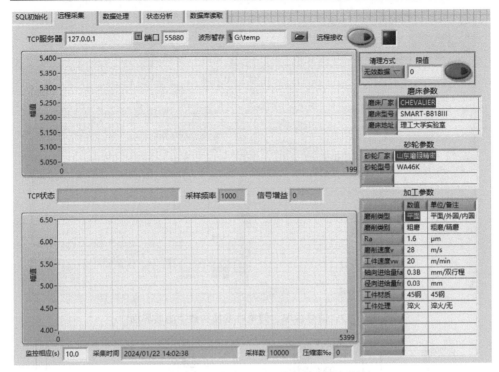

图 3-12　磨削功率/能耗远程接收模块界面设计

3.3.2　时频域磨削功率/能耗特征提取模块

信号最直观的展示形式为物理量随时间变化的曲线，但对于离散制造企业，很难从随时间变化的信号中直接获取决策信息。因此，开发了时频域磨削功率/能耗特征提取模块。在该模块中，信号有原始信号和滤波信号两种可供选择。其中，选择滤波信号之前，需要进行一系列时频域分析和数字滤波[3]。EconG©中的信号读取、傅里叶变换和数字滤波界面如图 3-13 所示。

通过快速傅里叶变换(FFT)将主轴功率的动态信号从时域变换到频域中，分析时域信号中电气和机械噪声的频率范围，进而决定低通滤波的截止频率。下面以图 3-6 中功率信号波形为例，介绍 EconG©中的数字滤波模块。监测的功率信号FFT 后的信号和信号噪声分析如图 3-14 所示。

从图 3-14 中可看出，FFT 后的功率信号噪声分两种：电气噪声和机械噪声。电气噪声频率为 50Hz，其三阶频率为 16.67Hz；机械噪声频率为 53Hz，其二阶频率为 26.5Hz 及 30Hz。两者噪声信号均在 15Hz 以上，因此可选择低通截止频率为15Hz。采用默认的巴特沃思滤波器，低通滤波后，功率信号波形如图 3-15 所示。对比图 3-6 中原始功率信号波形，可明显看出滤波后噪声信号明显消除，功率信

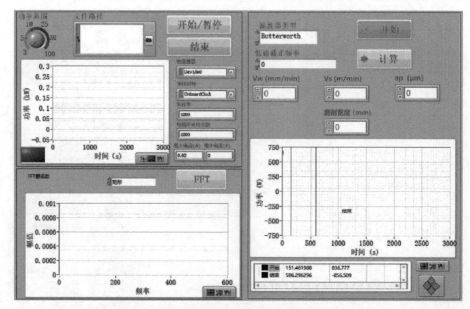

图 3-13   信号读取、傅里叶变换和数字滤波界面

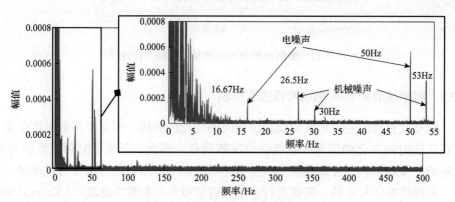

图 3-14   功率信号噪声频率分析

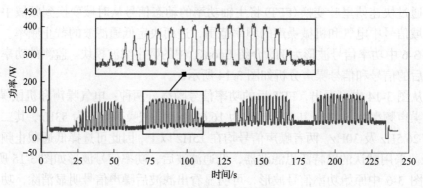

图 3-15   滤波后功率信号

号更加接近磨削加工过程的动态变化。

选定滤波信号后，可通过计算直接获取功率信号在时频域中的平均值、有效值、最大值、最小值和方差值等一般特征值，以及初始阈值功率、时间相关阈值功率、材料去除功率、比磨削能等关键功率和能耗特征值。EconG$^©$中的时频域磨削功率/能耗特征提取模块界面如图 3-16 所示。模块底层的算法和特征值计算将在第 4 章重点介绍。

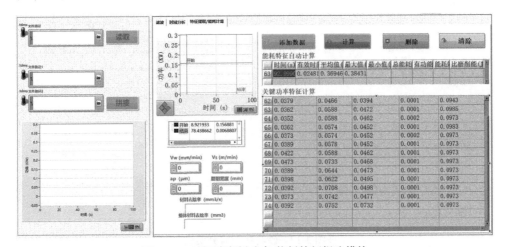

图 3-16　时频域磨削功率/能耗特征提取模块

功率信号的时频域磨削功率/能耗特征提取模块具体操作步骤为：①从".tdms"文件中加载要分析和处理的功率信号；②选择傅里叶变换窗函数，通过傅里叶变换将功率信号由时域变换至频域，观察频域信号的频率范围，确定机械噪声和电气噪声频率；③设置低通滤波截止频率，选择滤波窗函数，进行低通滤波，去除功率信号杂波；④单击"计算"按钮，自动提取滤波后功率信号的时域、频域特征。

3.3.3　砂轮状态监测和比较模块

图 3-17 为砂轮状态监测模块。该模块的主要功能为对某一砂轮的磨削状态进行监测，监测的主要参数为平均功率、材料去除率及比磨削能。通过该模块可得到磨削加工过程中各个阶段材料去除率与比磨削能的关系曲线以及材料去除率与平均功率的关系曲线，从而可简单直观地分析了解砂轮状态[8]。

图 3-18 为砂轮比较模块前面板。该模块的主要功能为比较不同砂轮在某一磨削参数下的优劣性，显示的对比参数为平均功率和材料去除率，通过建立不同砂轮在同一磨削参数下平均功率与材料去除率的关系曲线，能够简单直观地得到不

同砂轮优劣性的比较结果[8]。

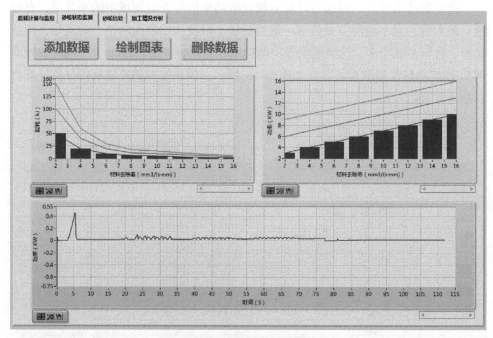

图 3-17　砂轮状态监测模块

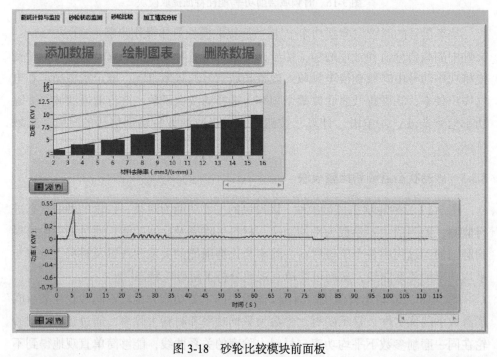

图 3-18　砂轮比较模块前面板

3.3.4　磨削烧伤实时判别模块

根据 Malkin 等和 Tian 等关于磨削烧伤理论的研究[8-10]，临界比磨削能定义为磨削烧伤开始时去除单位体积工件材料所消耗的能量。如果以式(3-2)为横坐标绘制，则临界比磨削能与式(3-2)遵循一条直线，即磨削烧伤临界线。y 轴坐标为比磨削能，单位为 J/mm^3。在同一 x 坐标参数下，若磨削加工所消耗的比磨削能在该曲线上方，则认为工件极有可能产生磨削烧伤；反之，若所消耗的比磨削能在该曲线下方，则认为工件加工正常，如图 3-19 所示。

$$x = d_{\text{eq}}^{1/4} a_{\text{p}}^{-3/4} V_{\text{w}}^{-1/2} \tag{3-2}$$

式中，x 的单位为 mm^{-1}·s$^{1/2}$。

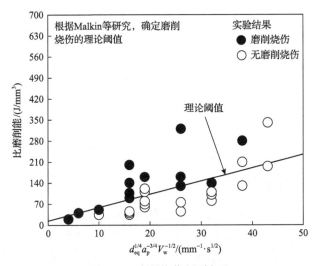

图 3-19　磨削烧伤判别方法

磨削功率(能耗)监控系统和磨削烧伤理论判定方法在本书中用来预判磨削烧伤状态，开发的磨削烧伤预判模块如图 3-20 所示。该模块的主要功能为预测某一磨削参数下磨削加工时工件是否可能磨削烧伤，由磨削参数输入框、比磨削能显示框、理论磨削烧伤曲线、磨削烧伤判定以及是否"弹窗提醒"几个功能部分组成。磨削参数输入部分需操作人员输入该磨削加工时所使用的等效砂轮直径 d_{eq}、磨削深度 a_{p} 以及工件进给速度 V_{w} 三个参数。比磨削能显示部分能够调取实时监控的功率信号，并自动计算显示该磨削加工阶段所消耗的比磨削能。磨削烧伤判定部分的主要功能为：若该模块判定工件极有可能磨削烧伤，则红灯亮起(正常状态为灰色)；若判定工件加工正常，则绿灯亮起(正常状态为灰色)。弹窗提醒部分便于操作人员更快捷地发现工件加工异常，更快更合理地调整磨削参数和加工条件，解决磨削烧伤问题。

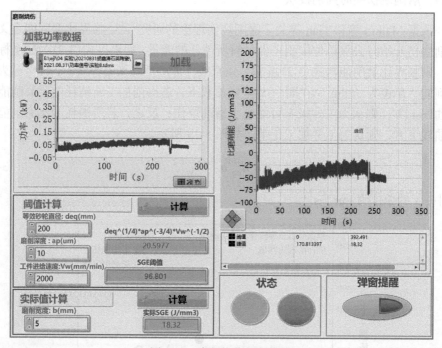

图 3-20　磨削烧伤预判模块

3.3.5　磨削工艺参数多目标优化模块

在 EconG©中，开发了磨削加工表面质量、磨削加工效率和能耗的多目标优化模块，模块底层嵌入磨削加工表面粗糙度的三层映射深度学习模型[11]、磨削加工时间的计算公式和磨削加工总能耗[12]、材料去除能耗[13]、能耗效率的参数/非参数混合模型[14,15]。多目标优化采用带约束机制控制的 NSGA II 算法[16]，构建 Pareto 最优前沿，通过在软件模块中拖动二维或三维指针选择最优磨削加工参数。图 3-21 和图 3-22 分别为底层的映射模型模块界面与多目标优化模块界面。

映射模型模块操作步骤为：①单击文件选择按钮，选择读取 Excel 表格数据（自适应人工神经网络的训练样本数据与训练样本估计值数据）；②在 aANN 参数设置单元设置各参数；③单击 aANN 参数设置单元中的"预计"按钮，使程序运行，在误差达到允许误差范围或者单击"停止"按钮时，程序停止，输出对应的目标参数预测值并和测试样本值共同在相应的图表上显示出来。

多目标优化模块的操作步骤为：①在决策变量设置单元选择决策变量输入；②在优化目标选择单元，单击选择需要优化的目标；③在 NSGA II 参数设置单元输入 pop、迭代次数、优化目标数量（目标）、决策变量数量（变量）以及 i 值的参数；

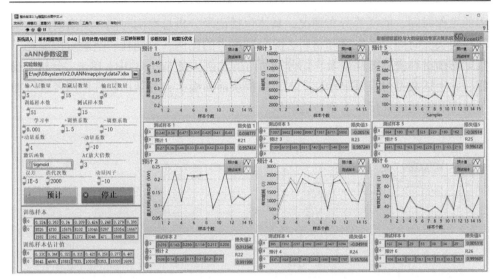

图 3-21　多目标优化底层的映射模型模块

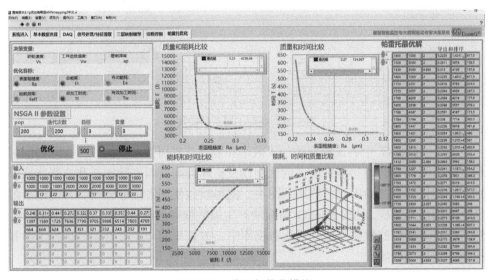

图 3-22　多目标优化模块

④单击"优化"按钮，开始自动搜索 Pareto 最优解，当搜索次数达到设定的 500 次时停止运行程序；⑤二维和三维 Pareto 最优前沿显示在模块中间图形区域，最优解的数字结果显示在右侧数据单元；⑥通过 Pareto 最优前沿可以分析与获得多目标最优解[17]。

3.3.6　磨削工况总结模块

磨削工况总结模块如图 3-23 所示。该模块的主要功能为总结整段磨削加工过程的工作时间、能耗等分布情况，具体包括记录分析总磨削时间、空磨时间、实际材料去除时间以及空磨和材料去除分别所占的比例、总能耗、空磨阶段能耗、实际磨削材料去除能耗以及它们分别所占的比例。在 EconG© 中，单击"分析"按钮后，上述数据可直观显示在工况总结模块前面板上，可帮助软件使用者进行加工效率和能耗的优化，实现节能降碳。

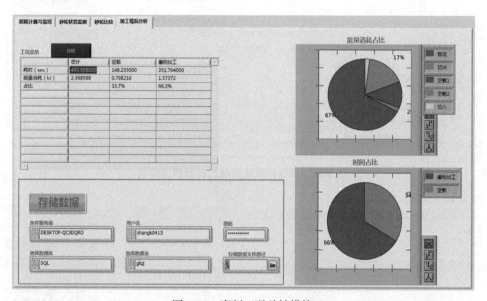

图 3-23　磨削工况总结模块

另外，EconG© 中的该模块添加了效率和能耗数据可视化功能，将实际磨削材料去除时间和空磨时间分别所占的比例以及实际磨削材料去除能耗和空磨能耗分别所占的比例直接输出到右侧饼状图中，使得软件使用者能够较快、方便地了解整个磨削加工过程。同时 EconG© 将模块产生的数据和远程数据库建立起连接，能够选择将该模块的数据存储到远程数据库中，方便车间与企业管理者远程了解和控制磨削加工现场。

3.4　EconG© 数据传输与管理

磨削数据库包含用户数据、基础数据、监控数据、特征数据、预测数据、诊断数据和知识数据。采用四级渐进结构有效地管理 EconG© 中的多源异构数据。其中，EconG© 的数据允许以不同的方式生成（如手动输入、文件导入和实时监控、计算、比较等），以及是不同的数据结构（如静态数据、动态数据、字符串数据、图像数据等）[18,19]。EconG© 中用户数据和基础数据集成到服务器端口的 GUI 中，并与企业资源计划(enterprise resource planning, ERP)系统相连。为 EconG© 和磨削数据库分配了四项管理权限，包括用户、设计人员、维护人员和管理人员。

　　基础数据包括磨床数据、工件数据、砂轮数据、磨削液数据和参考数据。磨床数据提供了磨床详细信息，如磨削方法、加工精度、磨削参数范围、电机功率、伺服驱动器的连接类型等。工件数据包含几何形状(由操作员编辑)和材料参数(从库中选择)。选定待加工工件的材料属性后，EconG©将根据磨削方法和工件材料参数，自动推荐砂轮数据。砂轮数据也可以由操作员进行编辑，包括黏合剂类型、砂轮直径、磨粒材料和磨粒粒径等。磨削液数据可以设置为干磨或湿磨。在湿磨条件下，可以进一步设置磨削液类型。此外，砂轮和磨削液的消耗量将自动保存在磨削数据库中。参考数据由已加工工件材料的知识云数据上传。有三个表与参考数据相关联，包括经验数据、优化数据和活动数据。经验数据和优化数据在有限的读取访问条件下保持不变。活动数据在磨削实验后进行更新。EconG©将在活动领域中保存新的优化数据，以便下一次加工。例如，建议 45 号钢能耗最小优化目标下磨削参数——砂轮线速度、工件进给速度和磨削深度的活动数据分别设置为 1020.01m/min、3836.66mm/min 和 3.52μm[20]。三目标(表面粗糙度、加工时间和能耗效率)协同最优条件下，砂轮线速度、工件进给速度和磨削深度的活动数据建议为 1726m/min、2602mm/min 和 14μm[11]。基础数据定义了磨削加工周期所有的基本数据属性。

　　监控数据为来自功率传感器监测到的实时数据，它可以保存为".tdms"、".xls"、".lvm"等类型文件。EconG©提供了功率在线与远程监测功能，以实现节能和提高生产效益的双重目的。另外，直接监测得到的功率数据在保存至数据库时，需要进行压缩、存储处理。直接监测的功率数据也不能用来直接决策，EconG©中提供了一系列模特征提取方法来获取和保存磨削功率/能耗特征数据，如一般功率特征和临界功率特征、比磨削能、总磨削能耗、有效磨削能耗和能耗效率等。此外，在三层预测模型中，也将产生大量的预测数据。这些特征数据、诊断数据和预测数据作为中间数据保存在来自用户端口的监控数据中。知识数据，如磨削参数、砂轮磨损和磨削烧伤的阈值功率，保存为 ".xls" 格式，并自动存储在百度云盘上。

参 考 文 献

[1] Wang J L, Tian Y B, Hu X T, et al. Development of grinding intelligent monitoring and big data-driven decision making expert system towards high efficiency and low energy consumption: Experimental approach[J]. Journal of Intelligent Manufacturing, 2024, 35(3): 1013-1035.

[2] 田业冰. 难加工材料磨削功率/能耗智能监控及分析决策系统研究与开发(特邀报告)[C]. 第三届高校院所河南科技成果博览会, 新乡, 2020.

[3] 田业冰. 难加工材料磨削功率/能耗智能监控及分析决策系统研究与开发[C]. 中国(国际)光整加工技术及表面工程学术会议暨 2020 年高性能零件光整加工技术产学研论坛, 常州,

2020.

[4] Tian Y B. Power/energy intelligent monitoring and big-data driven decision-making system for energy efficiency Grinding[C]. European Assembly of Advanced Materials Congress, Stockholm, 2022.

[5] 明日科技. SQL Server 从入门到精通: SQL Server 2008[M]. 北京: 清华大学出版社, 2012.

[6] 李建伟. 磨削功率与能耗远程监控系统及专家数据库的研究[D]. 淄博: 山东理工大学, 2021.

[7] 张昆. 磨削功率与能耗智能监控及工艺决策优化研究[D]. 淄博: 山东理工大学, 2021.

[8] Tian Y B, Liu F, Wang Y, et al. Development of portable power monitoring system and grinding analytical tool[J]. Journal of Manufacturing Processes, 2017, 27: 188-197.

[9] Malkin S, Guo C. Grinding Technology: Theory and Applications of Machining with Abrasives[M]. 2nd ed. New York: Industrial Press Inc., 2008.

[10] Brinksmeier E, Klocke F, Lucca D A, et al. Process signatures—A new approach to solve the inverse surface integrity problem in machining processes[J]. Procedia CIRP, 2014, 13: 429-434.

[11] Wang J L, Tian Y B, Hu X T, et al. Predictive modelling and Pareto optimization for energy efficient grinding based on aANN-embedded NSGA II algorithm[J]. Journal of Cleaner Production, 2021, 327: 129479.

[12] Tian Y B, Wang J L, Hu X T, et al. Energy prediction models and distributed analysis of the grinding process of sustainable manufacturing[J]. Micromachines, 2023, 14(8): 1603.

[13] 田业冰, 王进玲, 胡鑫涛, 等. 一种基于鲸鱼优化算法的广义回归神经网络预测磨削材料去除功率和能耗的方法[P]: 中国, CN116362115A. 2023.03.07.

[14] 田业冰, 王进玲, 胡鑫涛, 等. 一种平面磨削加工过程能量效率评估方法[P]: 中国, CN114662298A. 2022.06.24.

[15] Wang J L, Tian Y B, Hu X T, et al. Integrated assessment and optimization of dual environment and production drivers in grinding[J]. Energy, 2023, 272: 127046.

[16] Chaki S, Bathe R N, Ghosal S, et al. Multi-objective optimisation of pulsed Nd:YAG laser cutting process using integrated ANN-NSGAII model[J]. Journal of Intelligent Manufacturing, 2018, 29: 175-190.

[17] 山东理工大学. 机械加工多目标预测与优化系统 V1.0[CP]: 中国, 2023SR0371904. 2023.03.21.

[18] 田业冰, 王进玲, 胡鑫涛, 等. 一种用户-基础-过程-知识递进结构的远程磨削数据库管理系统及高效低耗智能磨削方法[P]: 中国, CN114153816A. 2022.03.08.

[19] 王进玲. 磨削功率监控与高效低耗工艺参数优化方法研究[R]. 淄博: 山东理工大学, 2023.

[20] 张昆, 田业冰, 丛建臣, 等. 基于动态惯性权重粒子群优化算法的磨削低能耗加工方法[J]. 金刚石与磨料磨具工程, 2021, 41(1): 71-75.

第4章 磨削过程监测海量功率信号的时频域特征提取方法

4.1 信号的时域与频域性质

时域和频域是物理信号的基本性质，它们从不同角度对物理信号进行分析。时域具体指时间域，自变量（即横轴）为时间，因变量（即纵轴）为信号值大小。时域表示信号随时间的变化规律，是真实物理世界信号规律。频域具体指频率域，自变量（即横轴）为频率，因变量（即纵轴）为频谱密度，简称频谱。频域是为直观、深入分析物理信号而虚构的。时域与频域对应关系如图 4-1 所示，可看出时域信号为多个频率分量的叠加[1]。

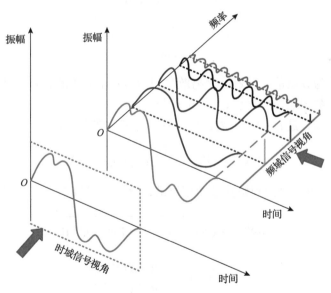

图 4-1 时域与频域对应关系示意图

时域信号 $x(t)$ 描述信号在不同时刻的取值，其中，t 可以为连续变量或离散变量。对于在线监测的功率信号，是按照固定时间间隔采样，如当采样频率为 1000Hz 时，1s 采样 1000 个数据点。此时，t 和 $x(t)$ 是离散时间序列，用 $x(n)$ 表示：

$$x(n) = [x_0, x_1, \cdots, x_{N-1}] \tag{4-1}$$

式中，N 为采样点个数，如式(4-2)所示：

$$N = T \cdot f_s \tag{4-2}$$

T 为总采样时间；f_s 为采样频率。

离散时间序列 $x(n)$ 对应的采样时间 t_n 由式(4-3)计算：

$$t_n = n/f_s \tag{4-3}$$

式中，n 为采样点索引，$n = 0,1,2,\cdots,N-1$。

将离散时间序列 $x(n)$ 变换至频域，常采用的方法为离散傅里叶变换(discrete Fourier transform，DFT)[2, 3]。$x(n)$ 经 DFT 至频域后，对应的频谱也是离散的。在 DFT 中，表示频率的方法有数字频率 ω、模拟角频率 Ω、模拟频率 f，它们的关系为

$$\omega = \Omega T = \Omega/f_s = 2\pi f/f_s \tag{4-4}$$

则 $x(n)$ 的离散傅里叶变换为(用数字频率 ω 表示)

$$X(e^{j\omega}) = \sum_{n=0}^{N-1} x(n) \cdot e^{-j\omega n} \tag{4-5}$$

式中，$X(e^{j\omega})$ 为频域信号；$x(n)$ 为离散时间信号；N 为离散时间信号数据点个数；n 为离散信号数据点位置索引；j 为虚单位。

所以，$X(e^{j\omega})$ 是 ω 的复函数，可进一步分解为实部(Re[·])和虚部(Im[·])：

$$X(e^{j\omega}) = \mathrm{Re}[X(e^{j\omega})] + j\mathrm{Im}[X(e^{j\omega})] \tag{4-6}$$

根据式(4-6)，可计算得到幅度谱和相位谱，分别如式(4-7)和式(4-8)所示：

$$\left| X(e^{j\omega}) \right| = \sqrt{\mathrm{Re}[X(e^{j\omega})]^2 + \mathrm{Im}[X(e^{j\omega})]^2} \tag{4-7}$$

$$\varphi(\omega) = \arctan \frac{\mathrm{Im}[X(e^{j\omega})]}{\mathrm{Re}[X(e^{j\omega})]} \tag{4-8}$$

同理，$x(n)$ 的离散傅里叶变换为(用模拟角频率 Ω 表示)

$$X(e^{j\Omega}) = \sum_{n=0}^{N-1} x(n) \cdot e^{-j\Omega n/f_s} \tag{4-9}$$

也可以为(用模拟频率 f 表示)

$$X(e^{j\Omega}) = \sum_{n=0}^{N-1} x(n) \cdot e^{-j2\pi nf/f_s} \tag{4-10}$$

式(4-5)～式(4-10)还有另外一种表现形式，即 $X(k)$ ，为 $X(e^{j\omega})$ 在 $2\pi k/N$ 上的抽样值：

$$X(k) = \sum_{n=0}^{N-1} x(n) \cdot e^{-j\frac{2\pi}{N}nk} \tag{4-11}$$

式中，$k = 0,1,2,\cdots,N-1$ 。

对式(4-11)进行离散傅里叶逆变换(inverse discrete Fourier transform，IDFT)，可将信号由频域变换回时域，如式(4-12)所示：

$$x(n) = \sum_{k=0}^{N-1} X(k) \cdot e^{j\frac{2\pi}{N}kn} \tag{4-12}$$

式(4-11)和式(4-12)也称为离散傅里叶级数。

4.2　数字滤波

4.2.1　数字滤波流程

在线监测的功率信号通常包含高频电气噪声和机械噪声，它们以尖刺和毛刺的形式存在，离散制造企业不能直接从时域波形中予以识别，因此本节提出功率信号调理流程与方法。

图 4-2(a)为采集的功率信号示意图，需要进一步对波形进行信号调理。数字滤波是最常见的信号调理技术，可去除测量信号中多余的信号突变及毛刺，减少信号的随机性，提高数据的可靠性和真实性。滤波后的功率波形如图 4-2(b)所示，可看出滤波后数据中不必要的离散点有效减少，进一步获取有用的功率变化趋势[4]。

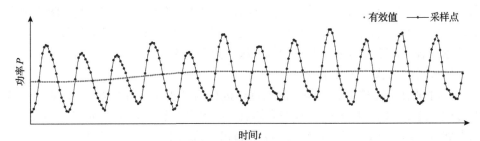

(a) 正弦波形与有效值

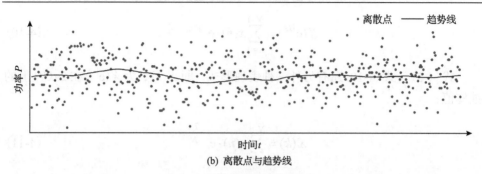

(b) 离散点与趋势线

图 4-2　信号滤波作用示意图

本节对功率信号进行数字滤波的流程设计：首先，对功率信号进行快速傅里叶变换（FFT），获取功率信号的频谱响应，得到幅频曲线和相频曲线；根据磨削加工电气噪声和机械噪声频率范围，进一步确定分频段噪声频率，进行分频段滤波以消除不必要的噪声信号，同时避免信号失真。然后，对滤波后的频域信号进行快速傅里叶逆变换（inverse fast Fourier transform, IFFT）得到滤波后的功率信号。图 4-3 为采集功率信号的数字滤波流程[5]。

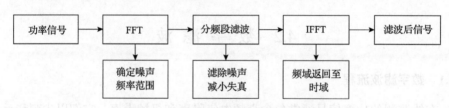

图 4-3　采集功率信号的数字滤波流程

4.2.2　快速傅里叶变换基本理论

1. 快速傅里叶变换

实时监测的功率信号为离散时间序列，变换到频域常用的方法为 DFT。但是，工业上监测得到的功率数据通常为长时间序列数据，信号数据量非常大。为提高 DFT 对长时间序列信号的处理速度，提出了 FFT 方法。FFT 是根据 DFT 的奇、偶、虚、实等特性，对 DFT 算法进行改进获得的。采用 FFT 可使计算 DFT 所需要的乘法次数大为减少，特别是被变换的抽样点数 N 越多，FFT 算法计算量的节省就越显著。FFT 通常采用两种抽选方法，分别是按时间抽选和按频率抽选[6]。

1）按时间抽选的 FFT 算法

按时间抽选的 FFT 算法是从时域逐步进行两点选一、四点选一、八点选一等的过程。这里，时间序列的点数需为偶数，设序列点数为 $N=2^L$。先将 $x(n)$ 按照 n 的奇偶分为两组，做变量置换，其 DFT 也可分成两个部分，分别为

$$X(k) = X_1(k) + W_N^k X_2(k), \quad k = 0,1,2,\cdots,\frac{N}{2}-1 \tag{4-13}$$

$$X\left(k+\frac{N}{2}\right) = X_1(k) - W_N^k X_2(k), \quad k = 0,1,2,\cdots,\frac{N}{2}-1 \tag{4-14}$$

式中

$$X_1(k) = \sum_{r=0}^{N/2-1} x(2r)W_{N/2}^{rk}, \quad X_2(k) = \sum_{r=0}^{N/2-1} x(2r+1)W_{N/2}^{rk}$$

由于 $N=2^L$，$N/2$ 仍然是偶数，可以进一步把每个 $N/2$ 点子序列，再按奇偶分解为两个 $N/4$ 点的子序列。按照这种方法不断划分下去，直到最后剩下 2 点 DFT，不断分解的过程可由蝶形运算图进行表示。图 4-4 和图 4-5 分别为用 2 个 $N/2$ 点和 4 个 $N/4$ 点表示的按时间抽选的 FFT 算法。可以看出，用 4 个 $N/4$ 的抽选方法比 2 个 $N/2$ 的方法计算量减少了约一半。按照不断分解直至最后剩下 2 个点的过程，FFT 算法的计算速度明显提高。

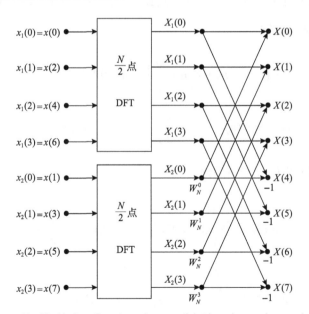

图 4-4　按时间抽选，将 1 个 N 点 DFT 分解为 2 个 $N/2$ 点 DFT（$N=8$）

2）按频率抽选的 FFT 算法

按频率抽选的 FFT 算法是从频域逐步进行两点选一、四点选一、八点选一等的过程。这里，时间序列的个数仍需为偶数，且按频率抽选的 FFT 算法在把频谱 $X(k)$ 按 k 的奇偶分组之前，仍先把时域序列按 n 的奇、偶分成两半，按式（4-15）～

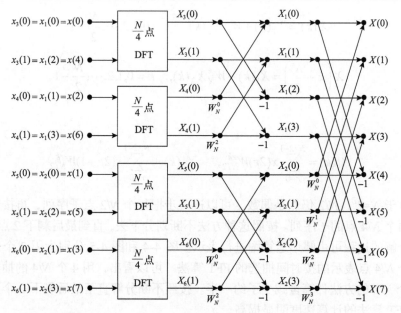

图 4-5　按时间抽选，将 1 个 N 点 DFT 分解为 4 个 $N/4$ 点 DFT($N=8$)

式(4-18)进行蝶形运算：

$$x_1(n) = x(n) + x\left(n + \frac{N}{2}\right), \quad n = 0, 1, 2, \cdots, \frac{N}{2} - 1 \tag{4-15}$$

$$x_2(n) = \left[x(n) - x\left(n + \frac{N}{2}\right)\right] W_N^n, \quad n = 0, 1, 2, \cdots, \frac{N}{2} - 1 \tag{4-16}$$

再按 k 的奇偶将 $X(k)$ 分成两部分：

$$X(2r) = \sum_{n=0}^{\frac{N}{2}-1} x_1(n) \cdot W_{N/2}^{nr}, \quad r = 0, 1, 2, \cdots, \frac{N}{2} - 1 \tag{4-17}$$

$$X(2r+1) = \sum_{n=0}^{\frac{N}{2}-1} x_2(n) \cdot W_{N/2}^{nr}, \quad r = 0, 1, 2, \cdots, \frac{N}{2} - 1 \tag{4-18}$$

与按时间抽选的 FFT 算法的推导过程一样，同样可以将每个 $N/2$ 点 DFT 的输入上下对半分开形成蝶形运算后，再将输出分解为偶数组与奇数组，这就将 $N/2$ 点 DFT 进一步分解为 4 个 $N/4$ 点 DFT。图 4-6 显示了这一步分解的过程，如此反复该过程，FFT 算法的运算量显著减小，运算速度显著提高。

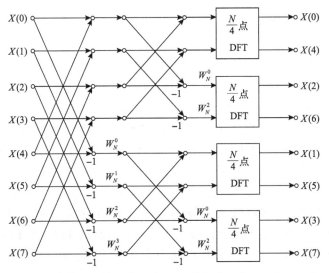

图 4-6　按频率抽选，将 1 个 N 点 DFT 分解为 4 个 $N/4$ 点 DFT（$N=8$）

2. 快速傅里叶变换窗函数

为减小频域信号的频谱泄漏，在 FFT 之后，需要进一步采用窗函数对频谱进行加权，使信号更好地满足周期性要求。图 4-7 为频谱加窗函数减少频谱泄漏的过程。对采样后的信号进行 FFT，若正好是周期截断，则 FFT 频谱为单一谱线；若为非周期截断，则频谱出现拖尾现象（即出现泄漏）。原信号加窗函数之后，信号的起始和结束时刻幅值都变为零，这样加权后信号为整周期函数。从图 4-7 中可以明显看出，加窗后，频谱泄漏现象已较为明显改善。

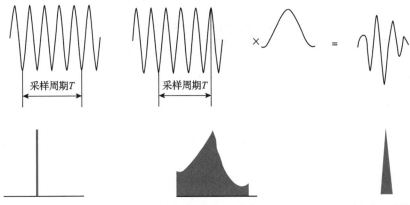

采样周期T　　　　采样周期T

正弦波的频谱，采样周期　　　　正弦波的频谱，采样周期不等于　　　　正弦波的频谱，采样周期不等于
等于信号的整周期　　　　信号的整周期，且不加窗　　　　信号的整周期，但加不窗

图 4-7　FFT 信号加窗前后变化对比

FFT 变化之后加窗，表示为

$$V(k) = X(k) \cdot W(k) = \sum_{n=0}^{N-1} x(n) \cdot w(n) \cdot e^{-j\frac{2\pi}{N}nk} \tag{4-19}$$

式中，$w(n)$ 为窗函数的时域表示；$W(k)$ 为窗函数的频域表示。

在 EconG[C]中，设计了 18 种 FFT 窗函数，如矩形窗、海明窗、汉宁窗、布莱克曼窗等[7,8]，图 4-8 为四种常用窗函数带通特性区别。由图 4-8 可发现，对于不同的窗函数，主瓣的宽度和副瓣的衰减速度是明显不同的。矩形窗的主瓣较为集中，频率分辨率较高，但旁瓣也较高。汉宁窗的主瓣相对变宽，虽然频率分辨率下降，但旁瓣较小，能够有效抑制频率泄漏。海明窗和布莱克曼窗的旁瓣衰减速度较慢。因此，对不同信号的频谱应采用适当的窗函数处理。在 EconG[C]中，汉宁窗为默认窗函数选择。表 4-1 给出了 18 种窗函数的数学表达式。

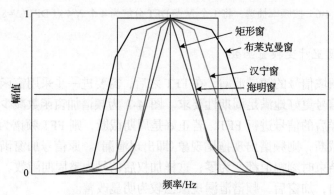

图 4-8　四种常用窗函数的带通特性区别

表 4-1　EconG[C]中设计的 18 种窗函数

窗函数	窗函数数学表达式（$n=0,1,2,\cdots,N-1$）	公式编号
矩形窗	$w(n) = 1$	(4-20)
汉宁窗	$w(n) = 0.5 - 0.5 \times \cos\left(\dfrac{2\pi n}{N}\right)$	(4-21)
海明窗	$w(n) = 0.54 - 0.46 \times \cos\left(\dfrac{2\pi n}{N}\right)$	(4-22)
布莱克曼窗	$w(n) = 0.42 - 0.5\cos\left(2\pi\dfrac{n-1}{N-1}\right) + 0.008\cos\left(4\pi\dfrac{n-1}{N-1}\right)$	(4-23)
布莱克曼-哈里斯窗	$w(n) = 0.35875 - 0.48829\cos\left(\dfrac{2\pi n}{N}\right)$ $+ 0.14128\cos\left(\dfrac{4\pi n}{N}\right) - 0.01168\cos\left(\dfrac{6\pi n}{N}\right)$	(4-24)

续表

窗函数	窗函数数学表达式（$n=0,1,2,\cdots,N-1$）	公式编号
布莱克曼-纳托尔窗	$w(n)=0.3635819-0.4891775\cos\left(\dfrac{2\pi n}{N}\right)$ $+0.1365995\cos\left(\dfrac{4\pi n}{N}\right)+0.0106411\cos\left(\dfrac{6\pi n}{N}\right)$	(4-25)
确切布莱克曼窗	$w(n)=\dfrac{7938}{18608}-\dfrac{9240}{18608}\cos\left(\dfrac{2\pi n}{N}\right)+\dfrac{1430}{18608}\cos\left(\dfrac{4\pi n}{N}\right)$	(4-26)
巴特利特窗	$w(n)=\begin{cases}\dfrac{2n}{N}, & 0\leqslant n<\dfrac{N}{2}\\[2mm] 2-\dfrac{2n}{N}, & \dfrac{N}{2}\leqslant n\leqslant N\end{cases}$	(4-27)
图基窗	$w(n)=\begin{cases}0.5-0.5\cos\left(2\pi\dfrac{n}{\alpha N}\right), & 0\leqslant n\leqslant\dfrac{\alpha N}{2}\\[2mm] 1, & \dfrac{\alpha N}{2}\leqslant n\leqslant N-\dfrac{\alpha N}{2}\\[2mm] 0.5-0.5\cos\left(2\pi\dfrac{N-n}{\alpha N}\right), & N-\dfrac{\alpha N}{2}\leqslant n\leqslant N\end{cases}$	(4-28)
三角窗	$w(n)=\begin{cases}\dfrac{n}{N/2}, & n=1,2,\cdots,N/2\\[2mm] w(N-n), & n=N/2,\cdots,N-1\end{cases}$	(4-29)
平顶窗	$w(n)=\begin{cases}\dfrac{1}{2}\left[1-\cos\left(\dfrac{10\pi n}{N}\right)\right], & n=1,2,\cdots,N/10\\[2mm] 1, & n=N/10+1,\cdots,9N/10-1\\[2mm] \dfrac{1}{2}\left\{1+\cos\left[\dfrac{10\pi}{N}\left(n-\dfrac{9N}{10}\right)\right]\right\}, & n=9N/10,\cdots,N\end{cases}$	(4-30)
高斯窗	$w(n)=\mathrm{e}^{-\frac{1}{2}\left[3\left(\frac{2n}{N-1}\right)\right]^{2}}$	(4-31)
指数窗	$w(n)=\mathrm{e}^{-\left|n-1-\frac{N}{2}\right|/N}$	(4-32)
凯塞窗	$w(n)=I_{0}\left\{\pi\alpha\sqrt{1-[1-2n/(N-1)]^{2}}\right\}\Big/\left[I_{0}(\pi\alpha)\right]$ $I_{0}(x)=1+\sum_{n=0}^{\infty}\left(\dfrac{(x/2)^{n}}{n!}\right)^{2}$	(4-33)
巴尔森窗	$w(n)=\begin{cases}1-6\left(\dfrac{n-N/2}{N/2}\right)^{2}+6\left(\dfrac{|n-N/2|}{N/2}\right)^{3}, & 0\leqslant\left|n-\dfrac{2}{N}\right|\leqslant\dfrac{N}{4}\\[2mm] 2\left(\dfrac{|n-N/2|}{N/2}\right)^{3}, & \dfrac{N}{4}<\left|n-\dfrac{2}{N}\right|\leqslant\dfrac{N}{2}\end{cases}$	(4-34)
博曼窗	$w(n)=1-\dfrac{|n-N/2|}{N/2}\cos\left(\pi\dfrac{|n-N/2|}{N/2}\right)+\dfrac{1}{\pi}\sin\left(\pi\dfrac{|n-N/2|}{N/2}\right)$	(4-35)

窗函数	窗函数数学表达式(n=0,1,2,···,N–1)	公式编号
韦尔奇窗	$w(n) = 1 - \left(\dfrac{n - N/2}{N/2}\right)^2$	(4-36)
切比雪夫窗	$w(n) = \dfrac{1}{N}\left[s + 2\displaystyle\sum_{k=1}^{N-1/2} c_{n-1}\left(t_0 \cos\dfrac{k\pi}{N}\right)\cos\left(\dfrac{2k\pi(n-(N-1)/2)}{N}\right)\right]$	(4-37)

4.2.3　噪声识别与滤波

1. 滤波器传递函数

磨削加工过程采集的功率信号 $x(n)$，经滤波器滤波后的输出序列为 $y(n)$，可由式(4-38)计算：

$$y(n) = x(n)c(n) \tag{4-38}$$

根据时域卷积定理，滤波器输入 $x(n)$ 和输出 $y(n)$ 关系在频域中可以表示为

$$Y(k) = X(k)C(k) \tag{4-39}$$

式中，$C(k)$ 为滤波器传递函数，也称为滤波窗函数，表示输入信号通过滤波器后各频率的衰减情况。$C(k)$ 也可用数字频率 ω 表示为 $C(e^{j\omega})$ 或 $C(j\omega)$。

2. 通带与阻带特性选择

由于理想低通滤波器存在阶跃响应问题,在连续时间和离散时间两种情况下,在跳变点附近都将呈现过冲和振荡现象。通带在单位增益上允许适当偏离，称为通带起伏或通带波纹(passband ripple)。阻带在零增益上允许适当偏离，称为阻带起伏或阻带波纹(stopband ripple)。通带波纹或阻带波纹分别在通带或阻带内的波动特性可能导致噪声的通过率不同，需要进一步选择滤波器的通带与阻带波纹特性。

目前，已有多种典型的数字滤波器供选择，EconG©中设计了五种滤波器：巴特沃思(Butterworth)滤波器、切比雪夫(Chebyshev)滤波器、椭圆(Ellipse)滤波器、贝塞尔(Bessel)滤波器、反切比雪夫(inv-Chebyshev 或 Chebyshev II)滤波器。表 4-2 总结了五种滤波器窗函数的数学表达形式。图 4-9 显示了五种滤波器的通带和阻带波纹特性区别。Butterworth 滤波器具有单调下降的幅频特性，在通带和阻带的波纹起伏较小，在研究中应用较多。Chebyshev 滤波器与 Chebyshev II 滤波器的幅频特性在通带和阻带的波纹特性相反，Chebyshev 滤波器在通带波纹起伏较大，Chebyshev II 滤波器在阻带波纹起伏较大。针对低通滤波器，Chebyshev II 滤波器

应用较多。Bessel 滤波器在通带内具有较好的线性相位特性,在阻带波纹起伏较大。Ellipse 滤波器在通带和阻带内呈现等波纹幅频特性,相位特性的非线性也稍严重。另外,Ellipse 滤波器的截止频率明显高于理想的低通滤波器和其他类型滤波器[9]。

表 4-2　五种滤波器窗函数

滤波器	窗函数表达式	公式编号
Butterworth	$\|C(\mathrm{j}\omega)\|^2 = \dfrac{1}{1+\varepsilon^2\left(\omega/\omega_\mathrm{c}\right)^{2M}}$	(4-40)
Chebyshev	$\|C(\mathrm{j}\omega)\|^2 = \dfrac{1}{1+\varepsilon^2 C_N^2\left(\omega/\omega_\mathrm{c}\right)}$	(4-41)
Ellipse	$\|C(\mathrm{j}\omega)\|^2 = \dfrac{1}{1+\varepsilon^2 J_N^2\left(\omega/\omega_\mathrm{c}\right)}$	(4-42)
Bessel	$\|C(\mathrm{j}\omega)\| = \left\|\dfrac{B_\mathrm{n}(0)}{B_\mathrm{n}(\mathrm{j}\omega)}\right\|$	(4-43)
Chebyshev II	$\|C(\omega)\| = \dfrac{1}{\sqrt{1+\left[\varepsilon^2 T_\mathrm{m}^2\left(\dfrac{w}{w_\mathrm{c}}\right)\right]^{-1}}}$	(4-44)

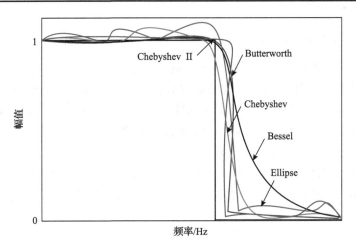

图 4-9　五种常用滤波器的通带与阻带波纹特性区别

针对功率信号噪声的高频特性,经 Butterworth 滤波器、Chebyshev II 滤波器、Bessel 滤波器、Ellipse 滤波器滤波后的功率信号会出现相位偏移现象,如图 4-10 所示[10]。黑色点状显示为监控系统采集的磨削功率数据,实线表示滤波后的功率数据。相比 Chebyshev II 滤波器和 Ellipse 滤波器,Butterworth 滤波器和 Bessel 滤波器的相位偏移更小。对比图 4-9,Bessel 滤波器阻带波纹起伏较大且低通截止频率更大。所以，工程上较多采用 Butterworth 滤波器。在 EconG©中，Butterworth 滤波器为默认选项。

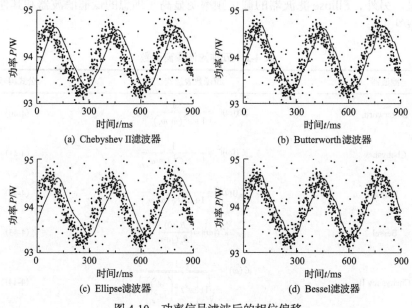

(a) Chebyshev II滤波器   (b) Butterworth 滤波器

(c) Ellipse滤波器   (d) Bessel滤波器

图 4-10　功率信号滤波后的相位偏移

3. 五频段阶梯型低通滤波器设计

Butterworth 滤波器造成的微小相位偏移问题，仍不利于实时监控信号处理。设计一款零相位偏移滤波器来解决滤波后相位偏移问题，具有非常重要的现实意义[11]。而理想滤波器在物理上是不可实现的，通带和阻带都具有一定的误差容限，即通带不是完全水平的，阻带不是绝对衰减到零，所以，在滤波器的通带和阻带之间允许存在一定宽度的过渡带[12]。

过渡带可通过设计分频段频率响应函数 $C(\mathrm{e}^{j\omega})$ 来调整不同频段的衰减程度。通常，在某一频段 $\omega_n - \omega_{n+1}$ 内滤波器的衰减 α 一般用分贝数(dB)表示：

$$\alpha = 20\lg\frac{\max\left|C\left(\mathrm{e}^{j0}\right)\right|}{\min\left|C\left(\mathrm{e}^{j\omega}\right)\right|}\mathrm{dB}, \quad \omega_n \leqslant |\omega| \leqslant \omega_{n+1} \tag{4-45}$$

将 $\left|C\left(\mathrm{e}^{j0}\right)\right|$ 归一化，则有

$$\alpha = -20\lg\left|C\left(\mathrm{e}^{j\omega}\right)\right|\mathrm{dB}, \quad \omega_n \leqslant |\omega| \leqslant \omega_{n+1} \tag{4-46}$$

本节设计的五频段阶梯型低通滤波器对应的五频段为：低通频段 $[\omega_0,\omega_P)$、过渡频段 $[\omega_P,\omega_C)$、低阻频段 $[\omega_C,\omega_L)$、中阻频段 $[\omega_L,\omega_M)$、高阻频段 $[\omega_M,\omega_H]$。其中，ω_0 为起始角频率，ω_P 为低通截止角频率，ω_C 为过渡截止角频率，ω_L 为低阻带截止角频率，ω_M 为中阻带截止角频率，ω_H 为阻带终止角频率。信号直流分量位于 $[\omega_0,\omega_P)$ 中，此频段不做衰减，即 $\alpha_0=0\mathrm{dB}$。与其余四频段对应的阶梯衰减分别为 $\alpha_1=20\mathrm{dB}$、$\alpha_2=40\mathrm{dB}$、$\alpha_3=60\mathrm{dB}$、$\alpha_4=80\mathrm{dB}$，衰减特性函数为

$$\alpha=\begin{cases}0, & \omega_0\leqslant|\omega|<\omega_P\\20, & \omega_P\leqslant|\omega|<\omega_C\\40, & \omega_C\leqslant|\omega|<\omega_L\\60, & \omega_L\leqslant|\omega|<\omega_M\\80, & \omega_M\leqslant|\omega|\leqslant\omega_H\end{cases}\tag{4-47}$$

对应的幅频特性函数为

$$\left|C\left(\mathrm{e}^{\mathrm{j}\omega}\right)\right|=\begin{cases}1, & \omega_0\leqslant|\omega|<\omega_P\\0.1, & \omega_P\leqslant|\omega|<\omega_C\\0.01, & \omega_C\leqslant|\omega|<\omega_L\\0.001, & \omega_L\leqslant|\omega|<\omega_M\\0.0001, & \omega_M\leqslant|\omega|\leqslant\omega_H\end{cases}\tag{4-48}$$

式中，ω_0、ω_P、ω_C、ω_L、ω_M、ω_H 分别对应 FFT 中 $C(k)$ 的 k_0、k_P、k_C、k_L、k_M、k_H。确定 ω 的位置，即可确定对应 k 的位置，得到 $C(k)$ 的衰减函数为

$$\alpha(k)=\begin{cases}0, & k_0\leqslant|k|<k_P\\20, & k_P\leqslant|k|<k_C\\40, & k_C\leqslant|k|<k_L\\60, & k_L\leqslant|k|<k_M\\80, & k_M\leqslant|k|\leqslant k_H\end{cases}\tag{4-49}$$

式中，低通截止频率 $k_0=0$，阻带终止频率 $k_H=1$。

1）确定 k_P 和 k_C

信号中直流分量及重要低频信号位于低通频段 $[0,k_P)$，故频率 k_P 以下信号不衰减。k_P 对应的模拟频率 f 需小于电源电压额定频率 f_N，同时要滤除交流正弦信号趋势，提取交流有效值。基于随机截取采样点数 $N=1800$ 的磨削功率信号，利

用 LabVIEW 编写滤波器程序，验证 k_P 取值对滤波效果的影响，如图 4-11 所示，为采样信号在 k_P 分别取值 90、45、14.4、3.6 时的滤波效果比较。

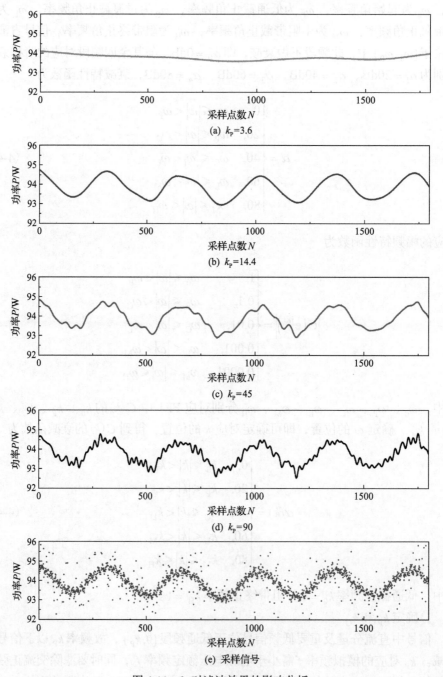

图 4-11　k_P 对滤波效果的影响分析

当 k_P 取值分别为 90 和 45 时，滤波后数据无法反映功率信号变化趋势。当 k_P 取值为 3.6 时，滤波后曲线近似直线，无法反映功率信号变化趋势。当 k_P 取值为 14.4 时，滤波后数据与功率信号变化趋势一致且不存在相位偏移问题。此时，$k_P = 0.008N$。选取低通频段的 25% 作为过渡频段，则 $k_C = 1.25k_P = 0.01N$。

2）确定 k_L 和 k_M

为减少中高频段对信号的影响，需要对中高频段进行阶梯衰减。将剩余频段等分为三段，并对低阻频段 $[k_C, k_L)$、中阻频段 $[k_L, k_M)$ 和高阻频段 $[k_M, k_H]$ 分别进行 40dB、60dB 和 80dB 的衰减。得到的 k_L 和 k_M 为

$$k_L = 0.34N \tag{4-50}$$

$$k_M = 0.67N \tag{4-51}$$

3）归一化

对于机械加工过程的在线监控，待加工工件几何尺寸、加工参数等都影响监测的功率数据点个数，即 N 不是一个确切的值。不能使用统一的 k_P 来确定过渡带的频段范围。因此，本节采用归一化的方式解决这个问题。令 $\lambda = k / N$，将 k 按照序列长度 N 归一化。由式 (4-42) 得到对应序列 $C(\lambda)$ 的衰减函数 $\alpha(\lambda)$ 为

$$\alpha(\lambda) = \begin{cases} 0, & \lambda_0 \leqslant \lambda < \lambda_P \\ 20, & \lambda_P \leqslant \lambda < \lambda_C \\ 40, & \lambda_C \leqslant \lambda < \lambda_L \\ 60, & \lambda_L \leqslant \lambda < \lambda_M \\ 80, & \lambda_M \leqslant \lambda \leqslant \lambda_H \end{cases} \tag{4-52}$$

幅频特性与衰减特性随 λ 变化如图 4-12 所示。

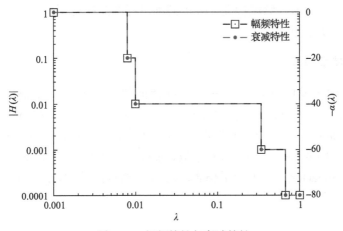

图 4-12　幅频特性与衰减特性

对应所示功率采样信号案例，λ_p 分别取值 0.05、0.025、0.008 和 0.002 时的滤波效果比较如图 4-13 所示。当 λ_p 取值为 0.05 和 0.025 时，滤波后数据无法反映功率信号变化趋势；当 λ_p 取值为 0.002 时，滤波后曲线近似直线，无法反映功率信号变化趋势；当 λ_p 取值为 0.008 时，滤波后数据与功率信号变化趋势一致且不存在相位偏移问题。

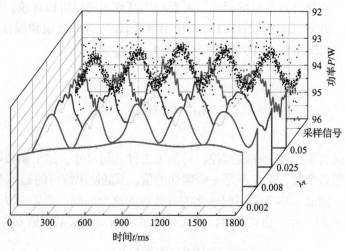

图 4-13　λ_p 不同取值的滤波功率信号比较

4.3　时域与频域特征提取

在滤波后的功率信号中，进一步提取功率信号的一般特征与关键特征，如空磨功率、材料去除平均功率、时间阈值相关的材料去除功率等时域特征和幅频特征的最大值、平均值等频域特征，分析磨削过程的能耗利用特性、砂轮状态、磨削烧伤和加工质量等。

4.3.1　时域特征提取

EconG[©] 中开发的含量纲的一般时域特征包括最大值（maximum）、最小值（minimum）、极差（range）、均值（mean）、中位数（media）、众数（mode）、标准差（standard deviation）、均方根值（RMS）、均方值（mean square, MS），无量纲的一般时域特征包括偏度（skewness）、峰度（kurtosis）、峰度因子（kurtosis factor）、波形因子（waveform factor）、脉冲因子（pulse factor）、裕度因子（margin factor），如表 4-3 所示。

表 4-3　一般时域特征

名称	计算公式	公式编号
最大值	$\max\left(x_i\right)$	(4-53)
最小值	$\min\left(x_i\right)$	(4-54)
极差	$\max\left(x_i\right)-\min\left(x_i\right)$	(4-55)
均值	$\dfrac{1}{n}\sum\limits_{j=0}^{n-1}z_{ij}$	(4-56)
中位数	$x_{(n+1)/2}$	(4-57)
众数	$\dfrac{x_{n/2}+x_{n/2+1}}{2}$	(4-58)
标准差	$\sqrt{\dfrac{1}{n}\sum\limits_{j=0}^{n-1}\left(z_{ij}-\overline{z}_i\right)^2}$	(4-59)
均方根值	$\sqrt{\dfrac{1}{n}\sum\limits_{j=0}^{n-1}z_{ij}^2}$	(4-60)
均方值	$\dfrac{1}{n}\sum\limits_{j=0}^{n-1}z_{ij}^2$	(4-61)
偏度	$\dfrac{\sqrt{n(n-1)}}{n-2}\left[\dfrac{\dfrac{1}{n}\sum\limits_{j=0}^{n-1}\left(z_{ij}-\overline{z}_i\right)^3}{\left[\dfrac{1}{n}\sum\limits_{j=0}^{n-1}\left(z_{ij}-\overline{z}_i\right)^2\right]^{3/2}}\right]$	(4-62)
峰度	$\dfrac{n^2\left[(n+1)m_4-3(n-1)m_2^2\right]}{(n-1)(n-2)(n-3)}\dfrac{(n-1)^2}{n^2m_2^2}$	(4-63)
峰度因子	$\dfrac{\max\left(z_i\right)}{\sqrt{\dfrac{1}{n}\sum\limits_{j=0}^{n-1}z_{ij}^2}}$	(4-64)
波形因子	$\dfrac{\sqrt{\dfrac{1}{n}\sum\limits_{j=0}^{n-1}z_{ij}^2}}{\dfrac{1}{n}\sum\limits_{j=0}^{n-1}z_{ij}}$	(4-65)
脉冲因子	$\dfrac{\max\left(z_i\right)}{\left|\dfrac{1}{n}\sum\limits_{j=0}^{n-1}z_{ij}\right|}$	(4-66)
裕度因子	$\dfrac{\max\left(z_i\right)}{\dfrac{1}{n}\sum\limits_{j=0}^{n-1}z_{ij}^2}$	(4-67)

功率信号的一般时域特征不能直接用于烧伤诊断、建立映射模型和做出最优决策,其另一个重要特征组成是关键特征(关键功率特征和关键能耗特征)。图 4-14 对磨削功率与材料去除率的关系进行了分解,并将两个独立的磨削行程中不同的关键功率特征即空转功率 P_a、初始阈值功率 $P_{th}(0)$、有效材料去除功率 P_c、时变阈值功率 $P_{th}(t)$ 和时变摩擦功率 $P_f(t)$ 通过曲线拟合成一条直线[13,14]。其中,主轴电机消耗了空转功率 P_a,保持砂轮主轴的高速旋转;$P_{th}(0)$ 用来克服磨粒滑移、犁耕滑移和黏合剂/磨粒滑移;P_c 用于有效去除工件材料;$P_{th}(t)$ 是由磨粒/黏合剂、工件/磨粒滑动和砂轮磨损产生的,归因于磨削材料去除过程中磨粒与工件材料之间的非均匀性磨损[15]。

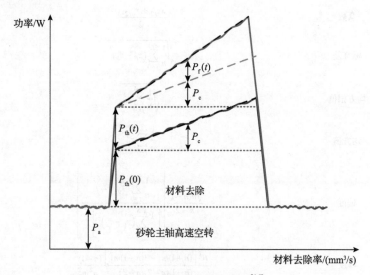

图 4-14 关键功率特征提取[16]

可以从监测的功率信号中计算出能耗特征,如磨削比能(specific grinding energy, SGE)、总能耗 E_t、有效能耗 E_a 和能效 E_{eff}。E_t 和 E_a 分别由总能耗和材料去除能耗对时间的积分计算,分别如式(4-68)和式(4-69)所示:

$$E_t = \int_0^{T_t} P(t)\mathrm{d}t \tag{4-68}$$

式中,$P(t)$ 为实时功率信号;T_t 为从启动到停机的加工总时间,由采样点 N 和采样率 f_s 计算,

$$T_t = N/f_s \tag{4-69}$$

$$E_a = \sum_{i=1}^{N_{mrr}} \int_{t_1}^{t_2} P_c(t)\mathrm{d}t \tag{4-70}$$

式中，$P_c(t)$ 为实时材料去除能耗；从 t_1 到 t_2 的时间段是磨削过程中的有效材料去除时间；N_{mrr} 为有效材料去除的行程数，且

$$N_{mrr} = \frac{v_p}{a_p} \cdot \frac{W}{b} \tag{4-71}$$

v_p 和 a_p 分别为总材料去除深度和磨削深度；W 为工件宽度；b 为磨削宽度。

能耗效率定义为有效能耗与总能耗的比值[17]：

$$E_{eff} = \frac{E_a}{E_t} \times 100\% \tag{4-72}$$

比磨削能定义为去除单位体积材料所消耗的能量，如式(4-73)所示：

$$SGE = \frac{P_c}{V_w a_p b} \tag{4-73}$$

式中，V_w 为工件进给速度。

另一个时间特征，即材料去除时间 T_w 由式(4-74)计算：

$$T_w = N_{mrr}(t_2 - t_1) \tag{4-74}$$

磨削功率信号的斜率(即功率增加率)与材料去除率的关系也可以自动推导出来，这是评价和比较不同砂轮性能的重要指标。EconG$^©$中开发了两个砂轮状态相关的子模块，即"砂轮比较"和"砂轮监测"。子模块具有材料去除功率特征(平均功率)与材料去除率相关比较、材料去除功率特征与等效磨削厚度相关比较、材料去除功率特征与最大未变形切屑厚度相关比较、比磨削能与材料去除率相关比较，如图 4-15 所示[16]。磨削加工过程参数，如工件进给速度、磨削深度和砂轮线速度等的影响与磨削功率、能耗特征直接相关，可用于在不同条件下进行工艺改进。

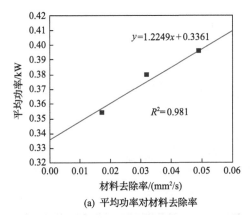

(a) 平均功率对材料去除率

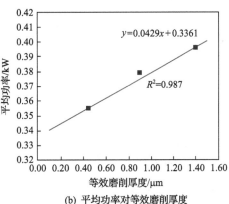

(b) 平均功率对等效磨削厚度

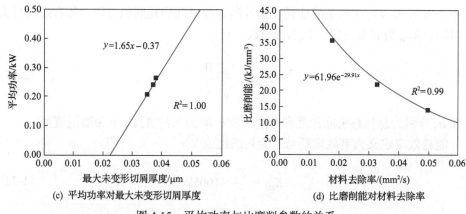

(c) 平均功率对最大未变形切屑厚度　　　　(d) 比磨削能对材料去除率

图 4-15　平均功率与比磨削参数的关系

4.3.2　频域特征提取

EconG$^{©}$中开发的频域特征包括中心频率(frequency center, FC)、均方频率(mean square frequency, MSF)、均方根频率(root mean square frequency, RMSF)、频率方差(variance frequency, VF)、频率标准差(root variance frequency, RVF)，如表 4-4 所示。其他常用的幅频值特征，如最大值、最小值、平均值、方差等，其计算过程与时域特征计算相同，参考表 4-3。功率信号的时域和频域特征将自动保持在磨削数据库中，供砂轮状态监测与比较、磨削烧伤实时判别和多目标优化决策等模块调用。

表 4-4　频域特征计算

名称	计算公式	公式编号
中心频率	$FC = \dfrac{\int_{0}^{+\infty} fP(f)\mathrm{d}f}{\int_{0}^{+\infty} P(f)\mathrm{d}f}$	(4-75)
均方频率	$MSF = \dfrac{\int_{0}^{+\infty} f^2 P(f)\mathrm{d}f}{\int_{0}^{+\infty} P(f)\mathrm{d}f}$	(4-76)
均方根频率	$RSMF = \sqrt{\dfrac{\int_{0}^{+\infty} f^2 P(f)\mathrm{d}f}{\int_{0}^{+\infty} P(f)\mathrm{d}f}}$	(4-77)
频率方差	$VF = \dfrac{\int_{0}^{+\infty} \left(f - \dfrac{\int_{0}^{+\infty} fP(f)\mathrm{d}f}{\int_{0}^{+\infty} P(f)\mathrm{d}f} \right)^2 P(f)\mathrm{d}f}{\int_{0}^{+\infty} P(f)\mathrm{d}f}$	(4-78)

续表

名称	计算公式	公式编号
频率标准差	$RVF = \sqrt{\dfrac{\displaystyle\int_0^{+\infty}\left(f - \dfrac{\displaystyle\int_0^{+\infty} fP(f)\mathrm{d}f}{\displaystyle\int_0^{+\infty} P(f)\mathrm{d}f}\right)^2 P(f)\mathrm{d}f}{\displaystyle\int_0^{+\infty} P(f)\mathrm{d}f}}$	(4-79)

参 考 文 献

[1] Li Y, Liu Y H, Wang J L, et al. Real-time monitoring of silica ceramic composites grinding surface roughness based on signal spectrum analysis[J]. Ceramics International, 2022, 48(5): 7204-7217.

[2] 李阳. 石英陶瓷复合材料磨削工艺优化及表面粗糙度在线监测研究[D]. 淄博: 山东理工大学, 2022.

[3] Li Y, Liu Y H, Tian Y B, et al. Application of improved fireworks algorithm in grinding surface roughness online monitoring[J]. Journal of Manufacturing Processes, 2022, 74: 400-412.

[4] 李建伟. 磨削功率与能耗远程监控系统及专家数据库的研究[D]. 淄博: 山东理工大学, 2021.

[5] 王进玲, 李建伟, 田业冰, 等. 磨削功率信号采集与动态功率监测数据库建立方法[J]. 金刚石与磨料磨具工程, 2022, 42(3): 356-363.

[6] 程佩青. 数字信号处理教程: MATLAB[M]. 5 版. 北京: 清华大学出版社, 2017.

[7] 俞一彪, 孙兵. 数字信号处理: 理论与应用: 高等学校电子信息类专业精品教材[M]. 2 版. 南京: 东南大学出版社, 2019.

[8] 王艳芬, 王刚, 张晓光, 等. 数字信号处理原理及实现[M]. 北京: 清华大学出版社, 2008.

[9] Wang J L, Tian Y B, Hu X T, et al. Development of grinding intelligent monitoring and big data-driven decision making expert system towards high efficiency and low energy consumption: Experimental approach[J]. Journal of Intelligent Manufacturing, 2024, 35(3): 1013-1035.

[10] 李建伟, 田业冰, 张昆, 等. 面向磨削数据库的功率信号压缩方法研究[J]. 制造技术与机床, 2021, 8: 117-121.

[11] 王建宏. 分数阶零相位滤波与 90°移相检波研究[D]. 南京: 南京航空航天大学, 2016.

[12] 任雪. Sigma-deltaADC 中降采样数字滤波器的研究与设计[D]. 西安: 西安电子科技大学, 2014.

[13] Subramanian K, Lindsay R P. A systems approach for the use of vitrified bonded superabrasive wheel for precision production grinding[J]. Journal of Engineering for Industry, 1992, 114(1): 41-52.

[14] Subramanian K, Ramanath R, Tricard M. Mechanisms of material removal in the precision

production grinding of ceramics[J]. Journal of Manufacturing Science and Engineering, 1997, 119(4A): 509-519.

[15] Walsh A P, Baliga B, Hodgson P D. Cycle time reduction in crankshaft pin grinding[J]. Abrasives Magazine, 2002, O(4-5): 20-23.

[16] Tian Y B, Liu F, Wang Y, et al. Development of portable power monitoring system and grinding analytical tool[J]. Journal of Manufacturing Processes, 2017, 27: 188-197.

[17] 田业冰, 王进玲, 胡鑫涛, 等. 一种平面磨削加工过程能量效率评估方法[P]: 中国, CN114662298A. 2022.06.24.

第5章 磨削工艺参数多目标优化方法

5.1 磨削加工时间历程

本章根据待加工工件的几何形状、材料去除量和加工表面质量等要求，对磨削加工路径进行详细分析，能够更加清楚地理解磨削加工时间历程和能耗利用特性。磨削时间历程如图 5-1(a) 所示，经历待机—启动—空磨 1(前后空磨)—材料去除—空磨 2(左右空磨)—z 轴进给—材料去除—空磨 2(左右空磨)—材料去除—空磨 1(前后空磨)—y 轴进给的循环磨削行程，然后停机[1]。磨削加工过程的待机、启动和停机时间取决于磨床设备中各电机的伺服控制和转速停止特性，通常是恒定的。

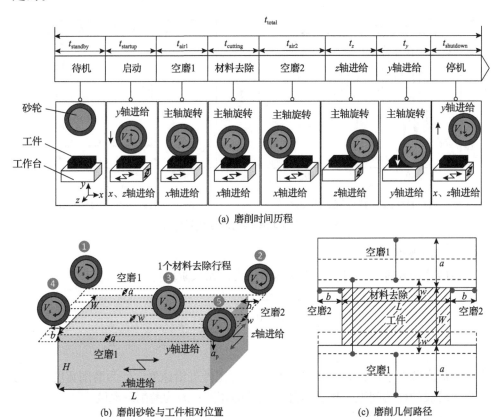

(a) 磨削时间历程

(b) 磨削砂轮与工件相对位置

(c) 磨削几何路径

图 5-1 磨削时间历程和加工路径

待机和启动状态后，机床 x、y、z 轴带动砂轮和工件至图 5-1(b)的加工初始位置①。砂轮线速度逐渐增加到设定值，为避免快速旋转的砂轮与工件碰撞，将初始位置与工件之间的距离设定为间隙距离 a(图 5-1(c))，空磨 1 从图 5-1(b)的位置①至位置②。前后间隙的空磨时间用 t_{air1} 表示，根据砂轮与工件的几何关系，计算 t_{air1}：

$$t_{air1} = \frac{L}{V_w} \times \left(\left[\frac{a}{w}\right]_{int} + 1 \right) \times 2 \times \frac{d_c}{a_p} \tag{5-1}$$

式中，L 为待加工工件的长度；a 为空磨 1 阶段的前后间隙；w 为磨削宽度；d_c 为磨削总深度；a_p 为一次磨削深度；V_w 为工件进给速度。

当砂轮到达图 5-1(b)中位置③时，开始材料去除。此时，砂轮与工件接触，运动情况为砂轮不断重复地切入和切出工件表面，直至加工完成整个工件表面。这是磨削加工中最复杂的过程，一个材料去除行程中功率与时间变化示意图如图 5-2 所示，根据材料去除率的不同可以分为切入、稳定材料去除和切出三个阶段。

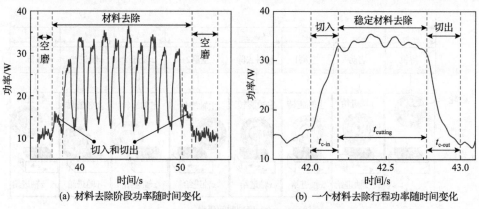

(a) 材料去除阶段功率随时间变化   (b) 一个材料去除行程功率随时间变化

图 5-2　磨削功率随时间变化示意图

(1)切入阶段。

在砂轮切入阶段，材料去除率逐渐增大，切入阶段持续的总时间为

$$t_{c\text{-}in} = \frac{60\sqrt{R^2 - \left(R - a_p \times 10^{-3}\right)^2}}{V_w} \left(\frac{W}{w} + \left[\frac{a}{w}\right]_{mod} \times 2\right) \times \frac{d_c}{a_p} \tag{5-2}$$

式中，R 为砂轮半径；a_p 为磨削深度；V_w 为工件进给速度；w 为磨削宽度；a 为空磨 1 阶段的前后间隙；W 为待加工工件的宽度；d_c 为磨削总深度。

(2)稳定材料去除阶段。

在稳定材料去除阶段，砂轮与工件接触均匀，材料去除率基本不变，稳定材

料去除阶段的时间为

$$t_{cutting} = \frac{60\left[L - 2\sqrt{R^2 - \left(R - a_p \times 10^{-3}\right)^2}\right]}{V_w}\left(\frac{W}{w} + \left[\frac{a}{w}\right]_{mod} \times 2\right) \times \frac{d_c}{a_p} \qquad (5-3)$$

式中，L 为待加工工件的长度。

(3) 切出阶段。

切出阶段与切入阶段是两个相反的过程。在切出阶段，材料去除率逐渐减小，切出阶段时间等于切入阶段时间。切出阶段持续的时间为

$$t_{c-out} = \frac{60\sqrt{R^2 - \left(R - a_p \times 10^{-3}\right)^2}}{V_w}\left(\frac{W}{w} + \left[\frac{a}{w}\right]_{mod} \times 2\right) \times \frac{d_c}{a_p} \qquad (5-4)$$

在磨削加工过程中，工件的进给运动由工作台驱动。由于工作台的重量和惯性较大，需要设置一个左右间隙距离，如图 5-1(b)中位置④所示。空磨 2 阶段时间 t_{air2} 表示为

$$t_{air2} = \frac{2b}{V_w} \times \frac{W+2a}{w} \times \frac{d_c}{a_p} \qquad (5-5)$$

式中，a 为空磨 1 阶段的前后间隙；b 为空磨 2 阶段的左右间隙。

此外，在空磨 2 阶段，需要工作台 z 轴的反复进给，保证工件从位置②到⑤来回移动，以完成整个面的加工。z 轴进给时间 t_z 由式(5-6)计算：

$$t_z = c_z \times \frac{W+2a}{w} \times \frac{d_c}{a_p} \qquad (5-6)$$

式中，c_z 为 z 轴一次进给时间；W 为待加工工件的宽度。

在位置⑤处，y 轴进给开始下一个磨削过程。进给时间用 t_y 表示：

$$t_y = c_y \times \frac{d_c}{a_p} \qquad (5-7)$$

式中，c_y 为 y 轴一次进给时间。

因此，磨削加工过程的总时间(也是电气控制系统工作时间)为

$$t_{total} = t_e = t_{standby} + t_{startup} + t_{air1} + t_{c-in} + t_{cutting} + t_{c-out} + t_{air2} + t_y + t_z + t_{shutdown} \qquad (5-8)$$

式中，$t_{standby}$、$t_{startup}$、t_{air1}、t_{c-in}、$t_{cutting}$、t_{c-out}、t_{air2}、t_y、t_z、$t_{shutdown}$ 分别为待机、启

动、空磨 1、切入、稳定材料去除、切出、空磨 2、y 轴进给、z 轴进给和关机的时间。

有效材料去除时间为

$$t_{mrr} = t_{c\text{-}in} + t_{cutting} + t_{c\text{-}out} \tag{5-9}$$

空磨时间为

$$t_{sa} = t_{air1} + t_{air2} + t_y + t_z \tag{5-10}$$

冷却系统工作时间为

$$t_c = t_{air1} + t_{c\text{-}in} + t_{cutting} + t_{c\text{-}out} + t_{air2} + t_y + t_z \tag{5-11}$$

x 轴进给工作时间为

$$t_x = t_{air1} + t_{c\text{-}in} + t_{cutting} + t_{c\text{-}out} + t_{air2} + t_y + t_z - t_{gx} \tag{5-12}$$

式中，t_{gx} 为 x 轴转向中的加减速时间，为常量。

5.2　磨削加工能耗指标评估模型

5.2.1　磨削加工过程能耗流分析

与铣削、钻削和车削工艺相比，磨削过程相对复杂。除电气控制外，还存在主轴旋转，x 轴、y 轴和 z 轴的反复间歇进给等过程，需要多轴联合运动，如图 5-3 所示[2,3]。图 5-4 为磨削加工过程能耗流向分析。机床开机后，电气控制系统始终保持工作状态，启动磨削加工后，冷却系统将自动打开，其运行贯穿于整个磨削过程。同时，主轴开始高速旋转，并伴随 x 轴的左右往复运动。在空转周期和材料去除期间，主轴能耗机制完全不同。在连续进给和转向过程，x 轴的进给能耗也会有一定差异。在左右运动极限，z 轴进给运动将带动工作台前后进给，以完成整个工件的加工。在前后运动极限，y 轴进给运动将带动砂轮主轴向下进给 1 个磨削深度，以完成设定的材料去除总量。

磨削加工过程总能耗模型可以表示为各个子系统/运动的能耗和：

$$E_{total} = E_e + E_c + E_s + E_x + E_y + E_z \tag{5-13}$$

式中，E_e、E_c、E_s、E_x、E_y、E_z 分别为电气控制系统、冷却系统、主轴旋转、x 轴进给、y 轴进给和 z 轴进给的能耗。

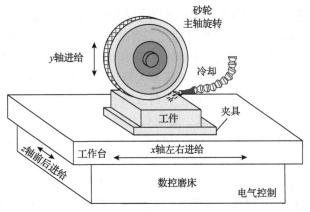

图 5-3　磨削加工过程各轴运动示例

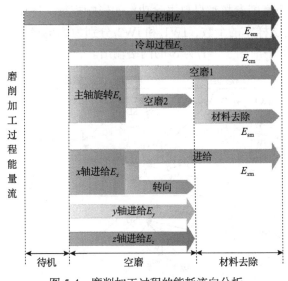

图 5-4　磨削加工过程的能耗流向分析

5.2.2　材料去除能耗的深度学习模型

电气控制、冷却、工作台进给和主轴高速旋转是磨削加工过程能耗的主要来源，其中，主轴的能耗特别是主轴在材料去除阶段的功率和能耗预测是最为复杂的。现有材料去除能耗和材料去除功率的预测模型基本建立在切削力的指数参数经验模型基础之上，必须预先知道模型的数学表达形式，且模型中待拟合系数较多，也无法考虑主轴材料去除阶段的耗损。对于磨削加工，其利用磨具表面大量不规则磨粒的不均匀磨损去除工件材料。磨粒具有自锐性，材料去除过程功率变化规律更为复杂。对此，另外一条研究策略是采用机器学习的非参数方法建立材料去除功率或能耗的预测模型。He 等[4]通过监测功率数据，利用卷积神经网络 (convolutional neural network, CNN)建立了磨削等通用机械加工能耗模型。周艳[5] 研究了磨床加工系统能量-信息流协同机制，并建立了 BP 神经网络的比磨削能预 测模型。但目前机器学习预测模型都需要大量训练样本，加重了实验成本。鉴于 机械加工业节能降碳的迫切性及以上材料去除能耗，特别是材料去除功率预测方 法的不足，本节提出采用一种基于鲸鱼优化算法(whale optimization algorithm, WOA)的广义回归神经网络(generalized regression neural network, GRNN)，预测磨 削加工过程的材料去除功率和能耗[6]。

在磨削加工过程中，影响材料去除能耗的因素主要为磨削参数，包括磨削深 度、工件进给速度、砂轮线速度等 n 个。于是，构建 n 维并行 n-m-2-1 结构的广 义回归神经网络模型，如图 5-5 所示。任一维结构的广义回归神经网络 $S_i(i=1, 2, \cdots,$ $n)$，用于模拟 1 个磨削参数对材料去除功率的影响规律。图中，m 表示训练样本 的个数，l 表示测试样本的个数，$IW1_i$ 和 $IW2_i$ 分别为 S_i 的第一权重矩阵和第二权 重矩阵，σ_i 为 S_i 的平滑因子，Y_i 为 S_i 的网络输出。

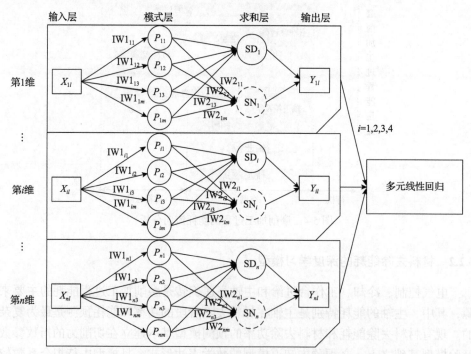

图 5-5　一种 n 维并行 n-m-2-1 结构的广义回归神经网络模型

n-m-2-1 表示任一维广义回归神经网络的结构，该结构有四层：输入层、模式 层、求和层和输出层。输入层神经元个数 n 为输入样本点的维度；模式层的神经 元个数 m 为输入样本点对应的训练样本的个数；求和层的神经元个数为输出样本点的维度加 1，为 2；输出层的神经元个数为输出样本点的维度(在本章中，材料去除功率或能耗为输出目标)，为 1。

广义回归神经网络为前馈网络，输入层直接为测试样本点的输入，S_i 的第 l 个($l=1, 2, \cdots, K$)输入为 X_{il}；模式层由输入层与第一权重矩阵 $IW1_i$ 的欧几里得距离的高斯函数计算。S_i 的第 j 个模式层 P_{ij} 表示为

$$P_{ij} = \exp\left[-\frac{(X_{il} - IW1_{ij})^{\mathrm{T}}(X_{il} - IW1_{ij})}{2\sigma_i^2}\right], \quad i = 1, 2, \cdots, n; j = 1, 2, \cdots, m \quad (5\text{-}14)$$

式中，σ_i 为平滑因子，直接决定了广义回归神经网络的预测精度，需进一步优化得到。

求和层的第 2 个神经元 SN 为模式层与第二权重矩阵 $IW2_i$ 的权重和，其中，S_i 的第 2 个求和层 SN_i 由式(5-15)表示：

$$SN_i = \sum_{j=1}^{m} IW2_{ij} P_{ij} \quad (5\text{-}15)$$

输出层为求和层第 2 个神经元 SN 与第 1 个神经元 SD 的比值，其中，S_i 的输出 Y_i 由式(5-16)表示：

$$Y_i = \frac{SN_i}{SD_i} \quad (5\text{-}16)$$

在得到所有 Y_i 的基础上，再通过多元线性回归拟合，计算磨削加工的材料去除功率 P_y 和材料去除能耗 E_{mrr}：

$$P_y = a_0 + a_1 Y_1 + a_2 Y_2 + \cdots + a_n Y_n \quad (5\text{-}17)$$

$$E_{\mathrm{mrr}} = P_y t_{\mathrm{mrr}} \quad (5\text{-}18)$$

式中，t_{mrr} 为材料去除时间，由式(5-9)计算得到。

对于 GRNN，式(5-14)中的平滑因子 σ_i 是唯一的超参数。如果 σ_i 足够大，那么欧几里得距离将趋于零，网络的所有预测值是训练输出的平均值，网络的学习能力变得不足。当 σ_i 趋于零时，预期结果将无限接近训练输出，一旦给出新的预测点，GRNN 的预测性能会急剧下降，也称为过度学习。因此，确定 GRNN 中适中的 σ_i 是非常重要的，既要考虑所有训练样本的输入差异，又要考虑测试样本和训练样本之间的距离。

WOA 是 Mirjalili 等[7]在 2016 年提出的一种新的群体智能优化算法，具有实现简单、对目标函数条件要求不高、参数控制少等优点。WOA 起源于座头鲸的捕猎

行为，在一个鲸群中假设有 PSN 条鲸鱼，每条鲸鱼的位置代表一个可行的解决方案。鲸群的猎物跟踪（或称为最优解搜索）是通过群体围捕和气泡网驱逐两种行为来实现的。在群体围捕行为中，鲸鱼的游向如图 5-6 所示，或随机游向最佳位置，或随机选择一头鲸鱼作为目标。

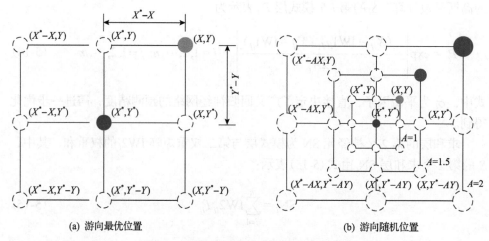

(a) 游向最优位置　　　　　　　　　　　(b) 游向随机位置

图 5-6　群体围捕行为中鲸鱼的游向选择

可进一步用式(5-19)和式(5-20)所示数学模型来模拟群体围捕行为：

$$X(t+1) = X^*(t) - A\left|CX^*(t) - X(t)\right| \tag{5-19}$$

$$X(t+1) = X^{\mathrm{rand}}(t) - A\left|CX^{\mathrm{rand}}(t) - X(t)\right| \tag{5-20}$$

式中，$X(t+1)$ 和 $X(t)$ 分别为下一位置和当前位置；$X^*(t)$ 为当前最优位置；C 为 0～2 的随机数，A 由式(5-21)表示：

$$A = (2r_1 - 1)(2 - 2t/t_{\max}) \tag{5-21}$$

其中，r_1 为 0～1 的随机数；t 为当前迭代次数；$t_{\max}$ 为最大迭代次数。

在气泡网追踪行为中，鲸鱼随机以螺旋形游向猎物，或以收缩包围机制驱赶猎物，如图 5-7 所示。进一步用式(5-22)和式(5-23)所示数学模型来模拟气泡网追踪行为：

$$X(t+1) = X^*(t) + \left\|X^*(t) - X(t)\right| e^{\beta\theta} \cos(2\pi\theta), \quad p < P_i \tag{5-22}$$

$$X(t+1) = X^*(t) - A\left|CX^*(t) - X(t)\right|, \quad p \geqslant P_i \tag{5-23}$$

式中，β 是一个常数，用来描述螺旋的形状，一般选择 1。θ 是一个从 –1 到 1 的随机值，通常选为 0.5。p 由 0～1 随机生成。

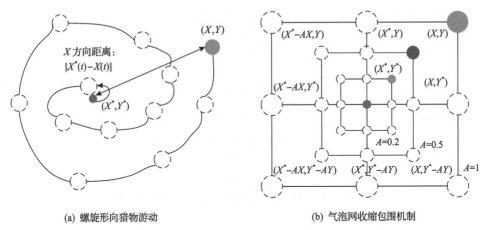

(a) 螺旋形向猎物游动　　　　　　　　(b) 气泡网收缩包围机制

图 5-7　气泡网追踪行为中鲸鱼的游向选择

图 5-8 为采用 WOA 优化 GRNN 的平滑因子 σ_i 的步骤，具体包括：

(1)从 σ_i 初始范围内，随机选取 σ_i ($i=1,2,\cdots,n$) 的各 PSN 个初始值。

(2)将平滑因子初始值代入构建的 n 维并行 n-m-2-1 结构的广义回归神经网络模型，训练神经网络，反复执行 K 次，得到 $n×K$ 个网络输出值 Y_{il}。

(3)将 $n×K$ 个网络输出值代入式(5-14)，计算平面磨削材料去除功率 P_y。

(4)利用适应度函数计算适应度值，其中适应度函数设计为

$$F = \sum (P_y - P_{se})^2 \tag{5-24}$$

式中，P_{se} 为测试样本中材料去除功率的实验值；P_y 为根据(3)计算得到的材料去除功率预测值。

(5)以 PSN 个鲸鱼个体中最小适应度值对应的 σ_i ($i=1, 2,\cdots, n$) 作为当前最优解。

(6)连续抛硬币，结果为前正后正，鲸群采取群体围捕行为，游向最优解位置，位置更新如式(5-19)所示；结果为前正后反，鲸群采取群体围捕行为，随机游向一头鲸鱼位置，位置更新如式(5-20)所示；结果为前反后正，鲸群采取气泡网追踪行为，螺旋形游向猎物位置，位置更新如式(5-22)所示；结果为前反后反，鲸群采取气泡网追踪行为，发出气泡网追踪猎物，位置更新如式(5-23)所示。

(7)判断是否达到最大迭代次数，若未达到，则返回(2)；若达到，则结束优化迭代，得到最优的平滑因子组合。

(8)将最优平滑因子组合代入图 5-5 所示的 GRNN 模型，计算网络输出值，并代入式(5-17)和式(5-18)分别计算材料去除功率 P_y 和材料去除能耗 E_{mrr}。

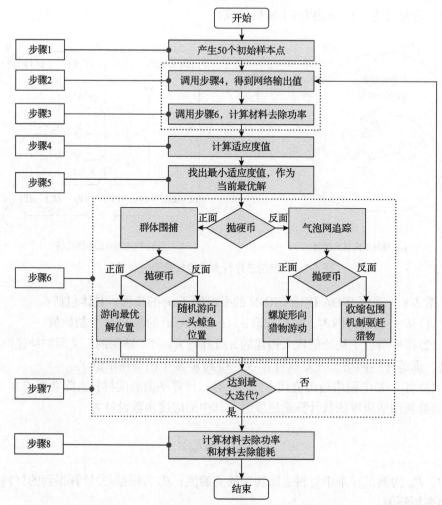

图 5-8　一种 WOA 优化 GRNN 平滑因子流程图

5.2.3　总能耗的物理参数/深度学习混合模型

1. 主轴空转能耗模型

机床主轴系统包括变频器、主轴电机和机械传动系统三部分。在机床主轴上，主要考虑主轴电机的输入能耗，该部分能耗使砂轮高速旋转。主轴能耗与加工条件密切相关，研究主轴能耗模型对了解加工参数与机床能耗关系以及材料去除阶段能耗至关重要。如图 5-9 所示，主轴功率消耗情况由砂轮与工件之间的相对位置决定，可分为两部分：空磨阶段和材料去除阶段。

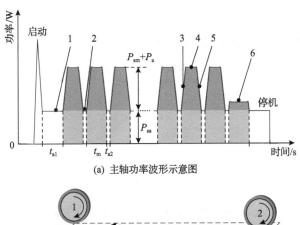

(a) 主轴功率波形示意图

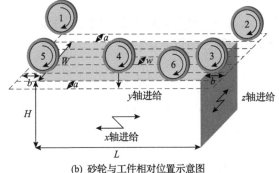

(b) 砂轮与工件相对位置示意图

图 5-9　磨削过程中的主轴功率变化分析

（1）空磨阶段由两个位置组成，即砂轮与工件接触前工件边缘到砂轮运动前后极限的位置 1（空磨 1）和磨削过程中工件边缘到砂轮运动左右极限间的位置 2（空磨 2）。该部分能耗与砂轮的高速旋转和主轴系统的能量损失有关，采用砂轮线速度的线性函数对空磨功率进行建模[8]，如式（5-25）和式（5-26）所示：

$$P_{sa} = A_{sa}V_s + B_{sa} \tag{5-25}$$

式中，V_s 为砂轮线速度；A_{sa} 和 B_{sa} 为方程系数。

空磨阶段能耗可以表示为

$$E_{sa} = P_{sa}t_{sa} \tag{5-26}$$

式中，t_{sa} 为空磨时间，由式（5-10）计算可得。

（2）在材料去除阶段，砂轮与工件接触，去除一定体积的材料，伴随着切入、稳定材料去除和切出等过程，此阶段的主轴功率消耗最为复杂。材料去除功率与工件材料、切削参数、刀具几何形状和其他工艺条件有关。材料去除功率的真实值可表示为实际切削中消耗的总功率与空载功率之差，考虑砂轮与工件之间的相对位置，将材料去除阶段功率模型进一步分为切入、稳定材料去除和切出三个阶段的功率模型。

阶段1：切入阶段，砂轮与工件的相对位置如图 5-10 所示。

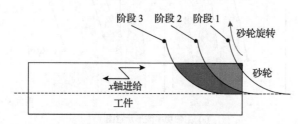

图 5-10　切入阶段的示意图

随着砂轮逐渐切入工件，材料去除率逐渐增加，主轴功率逐渐增加，该部分功率是一个随时间变化的线性函数。

$$P_{ci} = A_{ci}t_{c\text{-}in} + B_{ci} \tag{5-27}$$

式中，$t_{c\text{-}in}$ 为切入阶段的时间，由式(5-2)计算；A_{ci} 为方程系数；B_{ci} 为常数。

切入阶段能耗可以表示为

$$E_{ci} = \int_{t_{ci\text{-}o}}^{t_{ci\text{-}e}} P_{ci}\mathrm{d}t = 0.5(P_{sm}+P_{sa})t_{c\text{-}in} \tag{5-28}$$

式中，P_{sa} 为砂轮空转功率；$t_{ci\text{-}o}$ 为切入阶段开始时间；$t_{ci\text{-}e}$ 为切入阶段结束时间；P_{sm} 为稳定材料去除功率。

阶段2：稳定材料去除阶段，能耗可表示为

$$E_{sm} = (P_{sm}+P_{sa})t_{cutting} \tag{5-29}$$

式中，P_{sm} 为稳定材料去除功率，采用 5.2.2 节中深度学习模型计算；P_{sa} 为砂轮空转功率，由式(5-25)计算；$t_{cutting}$ 为稳定材料去除阶段时间，由式(5-3)计算。

阶段3：切出阶段，如图 5-9 中位置 5 所示。该阶段材料去除率逐渐降低，其功率同切入阶段类似，也可用一个随时间变化的线性函数来表示：

$$P_{co} = A_{co}t_{c\text{-}out} + B_{co} \tag{5-30}$$

切出阶段能耗可以表示为

$$E_{co} = \int_{t_{co\text{-}o}}^{t_{co\text{-}e}} P_{co}\mathrm{d}t = 0.5(P_{sm}+P_{sa})t_{c\text{-}out} \tag{5-31}$$

式中，P_{sa} 为砂轮空转功率；$t_{co\text{-}o}$ 为切出阶段开始时间；$t_{co\text{-}e}$ 为切出阶段结束时间；$t_{c\text{-}out}$ 为切出阶段时间，由式(5-4)计算。

结合式(5-25)～式(5-31)，主轴能耗模型表示为

$$E_s = E_{sa} + E_{ci} + E_{sm} + E_{co} \tag{5-32}$$

2. x 轴进给能耗模型

x 轴进给运动的功率波形示意和磨削加工过程中砂轮与工件的相对位置如图 5-11 所示，分为两个状态，即左右极限位置处工作台转向的加减速运动和磨削行程中的恒速运动。由于 x 轴进给系统中工作台重量较大，磨削时产生的反向作用力相对较小，可忽略不计。因此，x 轴进给过程中材料去除阶段与空行程阶段功率视为相同，只考虑工作台加减速带来的功率变化。

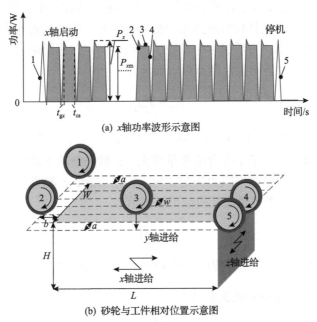

(a) x 轴功率波形示意图

(b) 砂轮与工件相对位置示意图

图 5-11　磨削过程中的 x 轴功率变化分析

x 轴加速的最大功率与 x 轴电机的启动特性有关，使用工件进给速度的三次多项式拟合建立 x 轴加速功率模型[9]：

$$P_x = \eta + \xi V_w + \psi V_w^2 + \omega V_w^3 \tag{5-33}$$

式中，V_w 为工件进给速度；η、ξ、ψ、ω 为方程系数，与工作台重量、摩擦系数和磨床刚度等有关。

x 轴恒速进给功率可用工件进给速度的二次函数拟合：

$$P_{xm} = A_x V_w^2 + B_x V_w + C_x \tag{5-34}$$

式中，V_w 为工件进给速度；A_x、B_x 和 C_x 分别为由电机特性、工作台重量和摩擦力等决定的系数。

x 轴进给能耗模型可以表示为

$$E_x = P_{xm} t_x + 0.5 P_x t_{gx} \tag{5-35}$$

式中，t_x 为 x 轴进给工作时间，由式(5-12)计算；t_{gx} 为 x 轴加减速时间，为常量。

3. y 轴进给和 z 轴进给能耗模型

y 轴进给运动是砂轮在上下方向上的一种间歇性进给运动，每行程进给两次。磨削深度非常小，通常是几微米到几十微米。此外，进给装置的重量较轻，导致 y 轴进给功率 P_y 很小，可看成一个常数。进给时间也与进给电机有关，使用固定时间 t_y 表示，则 y 轴进给能耗模型可以表示为

$$E_y = P_y t_y \tag{5-36}$$

式中，P_y 为 y 轴进给功率；t_y 为 y 轴进给时间，由式(5-7)计算可得。

在磨削过程中，由于工作台的重量较大，z 轴进给功率值较大，其功率由工作台、进给电机特性和摩擦阻力决定。对于特定磨床，z 轴进给功率值和进给时间是一个常数，则 z 轴进给能耗模型可以表示为

$$E_z = P_z t_z \tag{5-37}$$

式中，P_z 为 z 轴输入功率；t_z 为 z 轴进给时间，由式(5-6)计算可得。

4. 电气控制及冷却系统能耗模型

在磨床运行后，电气控制系统也会随之运行，且伴随整个磨削加工过程。典型的电气控制系统包括数控、照明、风扇、润滑、液压、排屑等系统，该部分功率与加工条件无关，由机床的固有属性决定，可以看成一个恒定值[2]。则电气控制系统能耗可以表示为

$$E_e = P_e t_{total} \tag{5-38}$$

式中，P_e 为电气控制系统功率；t_{total} 为机床从启动到停机的总时间，由式(5-8)计算可得。

同样，冷却系统能耗模型可以表示为

$$E_c = P_c t_c \tag{5-39}$$

式中，P_c 为冷却系统功率；t_c 为冷却系统工作时间，由式(5-11)计算可得。

5. 案例分析与讨论

在三轴超精密磨床 SMART-B818III 上进行磨削实验，验证所提出的磨削加工总能耗混合模型的准确性。SMART-B818III 型超精密数控磨床采用微软 WIN CE 6.0 平台和 10.4in(1in=2.54cm)液晶显示器(liquid crystal display, LCD)屏幕，支持双 USB(32GB)，能够内建平面/沟槽/轮廓等磨削和砂轮修整图形对话程式。磨削程序中可搭配各种砂轮自动修整和自动补正模式，系统可与 Fanuc 控制程式兼容，加工前可使用手动脉冲发生器(manual pulse generator, MPG)手轮做研磨路径模拟(不需单节操作，不用执行程序)。SMART-B818III 型超精密数控磨床的主要性能参数如表 5-1 所示。

表 5-1　SMART-B818III 型超精密数控磨床主要性能参数

参数	取值
工作台面积	200mm×460mm
最大研磨长度	460mm
最大研磨宽度	200mm
工作台至主轴中心距离	406mm
主轴驱动功率	3.75kW(5hp)
主轴转速	1000～7000r/min
砂轮外径×宽度×内径	203mm×12.7mm×31.75mm
标准电磁铁尺寸(长×宽)	450mm×200mm
加工物的最大质量(含电磁铁)	210kg

磨削功率信号监控采用第 2 章开发的磨削功率/能耗智能监控与优化决策硬件系统，其中，PPC-3 功率计的最大灵敏度设置为 3kW，响应时间设置为 0.15s，采样率设置为 1000Hz。实验装置如图 5-12 所示。

加工工件选择二氧化硅纤维增强石英陶瓷复合材料(SiO_{2f}/SiO_2)，尺寸为 50mm(长)×50mm(宽)×25mm(高)。砂轮选择金刚石砂轮，尺寸为 200mm(外径)×10mm(宽)×31.75mm(内径)，加工方式为湿磨。根据砂轮宽度和工件宽度，磨削宽度 w 设置为 5mm，磨削前后间隙 a 设置为 5mm，左右间隙 b 设置为 10mm。确定砂轮线速度 V_s 为 900～1800m/min，工件进给速度 V_w 范围为 1m/min、2m/min、3m/min 和 4m/min，磨削深度 a_p 范围为 3μm、6μm、9μm 和 12μm，材料去除厚度 d 为磨削深度的 2 倍，分别为 6μm、12μm、18μm、24μm。实验条件如表 5-2 所示。

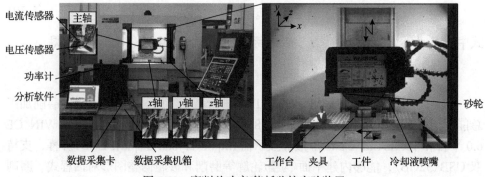

图 5-12　磨削总功率/能耗监控实验装置

表 5-2　磨削条件

因素	参数
加工方式	平面磨削
工件材料	SiO_{2f}/SiO_2
磨削液	水基磨削液
工件尺寸	50mm(长)×50mm(宽)×25mm(高)
砂轮几何形状	200mm(外径)×10mm(宽)×31.75mm(内径)
磨削宽度 w	5mm
材料去除厚度 d	6μm、12μm、18μm、24μm
前后距离 a	5mm
左右距离 b	10mm
工件进给速度 V_w	1m/min、2m/min、3m/min、4m/min
磨削深度 a_p	3μm、6μm、9μm、12μm
砂轮线速度 V_s	900m/min、1200m/min、1500m/min、1800m/min

　　功率采集系统连接好后，首先测量功率为恒定值部分的功率。具体操作步骤为：启动机床，记录此时的功率为待机功率；打开冷却系统，计算增加的功率为冷却系统功率；最后将功率采集系统分别连接到 y 轴和 z 轴，测量其功率。为了减小实验误差，每次测量在相同条件下重复 5 次，取平均功率作为相应功率的真实值，实验结果如表 5-3 所示。

　　为研究磨削总能耗中 x 轴和主轴能耗模型系数，设计了三因素四水平下的 10 组单因素磨削参数为实验组，用于训练模型。利用 MATLAB 生成随机数，确定 4 组测试组实验参数，用于验证模型的准确性。实验参数和测量功率结果如表 5-4 所示。

表 5-3　电气控制系统、冷却系统、y 轴、z 轴功率实测值

序号	P_e/W	P_c/W	P_y/W	P_z/W
1	443.623	65.781	0.923	16.017
2	438.888	67.520	0.947	16.889
3	438.900	66.580	0.947	14.581
4	436.142	67.143	0.997	16.330
5	431.938	68.081	0.889	16.255
平均	437.898	67.021	0.941	16.014

表 5-4　主轴和 x 轴测量功率

组别	次数	V_s/(m/min)	V_w/(m/min)	a_p/μm	P_{sm}/W	P_{ss}/W	P_{xm}/W	P_x/W
实验组	1	1800	4	12	19.77	21.61	31.92	38.63
	2	1500	4	12	15.58	16.17	31.63	38.28
	3	1200	4	12	14.97	7.73	31.63	38.53
	4	900	4	12	10.65	4.77	31.58	38.52
	5	1800	1	12	10.16	21.96	8.32	10.27
	6	1800	2	12	10.70	24.41	11.90	13.81
	7	1800	3	12	15.09	22.91	21.51	24.43
	8	1800	4	3	17.90	21.30	31.33	39.86
	9	1800	4	6	12.60	22.81	31.82	38.30
	10	1800	4	9	7.72	22.34	31.75	38.94
测试组	11	1002	2	12	7.73	4.36	12.19	14.43
	12	1500	2	9	9.20	17.25	12.54	13.81
	13	1404	1	6	4.50	13.43	8.23	10.27
	14	1602	3	8	11.10	18.67	20.96	24.19

　　根据 5.2.2 节材料去除能耗的深度学习模型，在本案例中，GRNN 具体设置为：$m=4$，构建三维并行 3-4-2-1 结构的广义回归神经网络模型。其中，$IW1_1$=[1800, 1500, 1200, 900]，$IW1_2$=[4, 3, 2, 1]，$IW1_3$=[12, 9, 6, 3]，$IW2_1$=[19.77, 15.58, 14.97, 10.65]，$IW2_2$=[19.77, 15.09, 10.7, 10.16]，$IW2_3$=[19.77, 17.09, 12.60, 7.72]。利用 WOA 优化 GRNN 模型的平滑因子，得到最优平滑因子 σ_1、σ_2 和 σ_3 的组合为 [1.4181, 0.4247, 0.6944]。4 组测试样本输入值的网络输出值 Y_1、Y_2 和 Y_3 如表 5-5 所示。

　　通过多元线性回归拟合，得到回归拟合系数为 a_0=−20.6614、a_1=0.6806、a_2=0.4168、a_3=0.8216，根据式 (5-17)，计算平面磨削材料功率 P_y 如表 5-6 所示。

表 5-5　4 组测试样本输入值的网络输出值

序号	Y_1	Y_2	Y_3
1	11.1697	10.9140	19.7698
2	15.5871	10.9140	17.8997
3	15.5214	10.1918	12.6000
4	16.0841	15.106	17.6741

表 5-6　平面磨削材料功率 P_y

序号	P_y
1	7.7298
2	9.1998
3	4.4998
4	11.0999

对比标准 GRNN 和传统指数模型预测结果如图 5-13 所示。结果表明，本章提出的 WOA-GRNN 方法预测准确度更高。根据高斯-牛顿梯度法，利用实验结果拟合了主轴空载功率 P_{sa}、x 轴进给功率 P_{xm} 和 x 轴加速最大功率 P_x 模型中待定系数，如表 5-7 所示。

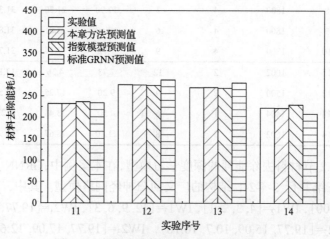

图 5-13　材料去除能耗预测值与实验值比较

综上所述，测量和预测的各功率分量结果如表 5-8 和图 5-14 所示。从图 5-14 中可看出，建立的功率模型的总误差均在 4%以内。其中，只有第一组误差稍大，为 3.41%；其他测试组误差都在 2%以内。因此，本章建立的磨削能耗模型是可以接受的。

表 5-7　功率模型系数

功率分量	系数			
P_{sa}	A_{sa}	B_{sa}		
	−13.9620	1.1792		
P_{xm}	A_x	B_x	C_x	
	6.3500	0.1100	1.5500	
P_x	η	ξ	ψ	ω
	17.22	−13.33	6.947	−0.5679

表 5-8　测量值与预测值之间的比较

序号	磨削参数			测量值				预测值			
	V_s/(m/s)	V_w/(m/min)	a_p/μm	P_{sm}/W	P_{sa}/W	P_{xm}/W	P_x/W	P'_{sm}/W	P'_{sa}/W	P'_{xm}/W	P'_x/W
10	16.7	2	12	7.73	4.36	12.19	14.43	7.73	5.73	12.77	13.80
11	25	2	9	9.20	17.25	12.54	13.81	9.20	15.52	12.77	13.80
12	23.4	1	6	4.50	13.43	8.23	10.27	4.50	13.63	8.01	10.27
13	26.7	3	8	11.1	18.67	20.96	24.19	11.1	17.52	20.63	24.41

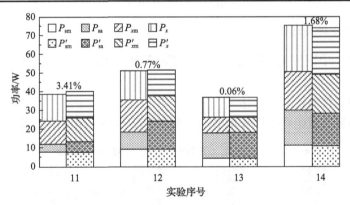

图 5-14　预测功率值与实验值比较

5.2.4　能耗效率评估

1. 能耗效率评估方法

机床的能耗效率有多种评估方法，在评估能耗效率之前假设如下：①按主轴旋转达到指定速度→进给轴快速运动达到设定位置→按照设定的切削参数运动顺序启动；②冷却系统和排屑系统只有在主轴旋转过程中保持开启；③各轴的液压润滑系统都归入各轴系统中，其他可能存在的液压和润滑系统归入基本系统中；④换刀系统运行时主轴和进给轴不运动，只有换刀系统和基本系统运行。

　　由于磨削过程中普遍关注的重点在于与切削运动直接相关的空磨和材料去除阶段，基于以上讨论可以从以下几个层次评估磨床的能耗效率。

　　(1)不同部件能耗效率评估:

$$\eta_1 = \frac{E_i}{E_{\text{total}}} \tag{5-40}$$

式中，E_i 为部件 i 的能耗;E_{total} 为加工阶段内机床总能耗。

　　(2)主轴能耗效率评估:

$$\eta_2 = \frac{E_{\text{si}}}{E_{\text{stotal}}} \tag{5-41}$$

式中，E_{si} 为主轴运动状态能耗;E_{stotal} 为主轴总能耗。

　　(3)材料去除能耗效率评估:

$$\eta_3 = \frac{E_{\text{mrr}}}{E_{\text{total}}} \tag{5-42}$$

式中，E_{mrr} 为材料去除能耗;E_{total} 为机床总能耗。

　　2. 案例分析与讨论

　　以表 5-4 中四组测试组为例，分析不同部件、主轴及材料去除三种能耗效率情况。

　　1)不同部件能耗效率评估

　　四个验证测试组中不同部件的能耗分布如图 5-15 所示。可以看出，电气控制

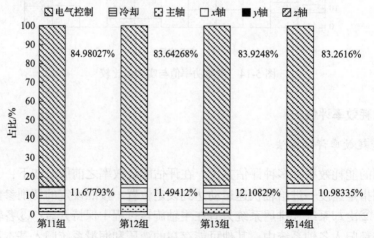

图 5-15　测试组中不同部件能耗效率对比

能耗占磨削总能耗的大部分，达到 80% 以上。下一个能耗比重因素归因于冷却过程，占到 10.98%～12.11%。由此可以看出，超过 90% 的能耗被浪费在了这两类辅助系统上。结果表明，在后续磨床设计中，可以优化磨床电气系统控制方式，减少高能耗部件、磨削液使用及不必要的待机时间。另外，从图 5-15 中发现，磨削参数对总能耗分布的影响很小，但它们对运动系统的能耗分布起重要作用。

　　图 5-16 为删除了能耗占比较大且功率值为恒定的机床电气控制及冷却系统的影响，得到的不同运动轴的能耗效率。由图 5-16 可以看出，在运动轴中，主轴能耗占比较大，x 轴能耗次之，z 轴和 y 轴能耗占比很小。尤其是，y 轴能耗基本可以忽略不计。因此，可采取适当优化措施降低主轴能耗和 x 轴能耗，包括磨削参数优化、电机优化设计、传动系统及工作台轻量化设计等。

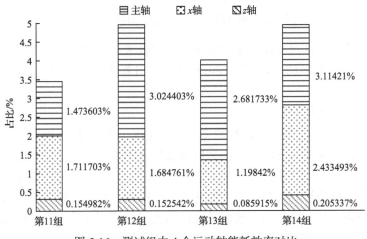

图 5-16　测试组中 4 个运动轴能耗效率对比

2) 主轴能耗效率评估

　　图 5-17 描述了在磨床主轴中的能耗分布，以空磨 1 阶段能耗 E_{a1}、空磨 2 阶段能耗 E_{a2}、切入阶段能耗 E_{ci}、切出阶段能耗 E_{co} 和稳定阶段能耗 E_{sb} 作为分析变量。由图 5-17 可以看出，稳定阶段能耗 E_{sb} 占总能耗的比例最大，达到了 56.72025%～69.11442%，这是由较长的材料去除时间导致的。对比表 5-4 中 4 组测试组磨削参数，可看出工件进给速度对主轴能耗效率，尤其是 E_{ci} 占比影响较大。采用较大的工件进给速度，能够增大主轴能耗效率。

　　空磨 2 阶段能耗 E_{a2} 占比也相对较大，达到 15.0564%～21.81969%。相比空磨 1 阶段，虽然主轴功率值相同，但由于反复间歇性进给，空磨 2 阶段的时间略微增加。空磨 1 阶段能耗占比排位第 3，为 12.54706%～18.18307%，结果表明，较小的磨削间隙和较大的磨削宽度设置可能有助于降低空磨 1 和空磨 2 阶段能耗。

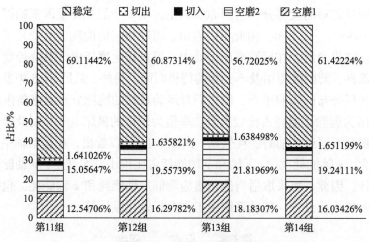

图 5-17　测试组中主轴各状态能耗效率对比

因此，从砂轮、工件尺寸以及加工安全角度综合考虑，可以设计合理的磨削间隙和磨削宽度。切入和切出过程能耗占比相同，且都为 1.6%左右，较小，可忽略不计。

　　3) 材料去除能耗效率评估

　　图 5-18 描述了材料去除能耗效率的分布情况。由图 5-18 可发现，磨削时材料去除的能耗效率低于 50%，且随磨削参数变化不大，这可能是由电气控制和冷却系统能耗在磨削能耗中占比较大引起的。因此，从学术研究和工业应用两方面都应充分重视磨削过程中材料去除能耗效率的提高。经过分析可知，从控制系统优化、轻量化设计、微量润滑技术及合理的生产管理调度等方面予以考虑，可以提高材料去除能耗效率。

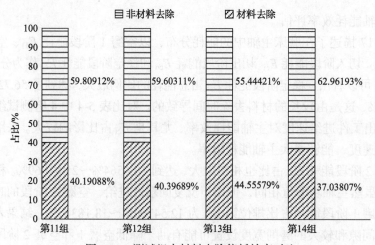

图 5-18　测试组中材料去除能耗效率对比

5.3　表面质量的三层映射 aANN 模型

5.3.1　功率信号关键特征与表面质量聚类分析

为明确功率特征值与表面质量之间的关系，需进行聚类矩阵分析。将功率特征（如材料去除功率）与表面质量（如表面粗糙度）绘制在矩阵图中，如图 5-19 所示。将功率特征-表面质量聚类矩阵划分为三种状态：良好区域、风险区域和较差区域。其中，左下角的心形区域代表良好的磨削加工表面质量状态，右上角的星形区域代表较差的磨削加工表面质量状态，中间的水滴形区域代表表面质量将要变差的风险区域。星形区域和风险区域形成的主要原因为：砂轮的不规则磨损，造成区域的功率和表面粗糙度变大[10,11]。功率特征值与表面质量的聚类矩阵分析可帮助判断提取的功率特征值对预测磨削加工质量的有效性。

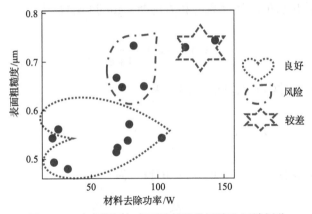

图 5-19　功率特征与表面质量聚类矩阵和区域划分

5.3.2　三层映射自适应人工神经网络模型

1. 人工神经网络模型

人工神经网络（ANN）模型是一种多层拓扑结构，应用十分广泛[12]。ANN 的网络结构如图 5-20 所示，设输入层神经元个数为 M，隐藏层神经元个数为 L，输出层神经元个数为 K。ANN 输入向量为 $X\{x_1, x_2, \cdots, x_M\}$，输出向量为 $\hat{Y}\{\hat{y}_1, \hat{y}_2, \cdots, \hat{y}_K\}$。第 k 个输入层神经元 x_k 传输到第 j 个隐藏层 h_j，则该隐藏层神经元的输入为

$$s_j = \sum_{k=1}^{M} (w_{kj} x_k + b_{kj}), \quad j = 1, 2, \cdots, L \tag{5-43}$$

式中，w_{kj} 和 b_{kj} 分别为第 k 个输入层神经元到第 j 个隐藏层神经元的连接权重和偏差。

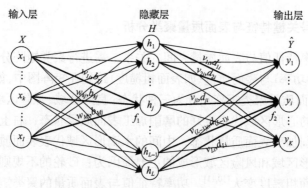

图 5-20　ANN 网络结构

隐藏层和输出层的激活函数 f_1 和 f_2 选择 sigmoid 函数[13]：

$$f_1(x) = f_2(x) = \frac{1}{1 + \mathrm{e}^{-x}} \tag{5-44}$$

第 j 个隐藏层神经元的输出 h_j 表示为

$$h_j = f_1(s_j) = \frac{2}{1 + \mathrm{e}^{-s_j}} - 1, \quad j = 1, 2, \cdots, L \tag{5-45}$$

在 ANN 输出层，第 i 个神经元 $\hat{y}_i$ 的输入为

$$r_i = \sum_{j=1}^{L} (v_{ji} h_j + d_{ji}) \tag{5-46}$$

式中，v_{ji} 和 d_{ji} 分别为第 j 个隐藏层神经元到第 i 个输出层神经元的连接权重和偏差。

第 i 个输出层神经元 $\hat{y}_i$ 为

$$\hat{y}_i = f_2(r_i) = \frac{1}{1 + \mathrm{e}^{-r_i}} \tag{5-47}$$

平均误差函数用式 (5-48) 表示[13]：

$$E = \frac{1}{2}(Y - \hat{Y})^2 = \frac{1}{2} \sum_{i=1}^{K} \{y_i - \hat{y}_i\}^2 \tag{5-48}$$

式中，Y 和 $\hat{Y}$ 分别为实验值与 ANN 预测值；K 为输出样本个数；y_i 和 $\hat{y}_i$ 分别为第 i 个实验值和 ANN 预测值。

第 j 个隐藏层神经元到第 i 个输出层神经元的连接权重调整量 Δv_{ji} 为

$$\Delta v_{ji} = (\hat{y}_i - y_i) h_j \tag{5-49}$$

第 k 个输入层神经元到第 j 个隐藏层神经元的连接权重调整量 Δw_{kj} 为

$$\Delta w_{kj} = \sum_{i=1}^{K} (\hat{y}_i - y_i) \cdot v_{ji} h_j (1 - h_j) x_k \tag{5-50}$$

ANN 模型的训练包括正向传播和反向传播两个过程，算法步骤简述如下：

（1）给出训练误差允许值 ε、学习率 η 以及训练次数 SN。初始化连接权重矩阵为随机非零值，初始化阈值矩阵为零，给定 N 个训练样本，训练 ANN。

（2）计算隐藏层输入、输出以及输出层输入、输出。

（3）用梯度下降法计算输出层与隐藏层的误差函数。

（4）更新各神经元的连接权重与偏差。

（5）如果预测误差小于 ε 或训练次数大于等于 SN，则转（6），否则转（2）。

（6）迭代结束。

2. 自适应人工神经网络模型

针对标准人工神经网络模型易陷入局部极小值的问题，本节提出使用自适应人工神经网络(aANN)模型。aANN 的神经元结构与 ANN 相同，但其增加了学习率和动量系数的自适应调节方法，在数据流动中，增加了缓冲区，如图 5-21 所示。从图 5-21 中可清楚地看出网络从输入层、隐藏层至输出层的正向传播过程，通过权重矩阵、偏差矩阵和激活函数分步计算隐藏层和输出层的神经元输出。

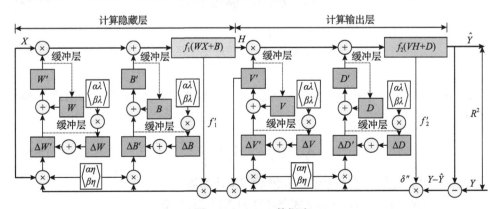

图 5-21　aANN 数据流

第 j 个隐藏层神经元可通过式(5-51)计算:

$$h_j = f_1\left(\sum_{k=1}^{M}(w_{kj}x_k + b_{kj})\right) \tag{5-51}$$

式中, M 为输入层神经元的数量; x_k 为第 k 个输入层神经元; w_{kj} 和 b_{kj} 分别为第 k 个输入层神经元到第 j 个隐藏层神经元对应的连接权重和偏差。第 i 个输出神经元可通过式(5-52)计算:

$$\hat{y}_i = f_2\left(\sum_{j=1}^{L}(v_{ji}h_j + d_{ji})\right) \tag{5-52}$$

式中, L 为隐藏层神经元的数量; h_j 为第 j 个隐藏层神经元的输出; v_{ji} 和 d_{ji} 分别为第 j 个隐藏层神经元到第 i 个输出层神经元的连接权重和偏差。

从图 5-21 中可清楚地看出通过梯度偏差的数据流反向传导过程,反复迭代,可以逐步调整权重矩阵和偏差矩阵。通过采用牛顿梯度下降算法,将实际值和预测输出之间的平均误差向后传播,以更新下一个权重和偏差[14,15]。

为研究隐藏层对预测误差的影响,定义了一个误差代价函数:

$$E_f = E + \varepsilon\left(\left|\sum_{k,j}w_{kj} + \sum_{i,j}v_{ji}\right|\right) \tag{5-53}$$

式中, $\varepsilon \in (0,1)$ 为权重系数; w_{kj} 为第 j 个隐藏层神经元到第 k 个输入层神经元的连接权重; v_{ji} 为第 j 个隐藏层神经元对第 i 个输出层的连接权重。两个权重调整梯度分别为[16]

$$\Delta v_{ji} = \eta\delta_i^0 h_j - \eta\varepsilon\,\text{sgn}(v_{ji}) \tag{5-54}$$

$$\Delta w_{kj} = \eta\left(\sum_{i=1}^{N}\delta_i^0 v_{ji}\right)h_j(1-h_j)x_k - \eta\varepsilon\,\text{sgn}(w_{kj}) \tag{5-55}$$

式中, $\eta \in (0,1)$ 为学习率; sgn 为符号函数; ε 为动量调整系数; δ_i^0 进一步由式(5-56)计算:

$$\delta_i^0 = (y_i - \hat{y}_i)\hat{y}_i(1-\hat{y}_i) \tag{5-56}$$

式中, y_i 和 $\hat{y}_i$ 分别为第 i 个实验值和 aANN 预测值。

下一个权重 v'_{ji} 和 w'_{kj} 分别由式(5-57)和式(5-58)计算:

$$v'_{ji} = v_{ji} + \Delta v_{ji} \tag{5-57}$$

$$w'_{kj} = w_{kj} + \Delta w_{kj} \tag{5-58}$$

式中，v_{ji} 和 w_{kj} 为上一个权重；Δv_{ji} 和 Δw_{kj} 为权重调整梯度。

类似地，偏差调整梯度 Δd_{ji} 和 Δb_{kj} 分别为

$$\Delta d_{ji} = \eta \delta_i^0 \tag{5-59}$$

$$\Delta b_{kj} = \eta \left(\sum_{i=1}^{N} \delta_i^0 v_{ji} \right) h_j (1 - h_j) \tag{5-60}$$

式中，η 为学习率；h_j 为隐藏层输出；v_{ji} 为第 j 个隐藏层神经元到第 i 个输出层神经元的连接权重。

类似地，偏差调整梯度可由式 (5-61) 和式 (5-62) 计算[16]：

$$d'_{ji} = d_{ji} + \Delta d_{ji} \tag{5-61}$$

$$b'_{kj} = b_{kj} + \Delta b_{kj} \tag{5-62}$$

式中，d_{ji} 和 b_{kj} 为上一个偏差；Δd_{ji} 和 Δb_{kj} 为偏差调整梯度。

式 (5-55) ～式 (5-62) 中，学习率 η 在标准人工神经网络中是一个常数。但对于实际磨削中的预测情况，很难获得最佳的学习率。如果 η 太小，那么迭代误差将会增加。相反，训练过程较为不稳定，迭代误差也会增加[17]。因此，本节采用自适应学习率 η' 来调整训练过程：

$$\eta' = \begin{cases} \alpha\eta, & \alpha < 0, \ \text{若} E \uparrow \\ \beta\eta, & \beta > 0, \ \text{若} E \downarrow \end{cases} \tag{5-63}$$

式中，α 和 β 为自适应调整系数。经过多次迭代更新，若 aANN 的预测误差增大，则说明这些迭代是无用的，学习率应该调整为 $\alpha < 0$；反之，若 aANN 的预测误差减小，则学习率可以保持（$\beta = 1$）或扩大（$\beta > 1$）。

此外，为了进一步提高训练稳定性，同时加速训练过程，在下一次权重和偏差梯度调整中引入了自适应动量：

$$\Delta w'_{kj} = \Delta w'_{kj} + \lambda \Delta w_{kj} \tag{5-64}$$

$$\Delta v'_{ji} = \Delta v'_{ji} + \lambda \Delta v_{ji} \tag{5-65}$$

$$\Delta b'_{kj} = \Delta b'_{kj} + \lambda \Delta b_{kj} \tag{5-66}$$

$$\Delta d'_{ji} = \Delta d'_{ji} + \lambda \Delta d_{ji} \tag{5-67}$$

式中，λ 为动量系数，自适应调整过程与学习率调整过程相同。

利用学习率和动量系数的自适应变化，解决了神经网络预测不稳定的问题。同时，还可以保证人工神经网络的广义适用性。均方误差 MSE 和相关系数 R^2 用来检测 ANN 和 aANN 模型的预测准确性[12]：

$$\text{MSE} = \frac{1}{N} \sum_{i=1}^{N} (y_i - \hat{y}_i)^2 \tag{5-68}$$

$$R^2 = 1 - \sum_{i=1}^{N} (y_i - \hat{y}_i)^2 \Big/ \sum_{i=1}^{N} (\hat{y}_i - \overline{y}_i)^2 \tag{5-69}$$

式中，$\overline{y}_i$ 为实验测量值的平均值；N 为样本个数；y_i 和 $\hat{y}_i$ 分别为第 i 个实验值和 aANN 预测值。

3. Tri-aANN 模型

在 ANN 或 aANN 中，机器学习预测主要依赖于数据训练，而不是规则推理。但由于磨削加工是一个磨粒与工件材料不均匀磨损的过程，同时磨粒也会不断地锐化，整个材料去除过程相对复杂且动态变化。此外，涉及材料去除的磨粒数量和形状也具有一定的不确定性。表面质量与磨粒-工件相互作用的动态行为，如砂轮磨损、磨削颤振、突然过载等动态不确定变量密切相关。因此，从磨削参数输入到表面质量输出的单层预测不足以考虑磨削过程中的动态变化。本节将功率特征作为特征层加入 aANN 模型，以表示磨粒-工件相互作用的动态行为，构建三层映射 aANN(tri-layer aANN, Tri-aANN)模型，如图 5-22 所示。

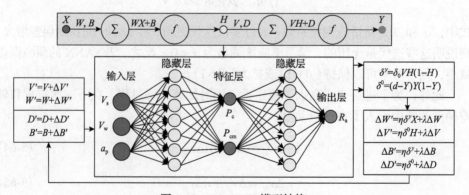

图 5-22　Tri-aANN 模型结构

4. 案例分析与讨论

在 SMART-B818III 型超精密磨床上进行了 45 号钢工件的平面磨削实验，45 号钢工件尺寸为 50mm（宽）×50mm（长）×25mm（高），磨削宽度设定为 5mm。采用标准陶瓷结合剂白刚玉砂轮，砂轮直径为 200mm，宽度为 10mm，孔径为 31.75mm。磨粒粒径约为 180μm（80#）。使用 Syntilo 9954 和水混合磨削液 1：20 降低磨削弧区温度。实验装置与 5.2.3 节案例中的相同，用 TIME 3200 粗糙度计测量表面粗糙度，取 0.8mm 和 4mm 作为粗糙度测量中的截止长度和参考长度。

根据待加工 45 号钢工件和白刚玉砂轮硬度及磨床的加工范围，确定磨削加工参数范围，其中，工件进给速度（V_w）为 1000～5000mm/min，砂轮线速度（V_s）为 1000～1800m/min，磨削深度（a_p）为 2～22μm。在此范围内，为获得足够的实验样本，设计五水平全因子实验，如表 5-9 所示。

表 5-9　三因素五水平全因子实验参数表

水平	V_s/(m/min)	V_w/(mm/min)	a_p/μm
1	1000	1000	2
2	1200	2000	7
3	1400	3000	12
4	1600	4000	17
5	1800	5000	22

全因子实验中五分之三实验组采用随机选择 a_p 的方法，即固定工件进给速度和砂轮线速度，从 a_p 五个水平中随机和交叉抽取，从而降低实验成本、生成不规则样本、提高选取的随机性，以增强实验可靠性。磨削输入参数和表面粗糙度实验结果如表 5-10 所示。

表 5-10　45 号钢工件磨削表面质量实验结果

次数	V_s/(m/min)	V_w/(mm/min)	a_p/μm	R_a/μm	次数	V_w/(m/min)	a_p/μm	R_a/μm
1		1000	2	0.248	2	1000	12	0.314
3		1000	22	0.441	4	2000	2	0.272
5		2000	7	0.322	6	2000	17	0.37
7	1000	3000	7	0.335	8	3000	12	0.353
9		3000	22	0.44	10	4000	2	0.275
11		4000	12	0.362	12	4000	17	0.371
13		5000	7	0.363	14	5000	17	0.382
15		5000	22	0.473				
16	1200	1000	2	0.232	17	1000	7	0.302

续表

次数	V_s/(m/min)	V_w/(mm/min)	a_p/μm	R_a/μm	次数	V_w/(m/min)	a_p/μm	R_a/μm
18		1000	17	0.358	19	2000	7	0.309
20		2000	12	0.334	21	2000	22	0.432
22		3000	2	0.27	23	3000	12	0.346
24		3000	17	0.371	25	4000	7	0.337
26		4000	17	0.369	27	4000	22	0.444
28	1200	5000	2	0.318	29	5000	12	0.372
30		5000	22	0.46				
31		1000	7	0.279	32	1000	12	0.302
33		1000	22	0.395	34	2000	2	0.253
35		2000	12	0.317	36	2000	17	0.353
37		3000	7	0.329	38	3000	17	0.36
39	1400	3000	2	0.432	40	4000	2	0.263
41		4000	12	0.34	42	4000	22	0.438
43		5000	2	0.302	44	5000	7	0.358
45		5000	17	0.377				
46		1000	2	0.203	47	1000	12	0.283
48		1000	17	0.34	49	2000	7	0.29
50		2000	17	0.346	51	2000	22	0.424
52		3000	2	0.254	53	3000	12	0.33
54	1600	3000	22	0.429	55	4000	2	0.258
56		4000	7	0.323	57	4000	17	0.346
58		5000	7	0.352	59	5000	12	0.366
60		5000	22	0.44				
61		1000	7	0.254	62	1000	17	0.321
63		1000	22	0.407	64	2000	2	0.24
65		2000	12	0.305	66	2000	22	0.41
67		3000	2	0.248	68	3000	7	0.32
69	1800	3000	17	0.351	70	4000	7	0.298
71		4000	12	0.335	72	4000	22	0.41
73		5000	2	0.275	74	5000	12	0.351
75		5000	17	0.353				

　　设置训练次数为 1000，目标允许误差为 0.001。学习率和动量调节系数可自适应调整，初始值分别为 0.001 和 0.04。自适应调整系数分别设定为–10 和 1.5。随机选取 75 组数据作为预测模型的样本数据，其中 51 组数据作为训练样本数据，9 组数据作为验证样本数据，15 组数据作为测试样本数据。当训练结果满足

目标精度或达到最大迭代次数时停止训练。使用带特征层 ANN、不带特征层 ANN、带特征层 aANN 和不带特征层 aANN 方法，表面粗糙度 R_a 的预测结果如图 5-23 所示。

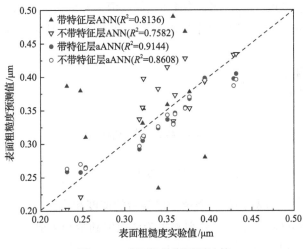

图 5-23　表面粗糙度预测比较

从图 5-23 中可以看出，所提出的 aANN 算法的预测精度明显高于标准 ANN 方法，而具有功率特征层的 Tri-aANN 模型预测精度更好，相关系数达到了 0.9144，不带特征层的预测相关系数只有 0.8608。这是因为监测的功率信号和提取的功率特征能够直接反映磨削加工过程的动态变化（如砂轮磨损状态、过载等），这些动态变化直接影响加工后的表面质量。本节建立的 Tri-aANN 模型能够模拟磨削输入参数-过程监测变量-输出结构的三级映射关系，突破了磨削参数到加工质量的单层映射关系。

5.4　Pareto 优化方法

5.4.1　基于动态惯性权重粒子群优化算法的能耗单目标优化

1. 改进粒子群优化算法

粒子群优化（particle swarm optimization, PSO）算法源于对鸟群捕食行为的研究，具有参数较少、易于实现、无需梯度信息等特点，被广泛应用于求解多目标优化问题。粒子群优化算法通过定义空间中的 n 个粒子的位置来表征潜在的最优解，用速度、位置和适应度值代表粒子的特征，通过每个粒子向自己和粒子群的学习来更新粒子的速度及位置，从而逐渐逼近目标函数的最优解[18]。算法步骤简述如下：

(1)给出粒子数量 m、迭代次数 n 以及学习因子 c_1、c_2，初始化粒子的速度 v_i 和位置 x_i。

(2)计算每个粒子的适应度值 f_i。

(3)根据适应度值 f_i 更新个体极值和全局极值，并更新粒子的速度 v_i 和位置 x_i。

(4)若全局最优位置满足最小界限或迭代次数 $\geqslant n$，则转步骤(5)，否则转步骤(2)。

(5)迭代结束。

速度和位置更新公式分别为

$$v_i^{t+1} = v_i^t + c_1 r_1 \left(p_i - x_i^t \right) + c_2 r_2 \left(p_g - x_i^t \right) \tag{5-70}$$

$$x_i^{t+1} = x_i^t + v_i^{t+1} \tag{5-71}$$

式中，v_i^{t+1}、x_i^{t+1} 分别表示第 i 个粒子更新后的速度和位置；v_i^t、x_i^t 分别表示第 i 个粒子当前速度和位置；p_i、p_g 分别表示个体极值和全局极值；c_1、c_2 为学习因子；r_1、r_2 为 $[0,1]$ 区间的随机数。

粒子群优化算法在求解优化函数时，具有较好的寻优能力，通过迭代寻优计算，能够迅速找到近似最优解。但标准粒子群优化 (standard particle swarm optimization, SPSO) 算法容易陷入局部最优，导致结果误差较大。SPSO 算法的搜索性能取决于其全局搜索与局部改良能力的平衡，引入动态惯性权重 w，在搜索初期 w 取一个较大值，微粒将会以较大的步长进行全局搜索。随着迭代次数不断增加，逐渐减小 w 的值，趋向于精细的局部搜索，从而达到全局最优[19,20]。因此，本节提出的惯性权重 w 选择如下：

$$w = \begin{cases} w_{\min} - \dfrac{(w_{\max} - w_{\min}) \times (f - f_{\min})}{f_{\mathrm{avg}} - f_{\min}}, & f \leqslant f_{\mathrm{avg}} \\ w_{\max}, & f > f_{\mathrm{avg}} \end{cases} \tag{5-72}$$

式中，f 为微粒当前的目标函数值；$f_{\min}$、f_{avg} 分别为微粒当前的目标函数最小值和平均值；$w_{\max}$、$w_{\min}$ 分别为动态惯性权重的最大值和最小值。基于以上策略，图 5-24 为设计的基于动态惯性权重的自适应粒子群优化 (adaption particle swarm optimization, APSO) 算法流程。

2. 寻优过程与结果分析

以磨削能耗最小为粒子群优化算法的优化目标，对砂轮线速度 V_s(m/min)、工件进给速度 V_w(mm/min)、磨削深度 a_p(μm)三个参数进行优化。为验证 APSO

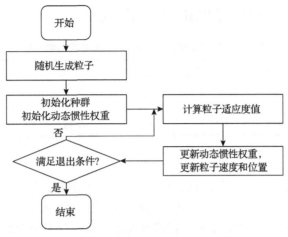

图 5-24　APSO 算法流程图

算法的有效性，采用 SPSO 算法与 APSO 算法进行对比。SPSO 算法的参数设置如下：①种群粒子数取 $n=100$，$c_1=c_2=2$，迭代次数为 100；②APSO 算法初始惯性权重取 $w=0.6$。其余参数与 SPSO 算法一致。

APSO 算法和 SPSO 算法适应度值比较结果如图 5-25 所示。SPSO 算法迭代 30 次左右，最优个体适应度值变化趋于稳定，全局最优适应度值约为 393.25J。采用 APSO 算法迭代 20 次左右，磨削能耗已经达到最小值，为 300.89J。由此可以看出，APSO 算法达到全局最优的速度优于 SPSO 算法，且得到的最优解更好。

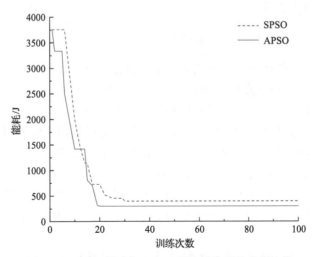

图 5-25　SPSO 算法与 APSO 算法适应度值变化比较

分别通过 SPSO 算法和 APSO 算法对磨削能耗进行参数寻优，结果如表 5-11 所示。对比表 5-11 结果，可以看出利用 APSO 算法进行参数寻优所得到的能耗优化结果更好，而且与能耗实测值比较相对误差更小。

表 5-11　SPSO 算法与 APSO 算法寻优结果比较

算法	砂轮线速度 V_s/(m/min)	工件进给速度 V_w/(mm/min)	磨削深度 a_p/μm	优化结果 E_p/J	能耗实测值 E_t/J	相对误差/%
SPSO	1473.02	2421.82	5.37	393.25	433	9.2
APSO	1020.66	3836.01	3.52	300.89	314	4.2

5.4.2　生产-环境多目标优化

可持续制造是一个在环境目标和生产效益之间寻求平衡的过程，与传统制造相比，环境问题(在磨削加工中，尤其是电能消耗)应尽量减少。针对生产和环境目标中对产品质量、加工效率和能耗等的要求，将优化对象和控制变量设计为最小化$\{R_a, T_t, T_{mrr}, T_w, E_t\}$、最大化$\{E_{eff}, E_a\}$、约束条件$\{E_{s\_max} > E_{s\_threshold}\}$、设计变量$\{V_w, V_s, a_p\}$。其中，与能耗相关的目标包括总能耗 E_t 的最小化或有功能耗 E_a 和能耗效率 E_{eff} 的最大化。加工总时间 T_t、材料去除时间 T_{mrr} 的最小化作为生产效率目标。表面粗糙度 R_a 的最小化作为产品质量的评价目标，约束条件为 3.3.4 节介绍的理论磨削烧伤判别要求。

本章研究的多目标优化问题为一个典型的带约束多目标优化问题，采用 Pareto 优化设计方法寻找多目标优化问题的最优解。相比于单目标优化或权重多目标优化，Pareto 优化设计是一个找到一组满足约束条件的协同解决方案的过程，而不是最好的解决方案。

1. Pareto 最优解和 Pareto 最优前沿

在 Pareto 优化设计前，需要先理解 5 个概念：解 A 优于解 B、解 A 无差别于解 B、最优解、Pareto 最优解和 Pareto 最优前沿[21]。

1)解 A 优于解 B，也称为解 A 强 Pareto 支配解 B

假设两个目标解 A 和 B，解 A 对应的所有目标函数值比解 B 对应的所有目标函数值都好，则称解 A 比 B 优越，也可以称为解 A 强 Pareto 支配解 B。图 5-26 为两个目标函数 f_1 和 f_2 最小化前提下，解 A 强 Pareto 支配解 B 的情况。横纵坐标分别表示两个目标函数值 f_1 和 f_2，它们都要求最小化，即横坐标和纵坐标最优前提都是靠近 O 点。解 A 对应的两个目标函数值都小于解 B，这就是解 A 强 Pareto 支配解 B。

2)解 A 无差别于解 B，也称为解 A 能 Pareto 支配解 B

同样假设两个目标函数 f_1 和 f_2，解 A 对应的一个目标函数值优于解 B 对应的一个目标函数值，但是解 A 对应的另一个目标函数值差于解 B 对应的另一个目标函数值，则称解 A 无差别于解 B，又称解 A 能 Pareto 支配解 B。此类情况如图 5-26

中 C 点和 D 点所示。C 点的 f_1 目标值小于 D 点，但 f_2 目标值较 D 点差。

3）最优解

假设在设计参数范围内，解 A 对应的 f_1 和 f_2 目标函数值优于其他任何解，则称解 A 为最优解。但从图 5-26 中可以看出，f_1 和 f_2 目标函数无法达到同时最小。因此，提出 Pareto 最优解和 Pareto 最优前沿。

4）Pareto 最优解

同样假设两个目标函数 f_1 和 f_2，对于解 A，在设计变量范围内找不到其他的解优于解 A，则解 A 就是 Pareto 最优解。图 5-27 为 Pareto 最优解示意图。在图 5-27 中，找不到比解 x_1 对应的目标函数 f_1 都小的解。同样，也找不到比解 x_2 对应的目标函数 f_2 都小的解。因此，x_1 和 x_2 都是 Pareto 最优解。

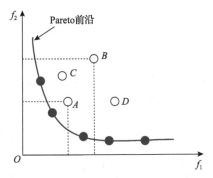
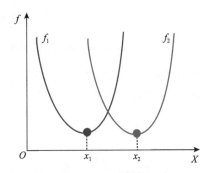

图 5-26　解 A 强 Pareto 支配解 B　　　　图 5-27　Pareto 最优解示意图

5）Pareto 最优前沿

由 Pareto 最优解构成 Pareto 最优解集。Pareto 最优解经目标函数 f_1 和 f_2 映射构成 Pareto 最优前沿或 Pareto 前沿面，如图 5-26 中所有实心点构成的区域。

2. 带约束机制控制的算法 NSGA II

利用带约束机制控制的带精英策略的非支配排序遗传算法（NSGA II），搜索 Pareto 最优解（Pareto 最优前沿）。NSGA II 由 Deb 等提出，采用基于拥挤距离和排序计算的快速非主导排序方法，可快速搜索最优解[20]。在进行拥挤距离和排序计算之前，引入了惩罚函数进行约束控制。图 5-28 为带约束机制控制的 NSGA II 可行解搜索过程。

图 5-28 中，第一次非支配排序是基于惩罚函数进行的，先搜索出所有不满足约束条件的不可行解 $\{C\}$。约束违反值 $C(x)$ 用于定量地描述违反约束的程度。

$$C(x)=\begin{cases}0, & x \leqslant c \\ \left|\dfrac{x-c}{c}\right|, & x > c\end{cases} \tag{5-73}$$

式(5-73)称为惩罚函数。

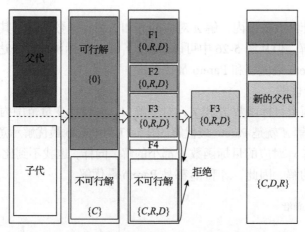

图 5-28　带约束机制控制的 NSGA II 可行解搜索过程

得到的可行解根据约束违反值重新进行排序，然后计算排序值 $R(x)$ 和拥挤距离 $D(x)$，实现第二次非支配排序，分别如式(5-74)和式(5-75)所示：

$$R(x) = R(x) + 1, \quad \text{如果个体的所有目标值小于其他个体} \tag{5-74}$$

$$D(x) = \frac{f_1^{x+1} - f_1^{x-1}}{f_1^{\max} - f_1^{\min}} + \cdots + \frac{f_i^{x+1} - f_i^{x-1}}{f_i^{\max} - f_i^{\min}} + \cdots + \frac{f_N^{x+1} - f_N^{x-1}}{f_N^{\max} - f_N^{\min}} \tag{5-75}$$

式中，$f_i^{\max}$ 和 $f_i^{\min}$ 分别为目标最大值和最小值；N 为目标数量；f_i^{x-1} 和 f_i^{x+1} 分别为个体的上一目标值和下一目标值。

根据约束违反值越小、排序值越大、拥挤距离越大的规则，对可行解中的个体进行分类，排列成新群体。在新群体中，保留父代样本的一半作为新的父代。图 5-29 为带约束机制控制的 NSGA II 流程，具体包括以下步骤：

(1)从设计变量设计范围中随机选择 pop 个初始个体。

(2)根据目标函数和惩罚函数评估初始父代所有个体的目标值和约束违反值。

(3)根据式(5-73)中的惩罚函数完成第一次非支配排序，根据式(5-74)、式(5-75)中的排序值和拥挤距离完成第二次非支配排序。

(4)锦标赛选择。随机选择两个个体候选人，较小的约束违反值具有第一优先级；排序值越高者，具有第二优先级；拥挤距离越大者，具有第三优先级。通过重复这个过程，生成 pop/2 个非劣解集，称为父代子集。

(5)交叉和变异。根据模拟二进制交叉(SBX)操作，从父节点 x^1 和 x^2 中进行交叉，如式(5-76)所示。基于多项式变异，从父节点 x^3 中选择变异个体，如式(5-77)所示。

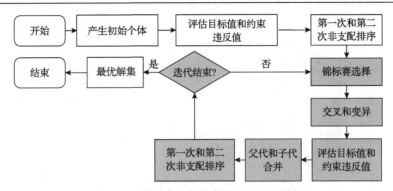

图 5-29　带约束机制控制的 NSGA II 流程

$$\begin{cases} c^1 = 0.5 \times [(1+\kappa) \cdot x^1 + (1-\kappa) \cdot x^2] \\ c^2 = 0.5 \times [(1-\kappa) \cdot x^1 + (1+\kappa) \cdot x^2] \end{cases} \tag{5-76}$$

$$c^3 = x^3 + \kappa \tag{5-77}$$

式中，κ 由随机方法确定，且

$$\kappa = \begin{cases} (2u)^{\frac{1}{\nu+1}} - 1, & u < 0.5 \\ 1 - [2(1-u)]^{\frac{1}{\nu+1}}, & u \geqslant 0.5 \end{cases} \tag{5-78}$$

式中，u 为一个 0～1 的随机变量；ν 为交叉和变异算法的分布指数。

(6) 根据目标函数和惩罚函数评估交叉和变异产生的 pop/2 个子代的目标值和约束违反值。

(7) pop/2 个父代和 pop/2 个子代合并为一个新的种群。

(8) 返回步骤 (3)，生成新的父代。

(9) 判断迭代是否完成，若完成，则结束迭代，生成 Pareto 最优解集（Pareto 最优前沿）；若未完成，则重复步骤 (4)～(9)，直到完成。

3. 能耗效率优先的 Pareto 最优解自动搜寻

以 5.3.2 节平面磨削 45 号钢为案例，表面粗糙度 (R_a)、加工时间 (T) 和能耗效率倒数 ($1/H$) 三目标的 Pareto 最优前沿如图 5-30 所示。根据不同能耗效率水平（$0 < 1/H \leqslant 5$，$5 < 1/H \leqslant 10$，$10 < 1/H \leqslant 20$）进一步将 Pareto 最优前沿分为三个区域，并搜索出 6 个边缘点，即点 A～点 F。

由图 5-30 可以明显看出，即使在相同的能耗效率水平下，加工时间和表面粗糙度仍然不能达到同时最优。也就是说，在相同的磨削条件下，能耗效率、加工

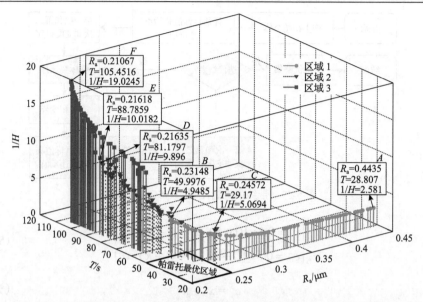

图 5-30　表面粗糙度、加工时间和能耗效率倒数三目标 Pareto 最优面

时间和表面粗糙度三个优化目标不能达到同时最优。例如，当从 A 点移动到 B 点时，表面粗糙度 R_a 存在一定程度改善(约 47.8%)，而其他两个目标能耗效率倒数和加工时间变差(约 91.73% 和 73.56%)。同样，与 C 点相比，D 点表面粗糙度略有提高(约 11.95%)，但能耗效率倒数和加工时间降低约为 95.21% 和 178.3%。从 E 点到 F 点表面粗糙度以 2.55% 的增长率变优，而能耗效率倒数和加工时间则以 18.77% 和 89.9% 的增长率变差。显然，点 B 到点 F 的表面粗糙度下降较小，几乎在小数点后第二位；而能耗效率倒数和加工时间的变化较大，不利于提高磨削加工过程的能耗效率和加工效率。

因此，分析得到最理想的情况是找到一些点，满足：在相对较好的表面粗糙度(R_a)下，能耗效率 H' 和加工时间 T 具有明显改善。通过搜索这些点($R_a \leqslant 0.25\mu m$,$T \leqslant 50s$)得到 Pareto 最优区域，对应的能耗效率和设计变量如表 5-12 所示。

表 5-12　Pareto 最优区域

位置	磨削参数			评估目标值		
	V_s/(m/min)	V_w/(mm/min)	a_p/μm	R_a/μm	T/s	H'/%
3	1800	5000	6.959	0.247	28.8	19.2
25	1768	2479	10.919	0.238	42.77	23.43
32	1642	2496	10.973	0.241	41.92	24.31
35	1663	2614	10.693	0.241	40.15	24.06
36	1792	2778	13.572	0.247	38.88	26.28

续表

位置	磨削参数			评估目标值		
	V_s/(m/min)	V_w/(mm/min)	a_p/μm	R_a/μm	T/s	H'/%
54	1755	2300	4.853	0.223	45.95	14.31
55	1790	2383	12.567	0.242	44.96	24.91
62	1697	2178	6.242	0.226	49.21	16.62
68	1748	2402	7.762	0.230	43.82	19.29
69	1762	2841	13.467	0.247	38.15	26.27
80	1766	2816	13.034	0.246	38.29	25.99
81	1747	2443	7.58	0.230	42.97	19.31
86	1790	2412	12.059	0.241	44.32	24.43
96	1718	2160	8.65	0.231	50.00	20.21
102	1778	2261	13.052	0.243	47.79	25.23
115	1726	2602	14	0.250	40.93	26.93
148	1762	2183	10.31	0.235	49.68	22.17
153	1800	2334	12.958	0.243	46.14	25.15
159	1760	2275	9.509	0.234	47.00	21.41
160	1643	2594	11.253	0.243	40.42	24.76
161	1800	4747	7.504	0.246	29.17	19.73
175	1756	1846	2.644	0.228	48.17	18.00

　　为进一步明确磨削加工能耗效率等级，提出磨削加工能耗效率基准评级规则。如图 5-31 图例所示，给出了 5 个效率等级：A（超过 30）、B（20～29）、C（10～19）、D（6～9）、E（0～5）。

　　图 5-31 为实验样本与 Pareto 最优解集的能耗效率 H 的比较，图 5-32 为实验样本与 Pareto 最优解集的表面粗糙度 R_a 和加工时间 T 的比较。从图 5-31 中可看

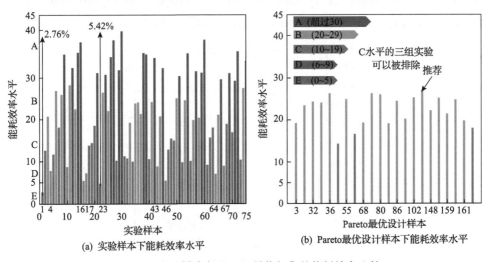

(a) 实验样本下能耗效率水平　　　　　　(b) Pareto 最优设计样本下能耗效率水平

图 5-31　实验样本与 Pareto 最优解集的能耗效率比较

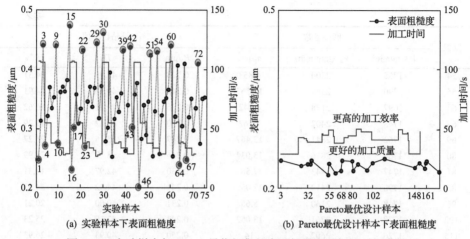

(a) 实验样本下表面粗糙度　　　　　　　　(b) Pareto 最优设计样本下表面粗糙度

图 5-32　实验样本与 Pareto 最优解集的表面粗糙度和加工时间比较

出，A 级加工效率最高，但产品质量无法保证；C 级能耗效率太低；只有 B 级既可以保证能耗效率，又具有更高的加工效率和更好的产品质量。在充分满足能耗效率倒数和加工时间（$1/H$ 和 T）的前提下，获得 R_a 相对较好的点，进而得到 Pareto 最优区域。在 R_a 保持不变的情况下，能耗效率提高了 89.52%，加工时间减少了 174.36%。

4. 利用指针拖动方法获得 Pareto 最优解

以 5.3.2 节平面磨削 45 号钢为案例，使用 3.3.5 节开发的磨削工艺参数多目标优化模块[22]，搜索得到的磨削总能耗与表面粗糙度双目标 Pareto 最优前沿、磨削加工时间与表面粗糙度双目标 Pareto 最优前沿、磨削加工时间与磨削总能耗双目标 Pareto 最优前沿和三目标 Pareto 最优前沿，如图 5-33 所示。

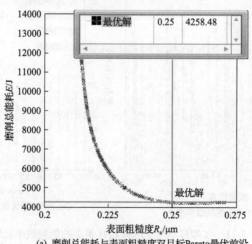

(a) 磨削总能耗与表面粗糙度双目标Pareto最优前沿

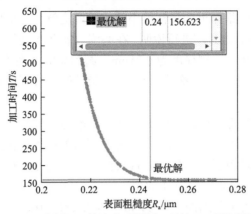

(b) 磨削加工时间与表面粗糙度双目标Pareto最优前沿

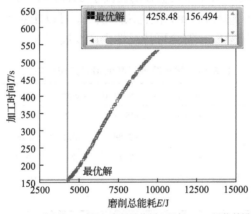

(c) 磨削加工时间与磨削总能耗双目标Pareto最优前沿

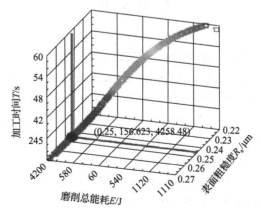

(d) 加工时间、磨削总能耗、表面粗糙度三目标Pareto最优前沿

图 5-33　指针拖动方法获得多目标优化 Pareto 最优解

在开发的多目标优化模块中，通过上下左右拖动图 5-33(a)～(c)中的指针，

找到 Pareto 最优前沿中最靠近两目标最小区域的最优解，且最优解一般位于图中的最左下方。以图 5-33（a）为例进行说明，在磨削总能耗和表面粗糙度 Pareto 最优前沿中，最优解出现在表面粗糙度为 0.25μm、磨削总能耗在 4258.48J 处。同理，在三目标优化问题中，上下左右拖动图 5-33（d）指针能够找到最靠近原点的点为案例的 Pareto 最优解。

　　利用本书开发的软件系统得到的 Pareto 最优解与其他相似方法得到的最优解比较结果如表 5-13 所示。从表 5-13 中可看出，与单目标优化方法相比，本章提出的面向高效低耗的环境目标与生产效益目标协同优化方法在不降低产品质量的前提下，显著提高了节能能力和加工效率。与表 5-13 中第 1 种方法相比，节能能力、加工效率和表面质量分别提高了 45.48%、48.03%、10.71%；与第 2 种方法相比，节能能力、加工效率和表面质量分别提高了 35.46%、38.78%、6.02%。而且，对于制造企业，通过开发的 EconG© 优化决策模块，可以相对容易地获得生产和环境目标协同最优的加工策略，符合可持续性生产发展需求。

表 5-13　优化结果与其他相似方法比较

序号	优化方法	V_s/(m/min)	V_w/(mm/min)	a_p/μm	R_a/μm	E/J	T/s
1	单目标优化[23,24]	1020.66	3836.01	3.52	0.28	7810.20	304.001
2	单目标优化[25]	1731.233	4945.299	3.021	0.266	6598.24	258.047
	本章	1794	4779	2	0.25	4258.48	157.981
	与序号 1 方法比较改善量	—	—	—	10.71%	45.48%	48.03%
	与序号 2 方法比较改善量	—	—	—	6.02%	35.46%	38.78%

参 考 文 献

[1] Wang J L, Tian Y B, Hu X T, et al. Integrated assessment and optimization of dual environment and production drivers in grinding[J]. Energy, 2023, 272: 127046.

[2] Tian Y B, Wang J L, Hu X T, et al. Energy prediction models and distributed analysis of the grinding process of sustainable manufacturing[J]. Micromachines, 2023, 14(8): 1603.

[3] 田业冰, 王进玲, 胡鑫涛, 等. 一种平面磨削加工过程能量效率评估方法[P]: 中国, CN114662298A. 2022.06.24.

[4] He Y, Liu F, Wu T, et al. Analysis and estimation of energy consumption for numerical control machining[J]. Proceedings of the Institution of Mechanical Engineers, Part B: Journal of Engineering Manufacture, 2012, 226(2): 255-266.

[5] 周艳. 基于能量信息流的数控磨床加工系统能耗分析与预测研究[D]. 武汉: 武汉科技大学, 2018.

[6] 田业冰, 王进玲, 胡鑫涛, 等. 一种基于鲸鱼优化算法的广义回归神经网络预测磨削材料去

除功率和能耗的方法[P]: 中国, CN116362115A. 2023.03.07.

[7] Mirjalili S, Lewis A. The whale optimization algorithm[J]. Advances in Engineering Software, 2016, 95(C): 51-67.

[8] Lv J X, Tang R Z, Jia S, et al. Experimental study on energy consumption of computer numerical control machine tools[J]. Journal of Cleaner Production, 2016, 112: 3864-3874.

[9] Campatelli G, Scippa A, Lorenzini L, et al. Optimal workpiece orientation to reduce the energy consumption of a milling process[J]. International Journal of Precision Engineering and Manufacturing—Green Technology, 2015, 2(1): 5-13.

[10] Wang J L, Tian Y B, Hu X T. Grinding prediction of the quartz fiber reinforced silica ceramic composite based on the monitored power signal[C]. International Conference on Surface Engineering, Weihai, 2021.

[11] Wang J L, Tian Y B, Zhang K, et al. Online prediction of grinding wheel condition and surface roughness for the fused silica ceramic composite material based on the monitored power signal[J]. Journal of Materials Research and Technology, 2023, 24: 8053-8064.

[12] Shin S J, Woo J, Rachuri S. Energy efficiency of milling machining: Component modelling and online optimization of cutting parameters[J]. Journal of Cleaner Production, 2017, 161: 12-29.

[13] 张昆, 田业冰, 丛建臣, 等. 基于动态惯性权重粒子群优化算法的磨削低能耗加工方法[J]. 金刚石与磨料磨具工程, 2021, 41(1): 71-75.

[14] Alonso-Montesinos J, Ballestrín J, López G, et al. The use of ANN and conventional solar-plant meteorological variables to estimate atmospheric horizontal extinction[J]. Journal of Cleaner Production, 2021, 285: 125395.

[15] Lotfan S, Ghiasi R A, Fallah M, et al. ANN-based modeling and reducing dual-fuel engine's challenging emissions by multi-objective evolutionary algorithm NSGA-II[J]. Applied Energy, 2016, 175: 91-99.

[16] 韩力群, 施彦. 人工神经网络理论及应用[M]. 北京: 机械工业出版社, 2017.

[17] Chang T, Lu J, Shen Z, et al. Simulation and optimization of the post plasma-catalytic system for toluene degradation by a hybrid ANN and NSGA-II method[J]. Applied Catalysis B—Environmental, 2019, 244: 107-119.

[18] Zhan Z H, Zhang J, Li Y, et al. Adaptive particle swarm optimization[J]. IEEE Transactions on Systems, Man, and Cybernetics, Part B: Cybernetics, 2009, 39(6): 1362-1381.

[19] 张昆. 磨削功率与能耗智能监控及工艺决策优化研究[D]. 淄博: 山东理工大学, 2021.

[20] Deb K, Pratap A, Agarwal S, et al. A fast and elitist multiobjective genetic algorithm: NSGA-II[J]. IEEE Transactions on Evolutionary Computation, 2002, 6(2): 182-197.

[21] Amir M, Givargis T. Pareto optimal design space exploration of cyber-physical systems[J]. Internet of Things, 2020, 12: 100308.

[22] 山东理工大学. 机械加工多目标预测与优化系统 V1.0[P]: 中国, 2023SR0371904. 2023.03.21.

[23] 李阳, 刘俨后, 张昆, 等. 基于改进遗传算法的磨削能耗预测及工艺参数优化[J]. 组合机床与自动化加工技术, 2021, 10: 124-128.

[24] 李阳. 石英陶瓷复合材料磨削工艺优化及表面粗糙度在线监测研究[D]. 淄博: 山东理工大学, 2022.

[25] 王进玲. 磨削功率监控与高效低耗工艺参数优化方法研究[R]. 淄博: 山东理工大学, 2023.

第6章 用户-基础-过程-知识结构的远程磨削数据库

6.1 磨削数据的多源异构分析

6.1.1 磨削数据及其来源分析

磨削加工过程各种数据如用户数据、基础数据、监测数据、知识数据等数据信息量非常大，且来源、结构、数据类型和存储方式不同，设计合理的数据分类与存储机制对磨削数据库的建立具有十分重要的现实意义[1]。本章设计的磨削数据库包括1-1用户数据库，1-2设备数据库，1-3磨具数据库，1-4磨削液数据库，1-5工件数据库，1-6工艺数据库，1-7监测数据库，1-8特征数据库，1-9加工质量数据库，1-10磨具磨损数据库，1-11效率、成本和环境影响数据库，1-12知识数据库[2]。图6-1为磨削数据库及底层数据详细分类与所属管理。

(1)1-1用户数据库主要包括用户单位的数据，具体需要考虑用户身份和账号，其中用户身份可分为数据库高级管理者、数据库管理者、数据库设计者、数据库使用者和数据库维护者；账号包含用户ID和密码。

(2)1-2设备数据库主要包括磨床类型、磨削容量能力、速度范围和尺寸精度，其中磨床类型按照生产商、型号、磨削方式的递进关系设计，磨削方式按平面磨削、沟槽磨削、Z型磨削、外圆磨削、内圆磨削、导轨磨削、凸轮轴磨削、自由曲面磨削分类管理；磨削容量能力可分为最大磨削长度、最大磨削宽度、最大磨削高度、容许加工负载；速度范围可分为工作台速度范围、横向移动速度、横向移动最小输入单位、垂直移动速度、垂直移动最小输入单位、主轴转速；尺寸精度可分为定位精度和重复精度。

(3)1-3磨具数据库主要包括磨具数据、磨料数据、结合剂数据，其中磨具数据按照类型、生产商、型号、尺寸参数的递进关系设计，磨料数据根据磨料材质按磨料硬度、磨料粒径分类管理。

(4)1-4磨削液数据库主要包括干磨和湿磨，其中湿磨按照磨削液类型、生产商、牌号的递进关系设计，牌号根据pH值、磨削液压力、磨削液流速分类管理。

(5)1-5工件数据库主要包括加工对象来源的数据，具体需要考虑工件尺寸、工件形状和材料类型，其中材料类型按照牌号、参数的递进关系设计，参数具体可分为杨氏模量、泊松比、密度、表面硬度、熔点、断裂强度、断裂韧性、断裂表面能量。

(6)1-6工艺数据库主要包括工件进给速度、砂轮线速度、进给量和磨削深度。

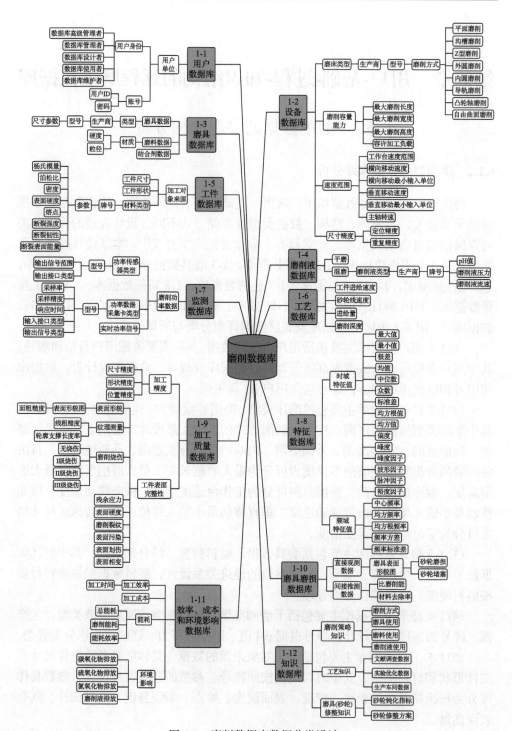

图 6-1 磨削数据库数据分类设计

(7)1-7 监测数据库主要包括磨削功率数据，具体需要考虑功率传感器类型、功率数据采集卡类型、实时功率信号，其中功率传感器类型按型号进行管理，可分为输出信号范围、输出接口类型；功率数据采集卡类型按型号进行管理，可分为采样率、采样精度、响应时间、输入接口类型、输出信号类型。

(8)1-8 特征数据库主要包括时域特征值和频域特征值，其中时域特征值可分为最大值、最小值、极差、均值、中位数、众数、标准差、均方根值、均方值、偏度、峰度、峰度因子、波形因子、脉冲因子、裕度因子；频域特征值可分为中心频率、均方频率、均方根频率、频率方差、频率标准差。

(9)1-9 加工质量数据库主要包括加工精度和工件表面完整性，其中加工精度可分为尺寸精度、形状精度、位置精度；工件表面完整性可分为表面形貌、纹理测量、磨削烧伤、残余应力、表层硬度、磨削裂纹、表层污染、表面划伤、表面相变，其中表面形貌按照表面形貌图、面粗糙度的递进关系设计，纹理测量根据线粗糙度和轮廓支撑长度率分类管理，磨削烧伤根据无烧伤、I 级烧伤、II 级烧伤、III 级烧伤分类管理。

(10)1-10 磨具磨损数据库主要包括直接观测数据和间接推测数据，其中直接观测数据具体需要考虑磨具表面形貌图，可分为砂轮磨损和砂轮堵塞；间接推测数据根据比磨削能和材料去除率分类管理。

(11)1-11 效率、成本和环境影响数据库主要包括加工效率、加工成本、能耗、环境影响，其中加工效率具体指加工时间；能耗可分为总能耗、磨削能耗、能耗效率；环境影响可分为碳氧化物排放、硫氧化物排放、氮氧化物排放、磨削液排放。

(12)1-12 知识数据库主要包括磨削策略知识、工艺知识、磨具(砂轮)修整知识数据，其中磨削策略知识可分为推荐磨削方式、磨具使用、磨料使用、磨削液使用；工艺知识可分为文献调查数据、实验优化数据、生产车间数据；磨具(砂轮)修整知识可分为砂轮钝化指标、砂轮修整方案。

进一步分析 1-1 至 1-12 磨削数据库中各数据的来源，将所有数据来源设计为三大类：2-1 手动输入源，2-2 自动获取源，2-3 分析计算源。其中，2-1 手动输入源要求操作者手动编辑或导入磨削数据库。磨削数据库中的 1-1 用户数据库、1-2 设备数据库、1-3 磨具数据库、1-4 磨削液数据库、1-5 工件数据库、1-6 工艺数据库、1-7 监测数据库中的功率传感器类型和功率数据采集卡类型数据、1-9 加工质量数据库和 1-10 磨具磨损数据库的直接观测数据为此类数据。2-2 自动获取源需要操作者通过磨削过程智能监测在线直接读取，磨削数据库中的 1-7 监测数据库中的实时功率信号数据归为此类。2-3 计算源为操作者在 2-2 自动获取源基础上进行分析和计算得到，磨削数据库中的 1-8 特征数据库、1-10 磨具磨损数据库中的间接推测数据，以及 1-11 效率、成本和环境影响数据库和 1-12 知识数据库归为此类。

6.1.2　磨削数据结构

按照磨削数据库中数据结构及 SQL Server 环境中数据存储调用机制，将磨削数据库数据结构进一步详细设计为五类：3-1 静态数据、3-2 动态数据、3-3 字符串数据、3-4 图片数据、3-5 文档数据。

(1)3-1 静态数据具体设计为离散点数据。1-1 用户数据库中的账号数据，1-2 设备数据库中的磨削容量能力、速度范围、尺寸精度数据，1-3 磨具数据库中的尺寸参数、磨料数据，1-4 磨削液数据库中的 pH 值、磨削液压力、磨削液流速数据，1-5 工件数据库中的工件尺寸、参数数据，1-6 工艺数据库，1-7 监测数据库中的输出信号范围、采样率、采样精度、响应时间数据，1-8 特征数据库中的时域特征值、频域特征值，1-9 加工质量数据库中的加工精度、面粗糙度、线粗糙度、轮廓支撑长度率、残余应力、表层硬度数据，1-10 磨具磨损数据库中的比磨削能、材料去除率数据，1-11 效率、成本和环境影响数据库，1-12 知识数据库中的工艺知识、砂轮钝化指标数据为此类数据结构。

(2)3-2 动态数据具体设计为时间序列数据。1-7 监测数据库中的实时功率信号等归为此类数据结构。

(3)3-3 字符串数据具体设计为字符型数据。1-1 用户数据库中的用户身份数据，1-2 设备数据库中的磨床类型数据，1-3 磨具数据库中的磨具数据、结合剂数据，1-4 磨削液数据库中干磨、磨削液类型、生产商、牌号数据，1-5 工件数据库中的工件形状、材料类型、材料牌号参数，1-7 监测数据库中的功率传感器类型和功率传感器型号、输出接口类型、功率数据采集卡类型和型号、输入接口类型、输出信号类型归为此类结构数据。

(4)3-4 图片数据具体设计为图片型数据。1-9 加工质量数据库中的表面形貌图、纹理测量曲线、磨削烧伤、表面硬度、表面污染、表面划伤、表面相变，1-10 磨具磨损数据库中的磨具表面形貌图归为此类结构数据。

(5)3-5 文档数据具体设计为文档型数据。1-7 监测数据库中的实时功率信号，1-12 知识数据库中磨削策略知识、砂轮修整方案归为此类结构数据。

6.2　海量动态功率数据压缩与存储方法

6.2.1　高效压缩方法

1. 低通滤波

在磨削数据类型及其结构中，涉及的磨削功率信号是一种典型的时间序列数据，数据量随工业监控时长明显增大，会严重降低工业数据库响应速度。数据压缩对于减少通信响应时间、降低数据存储成本、提高数据库响应速度具有非常重要的现实意义[3]。

Time-series Database 是专门针对时间序列数据的数据库系统，但其用途单一，不适用于磨削数据库多维度存储要求。在关系型数据库中，序列存储方式分为行存储和列存储。两者各有利弊，都需要建立一个复杂的检索读取关系。Li 等[4]基于时间序列中时间戳相似特性，提出一种混合压缩算法，通过优化缓存机制和批量处理操作简化磁盘输入/输出操作，效率明显高于传统的时间序列数据库。王珝等[5]根据时间序列和关系型数据库的特点，提出了一系列存储规则并统一系统存储算法，使得多条时间序列能够自动存储到关系型数据库中。Rhea 等[6]提出 Little Table 的关系型存储模型，通过聚类，按照时间戳来划区表示以提高检索效率，并针对数据的写入特点，削弱了一致性功能，提高数据的写入能力。以上研究主要针对序列数据的优化与数据库读写，暂无对磨削功率信号在关系型数据库上存储方面的研究。

针对以上难题，本章设计一种适用于磨削数据库的功率信号压缩存储方案，流程如图 6-2 所示。针对功率信号的低频特性，选用低通滤波器提取趋势项，利用峰谷特性进行趋势拐点提取。进行首尾及插值修正，保证拟合精度和数据完整性。通过 LabSQL 对数据库进行互访和管理，存储读取数据表中单元格的字符串，用 LabVIEW 对功率信号数组和字符串进行相互转换。

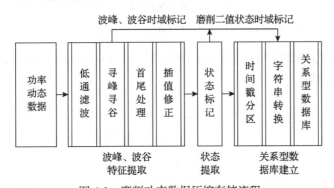

图 6-2　磨削功率数据压缩存储流程

假设采集的动态流磨削功率数据标记为 $y(n)$ $(n=0,1,2,\cdots,N)$，N 为采样点个数。采样频率 f_s 决定 1s 采集的数据点数，采样频率越大，采集的数据点数越多，则数据存储量越大，一般功率信号采集时设置为 1000Hz。$y(n)$ 表示为

$$y(n)=\left[y_0,y_1,y_2,\cdots,y_{N-1}\right] \tag{6-1}$$

设 y_0 数据点对应的采样时间为 t_0，则 y_i 数据点对应的采样时间 t_i 为

$$t_i = t_i + i/f_s, \quad i = 0,1,2,\cdots,N-1 \tag{6-2}$$

　　受环境干扰、采集系统和人为因素等的综合影响，采集的功率信号不可避免地混入大量噪声和异常值而不能直接存储，需对其波形进行滤波处理，以去除测量信号中多余的信号突变及毛刺，并减少波峰波谷检测时出现的过多虚峰和虚谷。Chebyshev 滤波器是通带或阻带上频率响应幅度等波纹波动的滤波器，其在过渡带上比 Butterworth 滤波器衰减快，且与理想滤波频率响应曲线的相对误差最小[7,8]。由图 6-3 所示 Chebyshev I 滤波器和 Chebyshev II 滤波器的频率响应可以看出，相比 Chebyshev I 滤波器的通带波动，Chebyshev II 滤波器的通带更为平坦。

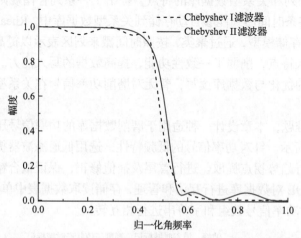

图 6-3　Chebyshev I 滤波器和 Chebyshev II 滤波器频率响应图

　　针对采集的混噪功率信号的低通特性，选用 Chebyshev II 滤波器滤波，其幅度 $H(w)$ 的特性函数为

$$H(w) = \cfrac{1}{\sqrt{1 + \left[\varepsilon^2 T_m^2 \left(\dfrac{w}{w_c} \right) \right]^{-1}}} \tag{6-3}$$

式中，w_c 为通带截止频率；m 为滤波器的阶数；ε 为小于 1 的正常数，表示通带内幅度波动的程度，ε 越大，波动幅度也越大；w 为数字域频率；T_m 为 m 阶 Chebyshev 多项式，定义为

$$T_m \left(\frac{w}{w_c} \right) = \begin{cases} \cos\left(m \cdot \arccos \dfrac{w}{w_c} \right), & \left| \dfrac{w}{w_c} \right| \leqslant 1 \\[3mm] \cosh\left(m \cdot \mathrm{arccosh} \dfrac{w}{w_c} \right), & \left| \dfrac{w}{w_c} \right| > 1 \end{cases} \tag{6-4}$$

　　Chebyshev II 滤波器的低通滤波频率设置为 10Hz，滤波后的磨削功率数据示例如图 6-4 所示。滤波后的功率数据标记为

$$F(n) = \left[F_0, F_1, F_2, \cdots, F_{N-1} \right] \tag{6-5}$$

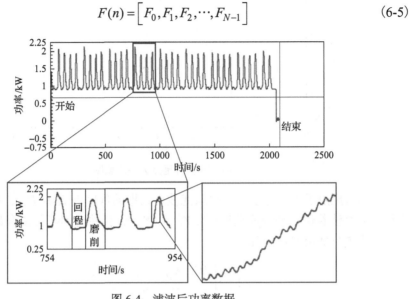

图 6-4　滤波后功率数据

2. 寻峰寻谷及首尾丢失处理

　　从图 6-4 的局部放大图可进一步看出：磨削功率信号由锯齿状波形组成，记录其波峰和波谷值可准确描述磨削功率变化规律，同时大大减少数据存储量。峰值检测是在满足一定性质的信号中寻找局部极大值或极小值的位置和振幅的过程。在功率信号峰谷值提取中，使用 LabVIEW 中的波形波峰检测功能，获取局部极大值和极小值的数量或位置[9]。两次搜索后得到的波峰幅值和位置序列为

$$Y_p : \left[y_{p0}, y_{p1}, y_{p2}, \cdots, y_{pl-1} \right] \\ X_p : \left[x_{p0}, x_{p1}, x_{p2}, \cdots, x_{pl-1} \right] \tag{6-6}$$

以及波谷的幅值和位置序列为

$$Y_v : \left[y_{v0}, y_{v1}, y_{v2}, \cdots, y_{vk-1} \right] \\ X_v : \left[x_{v0}, x_{v1}, x_{v2}, \cdots, x_{vk-1} \right] \tag{6-7}$$

式中，Y_p 为波峰幅值矩阵；X_p 为其对应的时间(索引)矩阵；l 为寻峰得到的波峰个数；Y_v 为波谷幅值矩阵；X_v 为其对应的时间(索引)矩阵；k 为寻谷得到的波谷个数。

　　若波峰波谷点正好不在功率信号的首尾端，则波峰波谷提取的过程可能会造

成数据的首尾点丢失[10]。图 6-5 为数据首尾点丢失示意图。

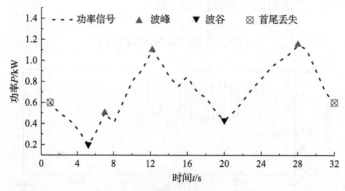

图 6-5 数据首尾点丢失示意图

处理首尾点丢失的方法为：提取滤波后数据的首尾点值 $(0, F_0)$、$(n-1, F_{n-1})$，将其与波峰波谷位置和幅值数组 (X_p, Y_p)、(X_v, Y_v) 合并得到峰谷拟合数组 XY_{pv}，并进一步进行插值修正处理：

$$XY_{pv} : \begin{bmatrix} 0 & X_p & X_v & n-1 \\ F_0 & Y_p & Y_v & F_{n-1} \end{bmatrix} \tag{6-8}$$

3. 插值修正

当采样波形的直线拟合度较差时，需对拟合数据进行插值修正。幅值坐标插值需要求出插值点幅值并检索对比，但计算机无法对浮点型数据直接对比。因此，采用时间坐标插值修正方法。图 6-6 为插值点数分别为 0、1、2、3、5 和 8 时的拟合示意图。

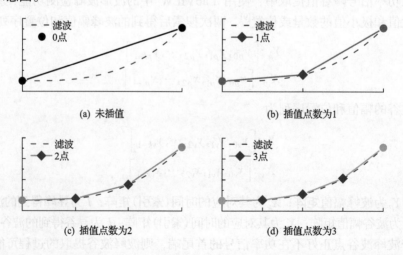

(a) 未插值   (b) 插值点数为1

(c) 插值点数为2   (d) 插值点数为3

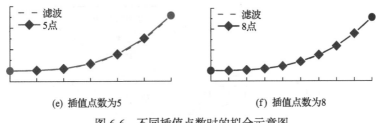

(e) 插值点数为5　　　　　　　　　(f) 插值点数为8

图 6-6　不同插值点数时的拟合示意图

如图 6-6 所示，随插值点数增加，插值拟合精度提高，同时磨削数据库需记录的数据量增大。当如图 6-6(e) 所示插值点数为 5 时，拟合波形基本接近原始数据波形。因此，选择 5 点插值方法进行波形插值修正。

根据 5 点插值将相邻峰谷幅值等分得到插值点幅值 y_{avi}，位置等分后取整得插值点位置 x_{avi}。按插值点位置坐标 x_{avi} 检索滤波后数据 $F(n)$，得到检索后的对应数据 F_{xavi}。设定插值拟合点的辨识偏差为 δ_M，将 F_{xavi} 与 y_{avi} 比较，满足

$$|F_{xavi} - y_{avi}| > F_{xavi} \cdot \delta_M \tag{6-9}$$

时对插值点进行标记提取，得到插值数组 XY_{av}：

$$XY_{av} : \begin{bmatrix} x_{av0}, x_{av1}, x_{av2}, \cdots \\ y_{av0}, y_{av1}, y_{av2}, \cdots \end{bmatrix} \tag{6-10}$$

将峰谷拟合数组 XY_{pv} 与插值数组 XY_{av} 合并，得二维数组 $XY(2,M)$：

$$XY(2,M) : \begin{bmatrix} x_0, x_1, x_2, \cdots, x_{M-1} \\ y_0, y_1, y_2, \cdots, y_{M-1} \end{bmatrix} \tag{6-11}$$

4. 状态标记与去重

在磨削加工中，一个完整的磨削加工过程必然是磨床往复运动的过程，包含磨削加工模式和回程模式两种工作状态，表现出的磨削功率信号是周期变化的稳定信号。因此，需要对磨削功率信号状态进行标记，状态标记流程如图 6-7 所示。

本节提出基于二值化的磨削功率信号状态标记方法，具体步骤为：首先，将磨削加工模式功率信号的最小值设定为阈值 1，作为加工开始判断点；其次，将功率信号下降阶段的最大值设置为阈值 2，作为加工结束判断点（由于信号衰减需要时间，在信号出现明显下降时加工已经结束）；再次，搜索功率数据中所有小于阈值 1 的点用低电平表示，标记为回程模式，所有大于阈值 2 的点用高电平表示，标记为磨削加工模式；最后，将索引到的低电平和高电平标记点合并为状态数组。

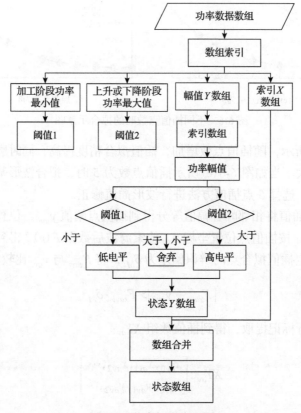

图 6-7　状态标记流程图

图 6-8 为状态标记后的磨削功率信号（0～180s）示例。图中数据分为两部分，一部分为搜索得到的低电平和高电平数据，为方波状波形；另一部分为搜索得到的状态数据拟合得到的磨削功率信号。由此，可将磨削回程和加工阶段的数据分别标识和提取。状态标记后的状态数组是逐点显示的，为进一步减少数据量，需要对状态数组进行去重。图 6-9 为状态去重流程图。通过遍历所有状态标记点，比较前后两个标记点的状态标记值是否相等，若相等则认为它们属于同一重复标记点，删除后状态点。以此类推，最终得到磨削回程/加工模式状态开始和结束时的坐标，保留每个回程/加工状态的磨削功率数据序列的第一个和最后一个元素。

去重后的结果示意图如图 6-10 所示。只有磨削状态改变的起始状态标记点被保留，用以保证磨削过程中回程和加工状态改变的数据点能够存储在磨削数据库中。状态去重后得到的二维数据表示为

$$XY(2, N): \begin{bmatrix} x_0, x_1, x_2, \cdots, x_{N-1} \\ y_0, y_1, y_2, \cdots, y_{N-1} \end{bmatrix} \tag{6-12}$$

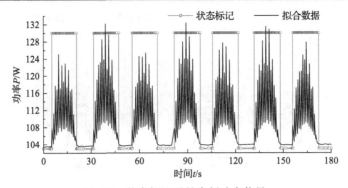

图 6-8　状态标记后的磨削功率信号

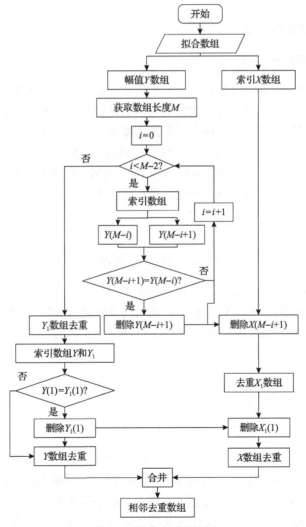

图 6-9　状态去重流程图

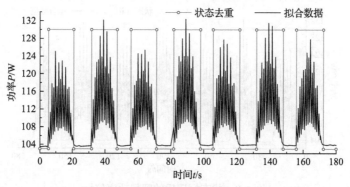

图 6-10　状态去重结果示意图

6.2.2　快速存储调用方法

1. 磨削数据暂存过程

为防止因网络中断或者异常造成数据传输错误，需要在采集端或接收端暂存压缩后的波形数据。本节设计自动生成时间日期路径的暂存方式，便于分析或者异常排查。数据接收端接收数据类型是波形幅值 Y 数组，需要添加开始时间 t_0 和时间间隔 $\mathrm{d}t$，将波形幅值 Y 数组还原成波形数据，然后利用写入波形至文件 VI 对波形数据进行存储。数据暂存流程如图 6-11 所示。设置波形暂存的地址，接收的波形数据以此为相对路径进行存储，默认设置为 "G:\temp"。

图 6-11　数据暂存流程图

因波形采集时间和系统时间是相对不变的，为便于区分波形，设计一个基于时间的自动生成文件夹和文件名称的日期时间文件路径 VI。设置暂存区域以后，可以自动按照规则对波形文件进行存储。日期时间文件路径 VI 的流程如图 6-12 所示。

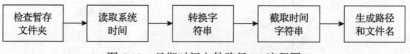

图 6-12　日期时间文件路径 VI 流程图

第一步检查暂存文件夹是否存在，不存在则创建，存在则继续下一步。同时读取系统时间，用格式化日期/时间字符串(函数)，按照指定格式将时间标识转换为时间字符串。对时间字符串进行截取得到日期字符串和时间字符串。使用创建路径(函数)，将波形暂存文件夹作为基路径输入，日期字符串或时间字符串作为名称或相对路径，创建新路径。同时增加用户选择功能，若需要建立日期文件夹，则赋值为 TURE，不需要则赋值为 FALSE。以时间为 2019 年 8 月 15 日 20:35:16、波形暂存文件为"G:\temp"为例：创建日期文件夹布尔类型为 TURE 时，存储的波形文件地址为"G:\temp\20190815\203516"；创建日期文件夹布尔类型为 FALSE 时，存储的波形文件地址为"G:\temp\203516"。

　　数据接收端接收数据类型是波形幅值 Y 数组，利用创建模拟波形(函数)，添加时间间隔 dt 和开始时间 t_0，将波形幅值 Y 数组还原成波形数据。其中，dt 为指定波形中数据点间的时间间隔，单位为 s；t_0 为指定波形的起始时间。设计字符串转时间标识 VI，将存储波形数据文件的文件名字符串转成时间标识 t_0。字符串转时间标识 VI 先对日期时间字符串进行格式化输出，得到数据类型为 32 位长整型的年、月、日、时、分、秒值。然后将年、月、日、时、分、秒数值按日期时间格式捆绑成簇。利用日期/时间至秒转换(函数)将日期时间簇转换为时间标识，按照其数据流的方向，其流程如图 6-13 所示。

图 6-13　生成日期时间标识流程图

　　将时间间隔 dt、开始时间 t_0 和波形幅值 Y 数组输入创建模拟波形(函数)，可以得到模拟波形数据。根据自动生成的日期时间路径文件夹和文件名，生成波形文件存储路径。将波形文件存储路径连接至写入波形文件 VI 的输入端，可以将模拟波形数据存储在指定位置。在 TCP 客户端与服务器端连接的过程中，需要随时掌握连接状态、数据传输等情况。按照实际工作情况，可以分为等待连接、连接成功、传输数据、数据传输完成。另外，如果连接中断，还需要判定是 TCP 客户端与服务器端哪一端中断造成的，便于排查问题。TCP 客户端与服务器端无法判定数据是否传输完成，需要在传输数据完成以后，使用写入 TCP 数据函数向服务器发送字符串 A。服务器在获得字符串数据后，确认数据传输完毕。数据传输完成以后，使用关闭 TCP 连接函数关闭与服务器的连接。

　　数据暂存用于暂时存储波形数据。但是一定时间以后数据太多，会占用较多计算机存储空间。波形暂存清理作用是清理不用的波形，分为全部清理和无效清理，两种模式功能如图 6-14 所示。暂存清理流程如图 6-15 所示。

图 6-14　暂存清理功能图

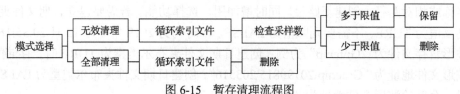

图 6-15　暂存清理流程图

2. 单元格字符串存储方法

在 LabVIEW 中，使用数组至电子表格字符串转换，将拟合和去重后得到的数组 $XY(2,N)$ 转换为电子表格字符串。分隔符"，"用于对电子表格文件中的栏进行分隔，即分隔各个元素；用"‖TAB‖"为行结束符进行行间分隔。因此，得到数组 $XY(2,N)$ 的字符串：

$$x_0, x_1, x_2, \cdots, x_{N-1} \Vert TAB \Vert y_0, y_1, y_2, \cdots, y_{N-1} \tag{6-13}$$

在 LabVIEW 中调用免费工具包 LabSQL，对数据库进行互访和管理，可将式 (6-13) 所示字符串存储在 SQL Server 数据表的单元格中；同样，使用相同的方法可以将拟合的字符串还原为二维数组 $XY(2,N)$。

6.2.3　案例分析与讨论

按照上述方案对磨削实验平台采集的功率信号进行数据提取、拟合和存储验证。磨削加工实验材料为轴承钢，砂轮为陶瓷结合剂棕刚玉平型砂轮，尺寸为 600mm (外径) ×25mm (宽度)，砂轮磨粒基本尺寸为 100μm。平面磨削 8 个行程得到的功率信号原始波形与提取-拟合波形对比如图 6-16 所示。

对比图 6-16 中原始波形，提取和拟合后波形与原始波形基本一致，表明本节所提方法能够保证数据提取和拟合精度。进一步从图 6-16(c) 中可以看出，相比于

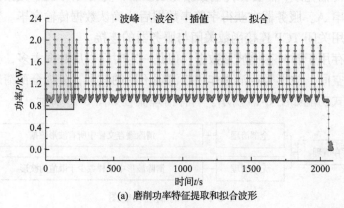

(a) 磨削功率特征提取和拟合波形

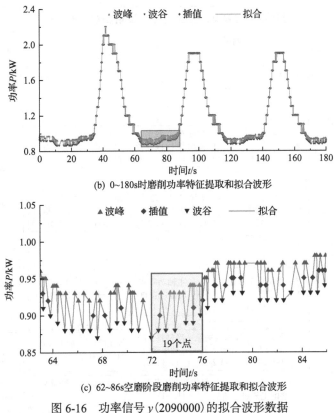

(b) 0~180s时磨削功率特征提取和拟合波形

(c) 62~86s空磨阶段磨削功率特征提取和拟合波形

图 6-16　功率信号 $y(2090000)$ 的拟合波形数据

原始功率波形 1s 需存储 1000 个数据点（即 4s 为 4000 个数据点），功率波形经提取、插值拟合和去重后，只需存储 19 个数据点，数据存储量大大降低。

对图 6-16 整个处理过程进行统计，共提取功率信号波峰点数 16809 个、波谷点数 16808 个、首尾点 2 个、去重后插值点数 19379 个，数据由 $y(2090000)$ 变换为 52998 个，数据量大大减小。

6.3　远程磨削数据库总体设计

6.3.1　数据库开发架构与传输管理

1. 系统开发环境

远程磨削数据库的开发环境与系统设计如图 6-17 所示，系统基于 Windows10 操作系统平台，使用 SQL Server 2014 作为数据库管理系统（Database Management System, DBMS），借助 LabVIEW 作为开发软件，基于 TCP/IP 通信协议，采用 LabSQL 进行数据库访问和控制。

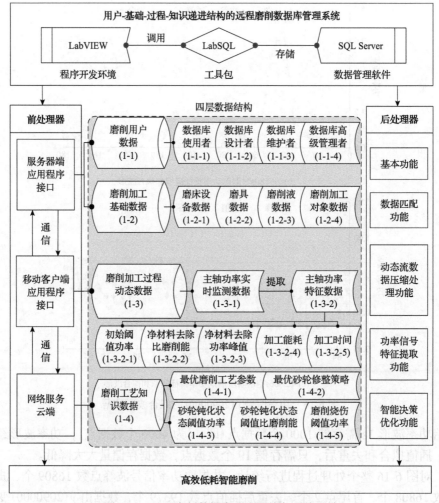

图 6-17　远程磨削数据库开发环境与系统设计

具体包括五部分说明[10]：

（1）利用 SQL Server 管理底层磨削数据信息，利用程序开发环境 LabVIEW 开发数据库前处理器和后处理器，实现系统管理-模块管理两层分级管理，以及底层数据增、删、改、查和数据处理、分析、保护功能，利用工具包 LabSQL 搭建 SQL Server 和 LabVIEW 的接口。

（2）利用 SQL Server 管理底层磨削数据信息，数据的获取方式为：手动输入源数据，要求操作者在 LabVIEW 前处理器端手动编辑、输入或导入规定范式的".txt"".excel"".tdms"".jpg"".bmp"格式文件；自动获取源数据，需操作者在 LabVIEW 前处理器端接收磨削力信号、温度信号、功率信号和声发射信号，并将数据进行规定".tdms"或".lvm"格式存储；分析计算源数据，需操作者在 LabVIEW

前处理器端的磨削过程物理信号特征提取管理窗口和磨削加工质量，磨具磨损，效率、成本和环境影响综合评估数据管理及多目标智能决策优化窗口进行相应操作计算获得。

（3）利用 SQL Server 管理底层磨削数据信息，数据处理和存储方式为：静态数据，采用关系型数据库处理和存储；动态流数据，采用信号压缩存取转换为字符串数据；字符串数据，采用字符串数据库处理和存储；图片数据和文档数据，处理为文件绝对或相对路径保存到数据库。

（4）前处理器开发了 LabVIEW 服务器应用程序接口、网络服务云端和 LabVIEW 移动客户端应用程序接口；在 LabVIEW 服务器应用端实现系统管理、磨削设备管理、磨削耗损物料管理，即基础数据管理；在 LabVIEW 移动客户端实现用户管理，磨削实验管理，多传感器融合的磨削过程在线监测数据管理，磨削过程物理信号特征提取管理，磨削加工质量管理，磨具磨损，效率、成本和环境影响综合评估数据管理，即过程数据管理；在网络服务云端实现智能决策优化知识管理，即知识数据管理。

（5）后处理器完成数据库查询、插入、编辑、删除、更新、约束、阈值报警基本功能，多源异构数据分析、处理功能，动态流数据压缩处理功能，磨削加工质量，磨具磨损，效率、成本和环境影响综合评估功能以及智能决策优化功能算法实现。

2. 系统架构设计

根据磨削功率/能耗信号和磨削数据库相关数据特点，开发了客户机/服务器横向式、在网络环境下能够运行数据库浏览、数据库查询、条件检索、数据备份等功能的数据库系统。磨削数据库系统可以对磨削加工过程中的各种信息，如磨床数据、磨削加工参数数据、磨具数据等进行存储和管理，包括编辑、修改、上传、下载、删除等。

数据源之间的数据管理无法依靠传统的单机系统和数据库技术来实现，需要通过架构实现，即客户机和服务器结构。软件系统体系结构可以充分利用两端硬件环境的优势，将任务合理分配到客户端和服务器端来实现，降低了系统的通信开销。常见的远程数据库架构有客户机/服务器(client/server, C/S)架构和浏览器/服务器(browser/server, B/S)架构，如图 6-18 所示。

B/S 架构是 Web 兴起后的一种网络结构模式，Web 浏览器是客户端最主要的应用软件。这种模式统一了客户端，将系统功能实现的核心部分集中到服务器上，简化了系统的开发、维护和使用。客户机上只需安装一个浏览器，如 Netscape Navigator 或 Internet Explorer，服务器安装 SQL Server 数据库。浏览器通过 Web Server 同数据库进行数据交互。

基于网络数据库技术发展起来的 C/S 技术是目前国际上流行的一种分布式处

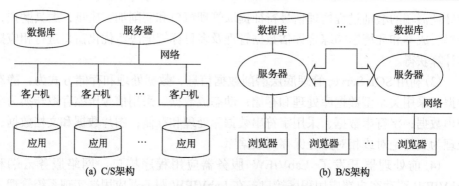

(a) C/S架构   (b) B/S架构

图 6-18　常见远程数据库架构

理网络模式，相对于 B/S 架构，C/S 架构界面与操作丰富，安全性高，响应速度快，也是本书采取的系统架构方式。

3. 远程数据传输方法

在磨削监控及远程磨削数据库设计中，监控系统采集的功率信号及特征数据，需要利用 Internet 进行汇总，并存储于磨削数据库中。对功率信号进行有效的压缩处理，可以减少网络传输和响应时间，减少数据库存储量，增加数据库响应速度[9]。根据磨削数据的数据流方向，磨削监控及远程磨削数据库数据传输路径如图 6-19 所示。

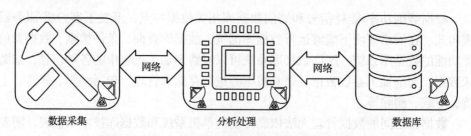

数据采集　　　　　　　分析处理　　　　　　　数据库

图 6-19　磨削监控及远程磨削数据库数据传输路径图

网际协议(IP)、用户数据报协议(UDP)和传输控制协议(TCP)是网络通信的基本工具。其中，IP 无法保证数据传输的成功，而 UDP 在目的端口未打开时，会放弃数据包，不能确保目的端收到数据。所以选用 TCP/IP 实现单个网络内部或互相联通的网络间的通信。LabVIEW 的 TCP 可用于创建客户端 VI 和服务器端 VI。

通过打开 TCP 连接函数可主动创建一个具有特定地址和端口的连接。若连接成功，则该函数将返回唯一识别该连接的网络连接句柄。这个连接句柄可在此后的 VI 调用中引用该连接。此时，可通过读取 TCP 数据函数及写入 TCP 数据函数对远程程序进行数据读写，实现双向通信。

本系统具体操作为：在服务器端，通过 TCP 侦听 VI 创建一个侦听器并等待一个位于指定端口已被接受的 TCP 连接；在客户端，需要通过创建 TCP 侦听器函数创建一个侦听器，用"等待 TCP 侦听器"函数侦听和接受新连接。若连接成功，则 VI 将返回一个连接句柄、连接地址以及远程 TCP 客户端的端口。等待 TCP 侦听器函数返回连接至函数的侦听器 ID。在结束等待新连接后，用关闭 TCP 连接函数关闭侦听器。侦听器被关闭后，将无法进行读写操作。

6.3.2　数据发送和接收管理

远程磨削数据库软件系统包括远程发送端和远程接收端两部分。图 6-20 为远程发送客户端，图 6-21 为远程接收服务器端，两个模块需要配合使用。远程磨削功率信号发送客户端模块通过 TCP 通信方式，在同一局域网内借助 IP 地址和端口号实现对软件使用者或技术人员身份的确认，达到磨削过程相关信息的远程发送[7]。

远程发送内容包括三部分：一是磨床加工过程中的固定参数，如磨削信息、砂轮信息、磨削类型、工件材质和加工参数等；二是对磨削功率信号数组的在线采集；三是记录本次数据传输的时间。

远程磨削功率信号接收服务器端模块开发的目的在于远程接收客户端发送的磨床加工有用信息并将该信息存储于服务器端。在磨削信息传输前，需将本模块中的"侦听"按钮打开，远程磨削功率信号发送端才能连接和登录成功。远程发送客户端和远程接收服务器端两模块的信息交互通信，有效确保了信息发送与接收的可靠性，进而保证信息传输过程中不会丢失。例如，当客户端连接登录成功后，会向服务器端发送一条"Key：密码"的指令，同时服务器端也会向客户端发送一条"时间＋STATE：login-success"的指令。另外，由于客户端远程传输磨

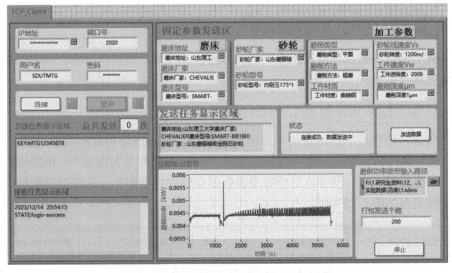

图 6-20　远程磨削功率信号发送客户端

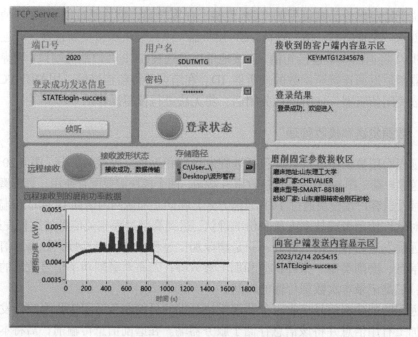

图 6-21　远程磨削功率信号接收服务器端

削功率信号与服务器端接收磨削功率信号两者之间在时间上存在差异，服务器端接收磨削功率信号时会产生些许滞后。

6.4　远程磨削数据库数据操作与开发

6.4.1　基于 LabVIEW 的远程磨削数据库数据操作

SQL Server 数据库数据操作功能由数据存储模块、数据读取模块和数据删除模块三部分组成。

1. 基于 LabVIEW 的 SQL Server 数据存储

数据存储模块的作用是将采集的功率信号信息和压缩提取的功率/能耗典型特征值，通过 SQL Server 命令存储到 SQL Server 数据库及数据表中。该模块内嵌在数据分析模块中，便于将分析的专家数据存储到数据库中。远程磨削数据库数据存储流程如图 6-22 所示。

图 6-22　远程磨削数据库数据存储流程图

在 SQL Server 中，数据存储命令格式为：INSERT INTO 表名(列名$_1$，列名$_2$，…，列名$_n$)VALUES(值$_1$，值$_2$，…，值$_n$)，即将"值$_n$"写入表名的"列$_n$"。(列名$_1$，列名$_2$，…，列名$_n$)为 SQL 初始设置列"多列列表框"的项名，采用属性节点方式，调用 SQL 初始列"多列列表框"的项名。

在 LabVIEW 与 SQL Server 互联中，需要将命令格式统一为字符串格式，如图 6-23 所示。用数组至电子表格字符串 VI 将输入数组转换为电子表格字符串，用截取字符串 VI 对电子表格字符串进行截取，删除电子表格字符串最后一位保存分隔符及换行的两个字符。可以将 SQL 初始列"多列列表框"的项名数组按照 SQL Server 命令进行格式化得到项名字符串，字符串输出结果为：列名$_1$，列名$_2$，…，列名$_n$。格式化写入字符串(函数)中，输入 1~n 为指定要转换的输入参数。按列名顺序，把对应数据一一连线即可得到数据库存储命令。

图 6-23 格式化存储命令流程图

在 LabVIEW 与 SQL Server 互联操作中，采用 OLEDB 方式，由 LabVIEW 提供 LabSQL-ADO-functions 实现互联。基于 LabVIEW 的 SQL Server 数据存储流程如图 6-24 所示。

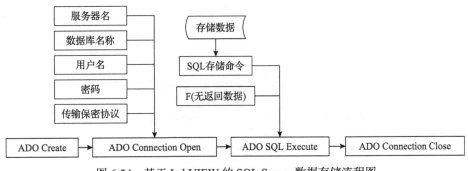

图 6-24 基于 LabVIEW 的 SQL Server 数据存储流程图

具体步骤为：①通过"ADO Create.vi"创建一个 SQL Server 连接对象；②利用"ADO Connection Open.vi"建立与 SQL Server 的连接，由字符串 Connection String 接线端来输入。输入内容包含驱动、服务器名、数据库名称、用户名、密码、传输保密协议等。这里采用格式为 Provider=sqloledb，Server=服务器名，Database=数据库名称，Uid=用户名，Pwd=密码，Persist Security Info=FALSE；③利用"ADO

SQL Execute.vi" 输入数据库存储命令, 将数据写入 SQL Server 数据库; ④利用 "ADO Connection Close.vi" 关闭与数据库之间的连接。

2. 基于 LabVIEW 的 SQL Server 数据读取

数据读取模块是对存储在 SQL Server 中功率幅值数据和其他磨削信息按照选定日期时间段读取、拟合并直观显示, 包括数据读取和数据显示两部分。因为实时监控的功率数据量庞大, 这里采用默认检索选定日期时间段的逆序存储的 n 条数据。读取时, 先在 LabVIEW VI 前面板检索条数中设定检索条数 n 的值, 在起始时间输入框中选择读取波形的起始时间, 在结束时间输入框中选择读取波形的结束时间。读取数据的命令格式为: SELECT TOP (n) 列名$_1$, 列名$_2$, …, 列名$_n$ FROM 数据表名 BETWEEN 起始时间 AND 结束时间 ORDER BY 采集时间 DESC。

在 LabVIEW 中需要按照此格式将 SQL Server 命令进行格式化, 流程如图 6-25 所示。用属性节点方式调用 SQL 显示表格控件中的列名, 生成列名数组; 用数组至字符串转换 VI 将列名数组转换为列名字符串; 最后用连接字符串 VI 将所有字符串相连, 得到 SQL 检索命令。

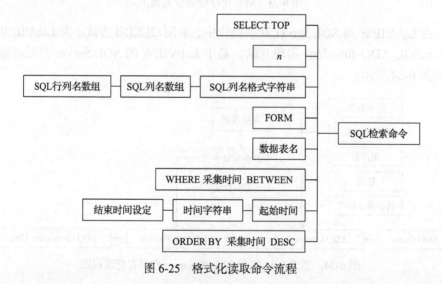

图 6-25 格式化读取命令流程

LabVIEW 读取 SQL Server 数据库方式与写入数据方式的区别在于命令不同, 且需要返回数据。利用 "ADO SQL Execute.vi" 输入读取数据库命令, 从 SQL Server 数据库读取数据, 得到的输出接线端即根据 SQL 输入命令得到的检索数据数组。将检索数据数组输入 SQL 显示表格控件中, 可对检索数据数组进行显示。为防止索引值大于数据条目数, 需要对索引值进行限制。限制方法为: 用数组大小 VI

获取检索数据数组的行数和列数，并调用索引最大值属性节点，将行数写入索引属性节点，控制索引最大值。

　　因本章建立的远程磨削数据库需在 SQL Server 中进行远程异地设置，当 LabVIEW 与 SQL Server 服务器响应时间太长时，无法判定是网络问题还是读取数据库问题，从而增加错误输出判断。因此，在建立远程数据库时，增加了错误指示灯功能（当读取数据库错误时，错误指示灯亮起）。这样，若数据库响应太慢，错误指示灯未亮，则可以判定是网络延迟问题。数据读取流程如图 6-26 所示。

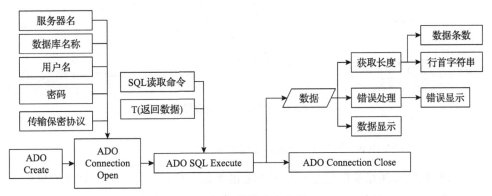

图 6-26　数据读取流程

　　读取磨削数据库以后，检索数据数组以表格形式显示在 SQL 显示表格控件中。在波形 *XY* 图中，对读取的磨削功率幅值数据进行回放预览并直观展示。检索显示磨削功率幅值数据前，通过调用索引属性节点值，对数据显示的索引值进行限值。用截取字符串 VI 对采集时间进行截取，将平均功率值写入波形 *XY* 图。同时，将 VI 中属性节点的游标 *Y* 坐标值录入，使得平均功率直观显示在 *XY* 图上。数据拟合与显示流程如图 6-27 所示，开发的数据读取模块如图 6-28 所示。

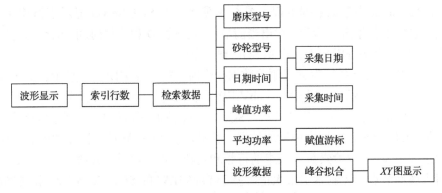

图 6-27　波形数据拟合与显示流程

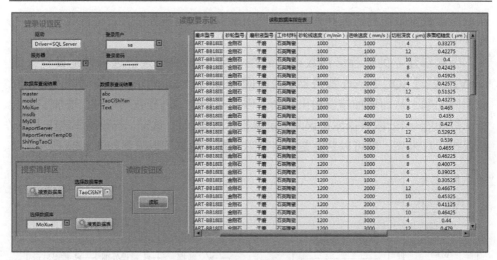

图 6-28　数据库数据读取模块

3. 基于 LabVIEW 的 SQL Server 数据删除

数据删除模块是删除数据库中不必要的数据，保证数据的唯一性和准确性。要对 SQL Server 数据进行删除，首先要生成 SQL 删除命令，在 SQL Server 中，删除数据的命令格式为：DELETE FROM 数据表名 WHERE 条件$_1$ AND 条件$_2$ AND … AND 条件$_n$。

当网络采集客户端较多时，同一采集时间不可避免地会采集不同客户端的波形数据。因此，SQL Server 数据删除的判定条件设计为：采集时间等于当前波形显示时间，且 ID 不等于当前磨削数据的 ID 索引。在 SQL Server 中，用符号"<>"来表示"≠"。因此，本章设计的删除命令为：DELETE FROM 数据表名 WHERE 采集时间 ="当前波形采集时间" AND ID <> "当前波形 ID"。

SQL Server 中删除数据流程如图 6-29 所示，在 SQL Server 显示表格控件中，对当前显示的数据进行检索，找出当前显示数据的 ID 和采集时间。最后用连接字符串 VI 将所有字符串相连，得到 SQL 删除命令。

对 SQL Server 数据库进行删除数据操作时，需要先关闭波形显示，防止数据删除以后，无法显示波形数据。LabVIEW 删除 SQL Server 数据库方式同写入数据方式的区别仅在于命令格式不同。SQL Server 数据库执行 SQL 删除命令后，需重新从 SQL Server 数据库中读取数据，并显示在 SQL 显示表格控件中。同样需用数组大小 VI 获取检索数据数组的行数和列数，调用索引最大值属性节点，将行数写入属性节点，控制索引最大值。基于 LabVIEW 的 SQL Server 数据删除流程如图 6-30 所示，本章开发的数据删除模块如图 6-31 所示。

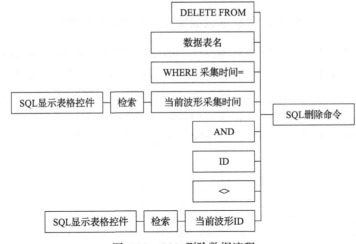

图 6-29　SQL 删除数据流程

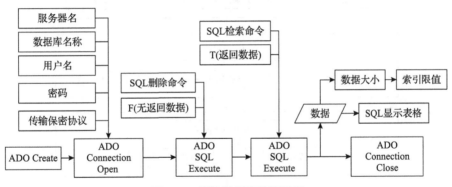

图 6-30　删除数据库数据流程

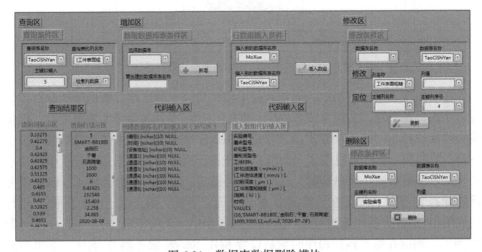

图 6-31　数据库数据删除模块

6.4.2　基于 LabVIEW 的远程磨削数据库模块结构与配置方法

　　远程磨削数据库功能模块软件设计如图 6-32 所示。基于 LabVIEW 与 SQL Server 互联，在 LabVIEW 中对 SQL Server 数据库进行登录模式选择、初始化、删除库/表、删除重复数据、命令输入等可视化操作。维持 SQL Server 中数据库初始化和数据格式标准化，保证程序完整运行。基于以上操作将远程磨削数据库系统软件设计为 SQL 登录模块、检索模块、SQL 初始化模块和 SQL 删除库/表模块四个模块。

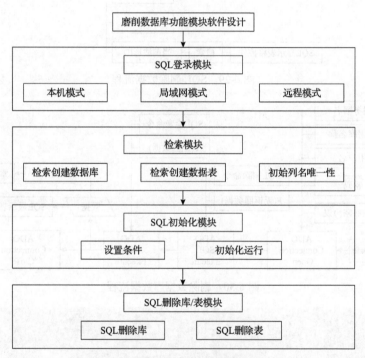

图 6-32　远程磨削数据库功能模块软件设计

　　在车间现场实际应用中，通常监控采集模块位于磨床端，数据接收分析模块位于个人计算机端、实验室或者机房，SQL Server 服务器位于大数据中心。根据模块位置选择不同的登录方式：①当 SQL Server 服务器和数据接收分析模块位于一台计算机时，选择本机模式。②当 SQL Server 服务器和数据接收分析模块位于同一局域网或者同一路由器时，选择局域网模式。此时，应指定 SQL Server 服务器的静态 IP 地址，保证在局域网中 IP 地址固定不变，防止由于自动获取 IP 地址造成的 IP 地址更换而无法登录。若在实际操作中，无法指定 SQL Server 服务器 IP 地址，则应在每次运行程序时重新设置 SQL Server 服务器 IP 地址。③当 SQL Server 服务器和数据接收分析模块不在同一局域网或者同一路由器下，即 SQL

Server 服务器和数据接收分析模块之间通过 Internet 传输数据，此时应使用远程模式。在此模式下，各互联网服务供应商(Internet service provider，ISP)无法做到为每个互联网用户或每台主机都提供唯一的静态 IP 地址，本章使用"动态 IP 地址"方法，即每次用户连接到互联网时，ISP 的主机会随机为该用户分配一个动态 IP 地址。这时，每台主机无法预知自己下次登录时的 IP 地址，其客户端也无法通过动态 IP 地址建立连接。为解决互联网中动态 IP 地址问题，使用动态域名解析服务客户端程序，用户当前动态 IP 地址会被即时发送到动态域名解析服务器上进行解释，并且将当前 IP 地址和某"固定"域名绑在一起。由此，数据库客户端可以始终通过一个固定的域名，访问某绑定该固定域名的远程磨削数据库服务器。

　　SQL 登录模块包含登录模式选择和模式指示灯两部分。用户在选定某一运行模式后，对应的模式指示灯亮起，而其余模式指示灯必须熄灭。因为 LabVIEW 在运行时，不重新赋值会继续保留上次运行结果，所以在选择模式后，其他模式指示灯重新赋值 OFF。各模式选择和指示灯运行关系如表 6-1 所示。

表 6-1　模式指示灯运行关系表

模式选择	本机指示灯	局域网指示灯	远程指示灯
本机模式	ON	OFF	OFF
局域网模式	OFF	ON	OFF
远程模式	OFF	OFF	ON

　　SQL 初始化模块的作用是在 LabVIEW 中对 SQL Server 远程磨削数据库进行初始化操作，包括对数据库、数据表、列名、列属性进行设置。用户在使用之前，需按照以下步骤进行相应设置。①在 SQL 初始化模块中输入数据库名称、表数据名称、SQL Server 登录用户名和密码。②在 SQL 初始化表格中的列名、SQL 数据类型、NULL 和重复判定中输入对应数据。其中，列名对应 SQL Server 数据库中的列名，SQL 数据类型为 Server SQL 中的数据类型，NULL 的作用是指定在 SQL Server 中是否允许空值，重复判定用于指示是否将对应列名作为重复判定标准，代码如表 6-2 所示。③按下初始化按钮，初始化指示灯亮。初始化完成以后，初始化按钮弹起，同时指示灯熄灭。

表 6-2　重复判定代码表

类型	内容	含义
重复判定	MUST	必须类型，不能空，作为删除时排除对比的数据
	YES	此列在 SQL 重复数据判定时，作为对比数据
	NO	此列在 SQL 重复数据判定时，不作为对比数据

初始化程序运行时,首先检索创建数据库,其次在创建的数据库中创建数据表。数据表创建完成以后,根据用户输入的 SQL 列名检索数据表中的列名。为了保持 SQL 列名和数据表内列名一致,需要检索两次:第一次将 SQL 列名写入数据库;第二次将数据库中多余的列名进行删除。

检索出数据表中所有列,顺序检索用户输入的 SQL 列名。依次与数据表中的列进行对比,若数据表中没有此列,则在数据表中创建此列。初始化程序运行程序流程如图 6-33 所示。

图 6-33　初始化程序运行程序流程

SQL Server 的安装程序在安装时默认建立 Master、Tempdb、Model 和 Msdb 四个系统数据库。调取数据库列表,然后搜索数据库列表中是否有客户输入的数据库名称,若没有则创建数据库。检索创建数据库流程如图 6-34 所示。

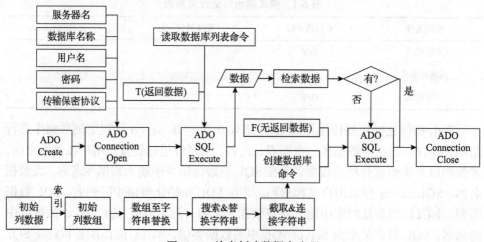

图 6-34　检索创建数据库流程

通过"ADO SQL Create.vi",输入数据库名称、表数据名称、用户名和密码,创建连接对象并建立与 SQL Server 的连接。在创建 SQL Server 连接时,必须要输入数据库名称,推荐用系统默认内置的数据库 Model 代替。在 SQL Server 中,查询用户数据库的命令为"SELECT * FROM 数据库名称"。

将查询用户数据库命令连线至"ADO SQL Execute.vi"的命令输入端,数据返回方式:空(默认返回数据)。程序运行时,"ADO SQL Execute.vi"输出系统中用户的所有数据库的二维数组。数据库名称位于 0 列,且前 4 个为默认系统数据库。在索引数组 VI 中输入列索引 0,可以得到含有数据库的一列一维数组。用数组子集 VI 索引此列一维数组，索引输入为 4，可以得到用户数据库一维数组。

用搜索一维数组 VI 搜索用户数据库一维数组，若数组中含有用户数据库名，则输出名称位置索引。若数组中没有用户数据库名，则搜索一维数组 VI 输出 "–1"。利用条件结构，当搜索一维数组 VI 输出值 "<0" 为 TRUE 时，代表系统中无用户输入数据库，需要创建数据库。在 SQL Server 中，创建数据库的命令为 "CREATE DATABASE 数据库名称"。

将创建数据库命令连线至 "ADO SQL Execute.vi" 的命令输入端，数据返回方式：FALSE（无返回数据）。程序运行时将创建用户数据库，运行结束以后用 "ADO Connection Close.vi" 关闭数据库连接。

若需要实时显示数据库列表和数据表列表，LabVIEW 需要随时访问 SQL Server，则占用系统、网络及 SQL Server 大量资源。为节省程序运行占用资源，数据库列表和表数据列表不需实时显示。因此，在进行 SQL 删除数据库、数据表操作时，需要对数据库和数据表进行显示更新。本章采用索引检索对删除的数据库或者数据表进行选择，并显示删除的数据库或者数据表名称，流程如图 6-35 所示。

图 6-35 SQL 删除数据库/表程序流程

参 考 文 献

[1] Morgan M N, Cai R, Guidotti A, et al. Design and implementation of an intelligent grinding assistant system[J]. International Journal of Abrasive Technology, 2007, 1(1): 106.

[2] 田业冰, 王进玲, 胡鑫涛, 等. 一种用户-基础-过程-知识递进结构的远程磨削数据库管理系统及高效低耗智能磨削方法[P]: 中国, CN114153816A. 2022.03.08.

[3] 李建伟. 磨削功率与能耗远程监控系统及专家数据库的研究[D]. 淄博: 山东理工大学, 2021.

[4] Li C, Li J X, Si J H, et al. FluteDB: An efficient and dependable time-series database storage engine[C]. The 10th International Conference on Security, Privacy and Anonymity in Computation, Communication and Storage Lecture Notes in Computer Science, Guangzhou, 2017.

[5] 王玙, 左良利. 关系数据库支持的不确定时间序列存储[J]. 计算机技术与发展, 2019, 29(11): 7-11.

[6] Rhea S, Wang E, Wong E, et al. Little Table: A time-series database and its uses[C]. Proceedings of the ACM International Conference on Management of Data, Chicago, 2017.

[7] 李阳. 石英陶瓷复合材料磨削工艺优化及表面粗糙度在线监测研究[D]. 淄博: 山东理工大学, 2022.

[8] 李建伟, 田业冰, 张昆, 等. 面向磨削数据库的功率信号压缩方法研究[J]. 制造技术与机床, 2021, (8): 117-121.

[9] 王进玲, 李建伟, 田业冰, 等. 磨削功率信号采集与动态功率监测数据库建立方法[J]. 金刚石与磨料磨具工程, 2022, 42(3): 356-363.

[10] 王进玲. 磨削功率监控与高效低耗工艺参数优化方法研究[R]. 淄博: 山东理工大学, 2023.

第7章 磨削加工智能控制技术

7.1 磨削功率/能耗智能监控与优化决策软硬件系统调用

针对当前实际磨削加工过程中主要通过看磨削火花、听磨削声音的经验方式来判断磨削状态、设定和调整磨削参数的现状，本章开发磨削功率/能耗智能监控与优化决策硬件系统、软件系统和磨削数据库。各系统和模块调用过程如图 7-1 所示，相关模块如图 7-2 所示。通过比较实时磨削功率与判定临界功率阈值下限 P_1 和上限 P_2 的大小关系，判断磨削状态，实现对磨削过载、砂轮钝化、磨削烧伤等的有效分析与预判[1]。研发的磨削功率/能耗智能监控与优化决策系统可应用到磨料、磨具与磨削相关制造行业，促进实现高效率、低能耗、智能生产。

磨削功率/能耗智能监控与优化决策系统调用包括以下步骤(图 7-3[2])：

(1)将磨削功率/能耗智能监控与优化决策系统和磨床主轴驱动电机相连接。

(2)设定磨削输入参数，包括砂轮线速度、工件进给速度、磨削深度、磨削余

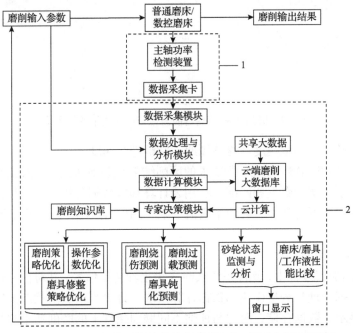

图 7-1 磨削功率/能耗智能监控与优化决策系统调用关系说明

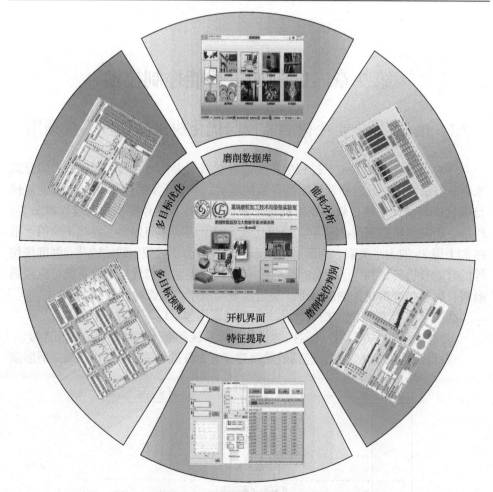

图 7-2　磨削功率/能耗智能监控与优化决策软件系统

量、砂轮修整量、修整速度、修整周期、修整进给速度。

（3）将当前磨削输入参数、所要求的磨削结果与磨削知识库以及云端磨削大数据库中的磨削实例和数据相匹配，利用云计算和大数据分析现代信息技术获取当前磨削输入参数下磨削加工的功率阈值下限 P_1 和上限 P_2，从而确定磨削功率阈值范围$[P_1, P_2]$。

（4）开始磨削加工。

（5）磨削加工过程中，硬件系统实时采集主轴功率信号，并对信号进行模数转换，通过数据处理与分析模块和数据计算模块，计算当前磨削状态下的磨削功率与能耗，显示、数据存储、对比与评估不同磨削条件下的磨削功率与能耗，共享实时监测磨削功率和能耗，更新磨削动态数据库。

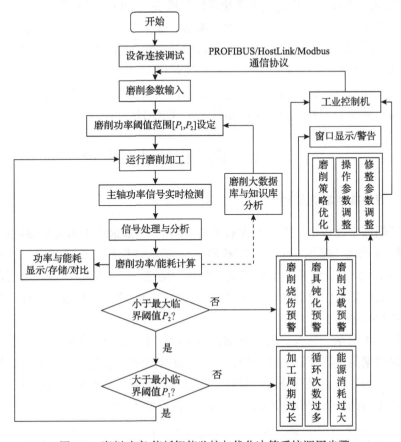

图 7-3 磨削功率/能耗智能监控与优化决策系统调用步骤

(6) 将计算所得当前磨削状态下磨削功率与系统预设的临界阈值 P_1、P_2 进行对比分析。

① 当磨削功率大于最小临界阈值 P_1 且小于最大临界阈值 P_2 时，系统判断当前磨削加工处于高效率低能耗的正常状态，保持当前磨削加工。

② 当磨削功率大于等于最大临界阈值 P_2 时，系统判断当前磨削状态即将出现磨削过载、砂轮钝化、磨削烧伤的问题，以窗口显示的方式做出预警。磨削功率/能耗智能监控与优化决策系统的软件模块进行以下优化调整：磨削策略优化，包括空磨、粗磨、半精磨、精磨的调整；操作参数调整，包括磨具速度、进给速度、磨削深度；修整参数调整，包括砂轮修整周期、修整速度、进给量、修整量的调整，通过工业控制机进行强制退刀和磨削参数的反馈调控。

③ 当磨削功率小于最小临界阈值 P_1 时，磨削功率/能耗智能监控与优化决策系统判断当前磨削状态存在加工周期过长、循环次数过多、能耗过大的问题。磨

削功率/能耗智能监控与优化决策系统的软件模块进行以下优化调整：磨削策略优化，包括空磨、粗磨、半精磨、精磨的调整；操作参数调整，包括磨具速度、进给速度、磨削深度；修整参数调整，包括砂轮修整周期、修整速度、进给量、修整量，通过工业控制机进行磨削参数的反馈调控。

重复步骤(2)～(6)，直到当前磨削功率在系统所设定的阈值范围$[P_1, P_2]$内，即实现当前磨削加工处于高效率低能耗的正常磨削状态。

7.2　磨削知识数据的动态配置

7.2.1　知识数据离散化处理

在磨削加工过程中，磨削知识数据是磨削工艺(如最优磨削工艺参数)、砂轮工艺(最优砂轮修整策略)和功率/能耗阈值(如磨削烧伤阈值功率/能耗、砂轮磨损阈值功率/能耗)复合结果，很难确定一个单一结论[3]。磨削功率/能耗智能监控与优化决策系统根据信息关联度推断多个可供参考的结论，并根据关联度对磨削知识数据进行排序。

如图 7-4 所示，首先，需要将知识数据存储于关系型数据库表中；其次，将磨削知识数据集进行离散关联处理；再次，根据监测功率/能耗信号和提取的特征值，对磨削加工状态进行分析；最后，通过优化决策获取磨削知识数据，并将磨削知识库作为远程磨削数据库的云端部分，供反馈参考[4]。

图 7-4　磨削知识数据处理流程

在磨削知识数据中，磨削用量如砂轮线速度、工件进给速度的变化一般是连续的。但是，在使用中不可能将知识数据的每一个数据都作为推理的一个要素，通常需要的是一个范围内的准确数据值，先应对磨削知识数据进行离散化处理。

基于数据挖掘的关联规则，将磨削知识数据进行筛选并集合分类。每一个集合对应唯一 ID，对应一个事件。一条完整的磨削知识数据是不同 ID 数据的集合，经过数据资源离散处理后，磨削数据库存储知识数据表示为磨削数据知识={磨床参数}∪{磨具参数}∪{磨削液参数}∪{磨削方法参数}∪{磨削加工参数}∪{砂轮参数}∪{磨削功率数据}∪{其他}。

在进行离散化处理时，需首先保证知识数据的唯一性，防止优化决策误判。当知识数据中有重复数据时，可以使用重复数据删除单元。操作分为人工和专家两种。人工删除时，按"SQL 删重"按钮，即可删除重复数据；专家删除时，根据设定周期和数据的容量自行操作。删除数据首先进行依据选择，对用户标定"YES"的项进行筛选生成判定项数组。读取数据库中全部数据利用 FOR 循环进行顺序检索，生成判定值数组。对判定项数组、判定值数组按照 SQL Server 删除命令进行格式标准化生成 SQL Server 删除命令，由 LabVIEW 发送命令至 SQL Server 执行。

7.2.2　知识数据判定索引

读取 SQL 显示栏中的知识数据，转为 SQL 显示数组。进一步读取 SQL 显示数组带有 YES 标记的行列，得到所有重复选择项数组。利用 FOR 循环索引隧道，检索重复判定项数组，得到重复判定元素。将判定元素与"YES"进行对比，如果相等，则将索引 i 值写入索引数组。此时 i 值与数组中相同元素的位置索引相同。若元素与搜索值不相等，则直接输出 FOR 循环中移位寄存器的索引数组，不进行修改。通过 FOR 循环的移位寄存器，输出得到索引数组。生成判定项数组程序流程如图 7-5 所示。

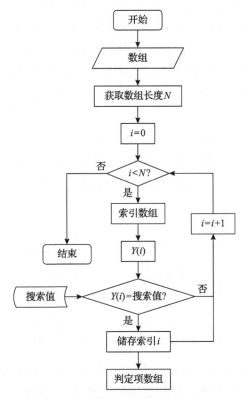

图 7-5　生成判定项数组程序流程图

　　读取 SQL 显示数组中带有判定项名的行列，得到所有重复判定项数组，利用 FOR 循环的索引隧道检索数组索引 VI 中输出的索引数组，得到位置索引。将索引输入到索引数组 VI，即可检索出重复判定项数组中的数组元素。通过自动索引隧道输出得到包含所需判定元素的输出数组，此输出数组即包含判定项的判定项数组。

　　读取数据为包含 ID 和用户选择判定项的所有数据，SQL Server 读取数据命令为：SELECT ID，判定项 1 ⋯ 判定项 n　FROM　表数据　ORDER BY ID ASC。利用连接字符串 VI 连接生成 SQL 读取判定项数据命令，通过 "ADO Create.vi" 创建一个 SQL Server 连接对象。利用 "ADO Connection Open.vi" 建立与 SQL Server 的连接。由 "ADO SQL Execute.vi" 的命令输入端输入 SQL 读取数据命令，由 "ADO SQL Execute.vi" 输出数据库中所有符合条件的数据。

　　利用 "索引数组.vi" 找出对应的 ID 数组和判定项值数组。利用 WHILE 循环，将 i 输入索引数组 VI 的列输入端，可从 0 行开始顺序检索 ID 数组，得到每条数据的 ID。因为索引值一致，所以检索到的数据 ID 和判定项值数组是一致的。

　　删除 SQL Server 数据时，删除的数据 ID 不能等于当前对比的 ID。若相等，则会将重复数据和对比数据一起删除。在命令最后，需要增加区分命令。在 SQL Server 中，用符号 "<>" 来表示 "≠"。本程序重复删除命令为：DELETE FROM 数据表名 WHERE（项目$_1$名＝"项目$_1$值"）AND（项目$_2$名＝"项目$_2$值"）⋯AND（ID<> "当前波形 ID"）。

　　根据判定项数组[项目$_1$名，项目$_2$名，⋯，项目$_n$名]和判定项值数组[项目$_1$值，项目$_2$值，⋯，项目$_n$值]的对应关系，如图 7-6 所示。按照 SQL Server 输入条件命令格式组合成字符串：（项目$_1$名＝"项目$_1$值"）AND（项目$_2$名＝"项目$_2$值"）⋯AND⋯。

图 7-6　判定项数组和判定值数组关系

　　令 FOR 循环的移位寄存器初始为空字符串，利用 FOR 循环的索引隧道索引输入数组和输入数值的元素，即判定项数组和判定值数组。利用连接字符串 VI 将输入数组元素和输入数值元素按照 SQL 删除重复数据命令格式进行连接。对于多项目条件，利用连接字符串 VI 与移位寄存器字符串相连。如图 7-7 所示，通过 FOR 循环的移位寄存器输出得到 SQL Server 删除重复数据命令。由 "ADO SQL Execute.vi" 的命令输入端循环输入 SQL 删除重复数据命令，可以删除数据库中所有符合条件的数据。

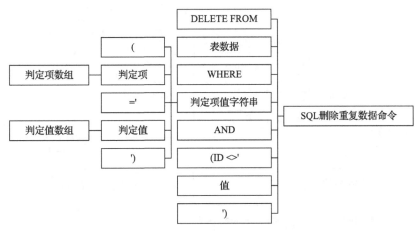

图 7-7　SQL 删除重复数据命令

7.2.3　知识数据挖掘及关联性分析

数据挖掘方法有很多，包括关联规则分析、聚类、神经元网络、决策树、贝叶斯网络、遗传算法等[5]。其中，关联规则是一个重要问题，最初应用在商业市场的 "货篮分析" 主要是用于判断大量数据库中项之间的关系，提高关联数据的检索力度[6]。对于磨削知识数据，建立磨削能耗和加工过程的直接联系，便于丰富专家知识库。例如，在磨削知识数据中，可能存在对同一类工件材料采用不同刀具材料、刀具直径进行磨削的知识数据。若知识数据足够多，则可以通过关联规则挖掘得到工件材料和刀具材料之间的匹配信息，进一步分析磨削参数随着刀具直径的变化趋势，从而推理有参考价值的规则知识。

随着人工智能技术特别是专家系统技术在诊断领域中的应用，产生了基于知识的诊断推理。产生式知识表示是目前专家系统使用最为广泛的一种知识表示方法，使用这种表示方法的专家系统称为基于规则的专家系统。整个产生式知识表示的含义是：如果前提条件 P 被满足，那么可得到结论 Q。基于规则的知识数据决策流程如图 7-8 所示。

将当前磨削输入参数、所要求的磨削结果与磨削数据库系统知识库中的磨削数据相匹配。读取磨削专家数据库中当前磨削输入参数下磨削加工的功率最大值和最小值，从而确定磨削功率阈值范围 $[P_1, P_2]$。磨削加工过程中，实时采集主轴

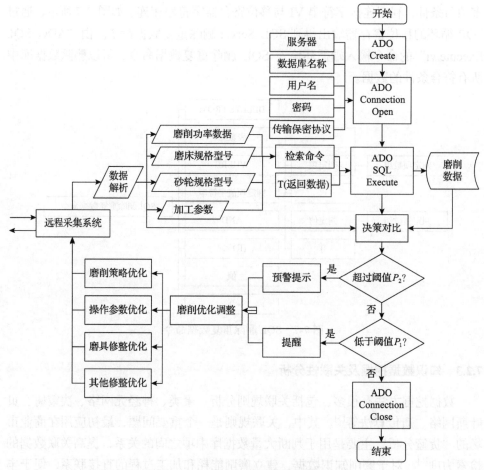

图 7-8　基于规则的知识数据决策流程图

功率信号，通过数据处理与分析模块，计算当前磨削状态下的磨削功率与能耗，显示、数据存储、对比与评估不同磨削条件下的磨削功率与能耗，实时监测磨削功率和能耗。将计算所得当前磨削状态下磨削功率与系统预设的临界阈值进行对比分析，若磨削过程未接收到异常标记但是功率数值超过阈值范围，则动态更新数据库[7]。

　　当磨削功率大于最大临界阈值 P_2 时，磨削专家决策系统会判断当前磨削状态即将出现磨削过载、砂轮钝化、磨削烧伤的问题。此时，决策系统会以窗口显示的方式做出预警，提醒用户进行如图 7-9 所示的磨削优化调整。通过远程采集模块与机床的连接，控制进行强制退刀和磨削参数的反馈调控。同样，当磨削功率小于最小临界阈值 P_1 时，磨削专家决策系统会判断当前磨削状态存在加工周期过长、循环次数过多、能耗过大的问题。此时决策系统也会以窗口显示的方式做出提醒，并按图 7-9 所示的磨削优化方法进行调整。通过工业控制机进行磨削参数的反馈调控，实现当前磨削加工处于高效率低能耗的正常磨削状态。

图 7-9 磨削优化调整

7.2.4 知识数据配置

图 7-10 为磨削知识数据的调用/使用流程[8]，包括以下步骤：

(1)软件使用者在服务器端应用程序接口输入磨削加工基础数据。

(2)调用数据匹配功能，自动比对网络服务云端中适用于磨削加工对象数据的最优磨削工艺参数和最优砂轮修整策略(磨削知识数据)，若知识数据匹配失败，则跳转至步骤(3)；若知识数据匹配成功，则跳转至步骤(7)。

(3)软件系统管理者将系统权限反馈至数据库设计者，进行全因素磨削加工实验方案设计。

(4)软件系统管理者将系统权限反馈至数据库使用者，按照全因素磨削加工实验方案进行磨削实验，构建实验数据样本。

(5)软件系统管理者将系统权限反馈至数据库设计者，调用智能决策优化功能，以加工能耗、加工时间、表面质量等为目标进行高效低耗磨削工艺决策，智能获取磨削工艺知识数据，并在网络服务云端存储磨削工艺知识数据。

(6)软件系统管理者将系统权限反馈至数据库使用者。

(7)网络服务云端通过 TCP/IP 数据传输协议将磨削工艺知识数据传递给移动客户端应用程序接口。

(8)根据最优磨削工艺参数、最优砂轮修整策略(磨削知识数据)进行磨削加工。

(9)移动客户端应用程序接口实时监测磨削加工中的主轴功率信号，调用动态流数据压缩处理功能对主轴功率信号进行压缩处理后，存储为主轴功率实时监测数据，并调用功率信号特征提取功能，提取主轴功率特征数据。

(10)调用数据匹配功能，进行初始阈值功率、净材料去除比磨削能与砂轮钝化状态阈值功率和阈值比磨削能比较，判断砂轮是否钝化，若砂轮钝化，则跳转至步骤(11)；若砂轮未钝化，则进一步进行净材料去除功率峰值与磨削烧伤阈值

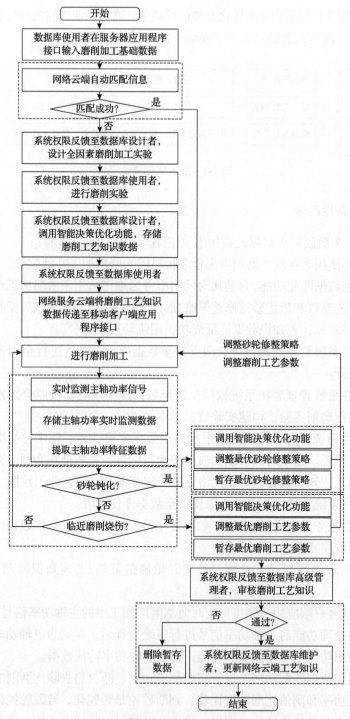

图 7-10 磨削知识数据的调用/使用流程

功率比较，判断是否临近发生磨削烧伤，若未临近发生磨削烧伤则返回步骤(8)继续进行磨削加工，若临近发生磨削烧伤则跳转至步骤(12)。

(11)调用智能决策优化功能，获取砂轮修整优化策略，并返回步骤(8)实时调整最优砂轮修整策略，进行磨削加工，并将优化后的最优砂轮修整策略暂存至移动客户端应用程序接口。

(12)调用智能决策优化功能，获取磨削工艺参数优化策略，并返回步骤(8)实时调整最优磨削工艺参数，进行磨削加工，并将优化后的最优磨削工艺参数暂存至移动客户端应用程序接口。

(13)软件系统管理者将系统权限反馈至高级管理者，审核暂存移动客户端应用程序接口的最优磨削工艺参数和最优砂轮修整策略(磨削知识数据)。

(14)若审核失败，则删除暂存数据；若审核成功，则软件系统管理者将系统权限反馈至维护者，更新网络服务云端中的最优磨削工艺参数和最优砂轮修整策略(磨削知识数据)[9,10]。

7.3　自适应反馈控制技术

7.3.1　自适应反馈控制系统

1. 自适应反馈控制系统结构

图 7-11 为自适应反馈控制系统结构，包括五部分：传感器、优化决策系统、控制器、驱动器和执行器[11-15]。其中，传感器用于采集被控制对象的状态信息，并将采集到的信息反馈给计算机，使用第 2 章介绍的功率/能耗在线/远程监控硬件系统。优化决策系统是整个自适应反馈控制系统的核心，使用第 3 章介绍的

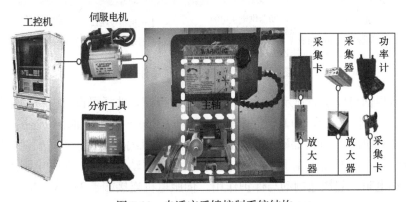

图 7-11　自适应反馈控制系统结构

EconG©系统。控制器用于接收计算机反馈的控制信号，并将控制信号送入执行器。驱动器需要接收控制器的指令信号并进行解码和处理，然后将处理后的信号转化为适合执行器执行的驱动信号，如 SMART B818III 磨床的伺服系统。执行器将驱动器的驱动信号转化为实际运动，并在控制器不断发出控制信号的情况下，持续执行相应的运动，从而实现自适应反馈控制系统对受控对象的精确控制，如 SMART B818III 磨床的主轴电机、进给轴电机等。

2. 基于自适应控制的四轴伺服运动系统

自适应控制系统硬件连接如图 7-12 所示。采用的 Clipper 控制器包含 8 个轴连接接口，可实现 8 轴联动。每个接口与伺服驱动器连接，实现控制器与驱动器之间的信号传递。伺服驱动器由显示界面、运行模式选择、上位机指令端口、电机编码器端口、驱动器供电主电源输入端子、制动电阻连接端子、伺服电机连接端子和接地端子组成。

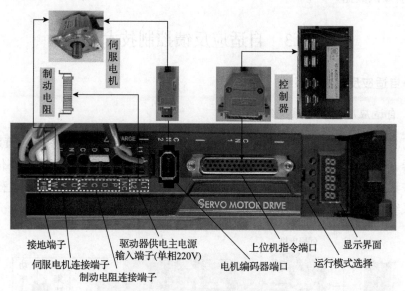

图 7-12　自适应控制系统硬件连接

显示界面可以实时显示电机运行速度，运行模式选择可设计电机使能和脉冲数等参数。上位机指令端口需根据阵脚含义与 Clipper 控制器轴端口连接，连接方式如图 7-13 所示。电机编码器端口连接在伺服电机编码器上，实时反馈电机转速和位置信息。电源输入端子与电源连接，负责为驱动器供电。制动电阻连接端子可连接小电阻，起快速制动与保护作用。伺服电机连接端子 U、V、W 分别与电机三相连接，作为电机输入电源。

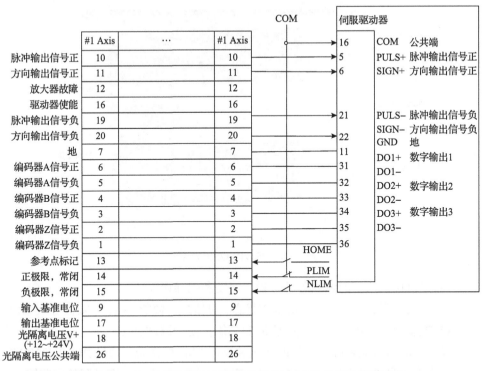

图 7-13　Clipper 控制器与伺服驱动器 T3a-L30F-GABF 接线示意

7.3.2　机床交互控制

1. PMAC 控制环境

可编程多轴控制器(programmable multi-axis controller, PMAC)是美国 DELTA TAU DATA SYSTEM 公司研发的一种开放式多轴运动控制器[16]。PMAC 控制程序采用 BASIC 文本语言编写。与主流可编程逻辑控制器(programmable logic controller, PLC)软件普遍使用的梯形图编程形式不同,BASIC 编程方式更加直观且方便修改 PLC 逻辑和参数、更容易理解内部逻辑,具有良好的人机交互性。控制软件采用 PEWIN32PRO2,如图 7-14 所示。

功能窗口包括:

(1)程序编辑,提供文本类型的程序编辑框,可编写运动程序和 PLC 程序,并可以直接下载到 PMAC 进行保存。

(2)在线控制,实时调整各轴运动参数。

(3)在线指令,发送各种在线命令,如程序启动、停止、进给等,为各轴或各坐标系设置相应参数,如速度大小、加速度大小、是否使用报警限位功能等。此外,通过在线指令可以发送变量名,查询变量数值。

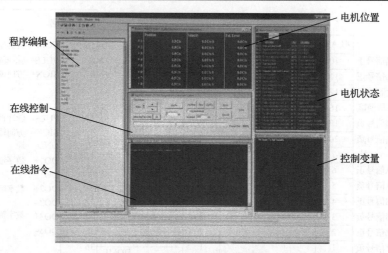

程序编辑

在线控制

在线指令

电机位置

电机状态

控制变量

图 7-14　PEWIN32PRO2 界面

(4)电机位置，实时监控各轴位置、速度和跟随误差。

(5)电机状态，提供各轴电机工作状态，包括是否使能、报警、限位等状态位。

(6)控制变量，可以实时监控所需变量值，便于调试 PLC。

以上功能窗口能够提供方便的调试和监控 PMAC 系统，通过 PEWIN32PRO2软件，操作人员可以直接与 PMAC 进行交互，并对系统进行实时调整和监控。

2. 上下位机通信

本书搭建的四轴运动控制系统建立在上下位机之间协调工作的基础上，上下位机连接流程如图 7-15 所示。具备上位机与 PMAC 运动控制器通信模块，利用提供的应用程序接口(application programming interface, API)函数，通过网线接口发送与接收命令数据包，判断上下位机是否连接成功。

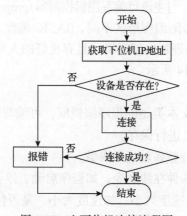

图 7-15　上下位机连接流程图

上位机调用的主要程序和 API 函数包括：

//添加、删除、更新和配置 PMAC 设备

SelectDevice(long hWindow,long *pDeviceNumber, BOOL *pbSuccess)，其中 pDeviceNumber 表示所选择的设备号，pbSuccess 作为返回值表示上位机是否选择成功

//设备打开

Open(long dwDevice,BOOL *pbSuccess)，其中 dwDevice 和 pbSuccess 分别表示设备号和状态返回值

//设备关闭

Close(long dwDevice)，其中 dwDevice 表示设备号

//PMAC 复位

$$$***(全卡复位)、P0..1023=0(P 变量复位)、Q0..1023=0(Q 变量复位)、M0.1023->* M0..1023=0(M变量复位)、UNDEFINE ALL(坐标系复位)、SAVE(保存清空的配置)

四轴伺服运动控制系统是一套高速高精度的数控系统，为充分发挥 PMAC 运动控制器性能，减少上下位机通信时间，提高系统反应能力，搭建的四轴伺服运动系统的工作流程如图 7-16 所示。

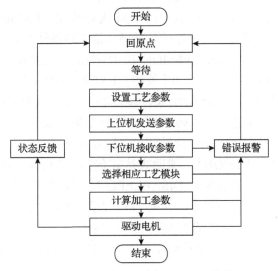

图 7-16　上下位机驱动伺服电机工作流程

由上位机发送磨削工艺参数，下位机接收磨削工艺参数并选择相应的工艺模块，驱动电机进行加工。当 PMAC 运动控制器完成参数计算时出现超程等问题，向上位机报送错误，由上位机进行错误处理，并回原点，重新发送工艺参数。

3. Clipper 控制卡运动程序

Clipper 控制卡运动程序提供了灵活的功能和多样的控制选项,可以同时存储 256 个运动程序,并在任意时刻执行这些程序,用于控制电机按照指令进行运动[17]。Clipper 控制卡运动程序包括以下特点:①运动程序必须在一个坐标系下运行;②每次最多可以控制 224 个运动程序;③一个运动程序可以在不同的坐标系下运行,最多运行 16 个;④同一坐标系一段时间内只能运行一个运动程序;⑤最多可同时执行卡上坐标系数量相同的运动程序;⑥运动程序可调用其他运动程序作为子程序;⑦运动程序可以选择传递参数的地址;⑧运动程序可以执行数学、逻辑和输入/输出相关的操作;⑨运动程序和 PLC 一样,使用相同的流程逻辑控制[18]。

Clipper 控制卡运动程序语言具有类似 BASIC 或 PASCAL 的简明语法,同时支持数控 G 代码(RS-274)机器语言,并允许与 PLC 程序相互调用[19]。PMAC Clipper 控制卡的运动程序指令按功能分类为运动指令、模态指令、变量赋值指令、逻辑控制表达式和辅助表达式五种类型[20]。

运动指令定义轴的运动方式和位移单位或赋值变量,可同时运行或按顺序执行。模态指令包括运动模式,定义运动轨迹属性,如绝对/增量位置、轴/矢量运动、速度/时间控制以及插补方式。变量赋值指令较为简单,如{VARIABLE}={EXPRESSION},其中 VARIABLE 为 P、M 或 Q 变量,EXPRESSION 为数值或包含变量的表达式。逻辑控制表达式包括循环语句和条件语句,其中条件循环指令形式为 WHILE[条件]{EXPRESSION}ENDWHILE,循环程序在条件为真时反复执行。假设结构指令形式为 IF[条件]{EXPRESSION}ELSE{EXPRESSION}ENDIF,用于条件判断,可嵌套使用。条件跳转指令形式为 GOTO[EXPRESSION],用于无条件跳转到指定行号。带返回语句的无条件跳转指令形式为 GOSUB[EXPRESSION]RETURN,用于跳转到指定行号并返回。程序调用子程序的语句形式为 CALL[EXPRESSION]。辅助表达式包括 DELAY、DWELL、WAIT、COMMAND、ENABLEPLCN 和 DISABLEPLCN,分别用于指定延迟时间、指定等待时间、等待、发送在线指令、启用 PLC 程序和禁用 PLC 程序[21]。

编写 Clipper 控制卡运动程序具体步骤如下:

(1)定义坐标系。运动程序只能在坐标系下执行,格式为"&1"表示 1 号坐标系[20]。

(2)定义轴。轴是坐标系的一个元素,类似于电机,但不是同一概念。通常用字母来表示一个轴,可以将同一个轴分配给不同的电机,格式为"#1->10000X"表示将 1 号电机分配给 x 轴。

(3)编写程序的开始和停止语句。使用"open prog {constant}"开始一个程序,其中{constant}是程序的编号。可以使用 1~32767 的编号,一般使用 1~999。使用命令"CLEAR"清空打开的运动程序缓冲区,以便写入新的内容。使用命令"CLOSE"关闭程序缓冲区。

(4)选择运动模式。Clipper 控制卡运动程序提供七种模态指令,包括直线插补、圆弧插补、B 样条插补、快速运动和 PVT(指定终点位置、速度和运动时间)等。

(5)选择绝对(ABS)或增量(INC)位置程序模式。使用绝对定位时,运动与坐标系的原点有关;使用增量定位时,运动与之前轴的位置有关。

(6)规划运动并配置速度、加速度和时间设置。通过指令设置速度、加速度和时间控制参数,包括 TA、TS、TM 和 F 等指令。

(7)下载运动程序到 Clipper 控制卡。

(8)在 PEWIN32PRO 终端窗口中输入"&n Bm R"来执行运动程序,其中 n 为步骤(1)中定义的坐标系号, m 为步骤(3)中定义的运动程序号。

4. 基于 PMAC Clipper 控制卡的电机运动控制

图 7-17 为单个电机运动控制,使用绝对坐标模式,根据给定的位置进行移动,速度设置为 5000cts/s,加速度时间设置为 0.5s。首先,定义坐标系和电机对应的轴;其次,执行运动主程序将 x 轴移动到指定位置,并在该位置停留一段时间;再次,将 x 轴移动回原点;最后,使用程序调用语句运行程序。

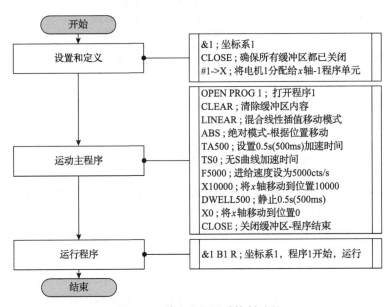

图 7-17　单个电机运动控制过程

图 7-18 为控制单电机实现磨床进给轴直线路径上往复运动。首先,定义坐标系,并指定 x 轴的单位长度为 1000 个电机计数;其次,设定循环语句循环次数(此

处以 10 次为例)，实际使用时能够根据磨削加工工件宽度、砂轮宽度、磨削宽度、前后间隙距离、左右间隙距离等设置量自动计算；每次循环中先正向移动 10cm（对应 10000 个电机计数），然后停留 0.5s，再负向移动 10cm，再停留 0.5s，实际使用中同样根据磨削参数进行自动计算；整个程序结束后，关闭缓冲区；程序运行，并设置坐标系 2，执行命令 B2 R。

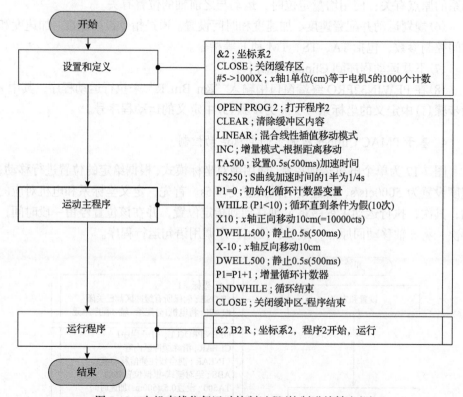

图 7-18　电机直线往复运动控制过程(控制进给轴电机)

图 7-19 为电机围绕 A 轴进行往返运动控制。首先，定义坐标系 1，并指定 A 轴以度(°)为单位进行编程，每个度数对应的电机计数为 27.77777778，设置变量和机器的输入/输出；程序开始时，通过 HOME2 指令找到电机的初始位置，设置线性插补运动模式和 A 轴运动速度(实际使用时，根据主轴转速确定)；使用循环语句 WHILE 来控制运动次数，循环共执行 36 次(实际使用时，根据材料去除量确定)；在每次循环中，根据机器输入 1 的状态来判断电机的移动方向，并根据循环计数器 Q50 的值来计算目标位置；移动到目标位置后，通过 DWELL20 指令保持位置稳定 20ms，并通过设置 M1 变量的值实现机器输出 1 的脉冲输出；循环结束后，返回初始位置，关闭缓冲区；运行程序，设置坐标系 1，执行命令 B3 R。

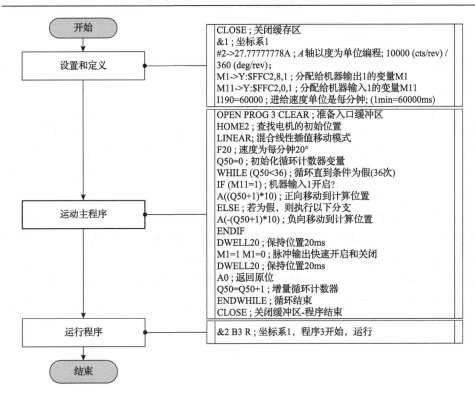

图 7-19 电机旋转运动控制过程(控制主轴电机)

7.3.3 自适应反馈控制技术应用

采用功率监控技术,获取磨削过程中功率信号变化规律,建立磨削输入参数、中间过程物理信号与磨削输出结果的三层映射关系,突破时间响应数据的单一分析。建立磨削自适应反馈控制系统,精准调控磨削加工过程,包括对刀、防碰撞、砂轮修整等,提高磨削加工质量及加工效率,减少磨削烧伤,降低磨削能耗及碳排放[10],如表 7-1 所示。

表 7-1 磨削自适应反馈控制系统应用

功能应用	判断条件	监控反馈控制逻辑
磨削自动对刀	功率信号平均值>设定阈值	伺服系统进给速度改变,实现磨削速度进给。完成对刀过程
突发故障识别	功率信号平均值>设定阈值	报警提示,主轴断电,砂轮和工作台退至机床坐标原点,人工纠错
磨削节能降耗	磨削能耗>设定阈值	报警提示,主轴停转,优化磨削路径,减少空载行程
磨削状态监控	功率信号平均值>设定阈值	调整磨削参数,磨削深度减小,砂轮线速度降低,进给速度降低
砂轮修整监控	功率信号平均值>设定阈值	报警提示,停止磨削加工,进行砂轮修整

1. 磨削对刀自动化

现有精密磨床对刀操作过程中，工件主轴电机及砂轮轴电机均不启动，操纵伺服系统，将砂轮运动到磨削位置，控制 x、y 轴缓慢进给。用手旋转砂轮，使砂轮走过整个工件外圈，当听到接触声音时，调整砂轮向上进给。再反复此过程，直到砂轮与工件无接触声音，判定对刀完成[22]。该方法由于主要靠人工操作，对刀精度的好坏与磨床操作者的经验水平密切相关，而且整个对刀过程费时费力。

为提高磨削加工中对刀精度、提高对刀效率，采用磨削过程监控反馈系统实现对磨削对刀过程的监控。在工件上方一定距离设置安全位置，砂轮从初始位置到安全位置处采用快速进给方式。同时监控磨削加工功率信号，无信号增加时，认为快速进给有效。在到达安全位置之后，采用较快进给速度进给，直至接触到工件位置，此时功率信号达到接触阈值。监控系统会将反馈信号送入磨床自适应反馈控制系统中，系统发出控制指令，调整磨床进给速度至磨削进给速度，开始进入磨削。磨削自动对刀原理如图 7-20 所示。采用该种对刀方式，可以降低空程运动时间，提高对刀精度。

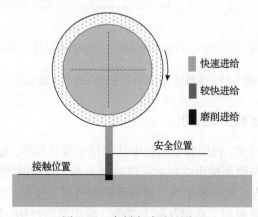

图 7-20　磨削自动对刀原理

2. 磨削防碰撞监控

在磨削过程中，突发的故障会导致磨削过程变得不稳定，进而影响磨削加工的质量与效率。其中，常见的故障来源为主轴故障、伺服系统进给故障等。出现上述问题会导致磨床部件出现重大损伤，甚至出现撞刀乃至主轴损坏的严重后果。

为解决可能出现的主轴或进给轴碰撞隐患，应用本书开发的磨削功率/能耗智能监控与优化决策系统监控磨削过程功率信号变化，在信号出现急剧上升时，发出报警信号，使机床操作者能够快速停机断电，并将机床归于零位。

通常在磨削加工中，碰撞故障主要来自于进给系统。因此，进给系统为最主要的控制对象，建议安装一套磨削功率监控装置于进给轴驱动电机上。在完成对刀进入磨削状态后，监控系统自动检测主轴功率信号的异常变化，若出现突发问题，则触发反馈调控，实现防碰撞监控。

3. 砂轮修整监控

在磨削过程中，砂轮状态与加工质量密切相关。目前，砂轮修整主要通过按件数设置修整间隔来实现。而且，砂轮修整质量控制通过反复实验，固定修整工序及参数来保证。现行方法存在滞后性，加工过程过于保守，不能做到对砂轮磨损状态的实时判断及修正时间的及时调控。因此，对砂轮修整过程的智能监控尤为必要。

根据磨削过程中功率信号特征值的变化，尤其是本书提出的比磨削能密度可视化方法，能够帮助判断砂轮磨损程度，进一步将磨削过程中提取的功率信号特征值与磨损阈值比较，可以判断砂轮是否需要修整。砂轮修整过程监控采用的是自动反馈控制方法，即在系统判断需要砂轮修整时，对机床发送信号，停止磨削，运行砂轮修整程序，进而实现对修整过程的监控。

参 考 文 献

[1] 田业冰. 难加工材料磨削功率/能耗智能监控及分析决策系统研究与开发(特邀报告)[C]. 第三届高校院所河南科技成果博览会, 新乡, 2020.

[2] 田业冰, 范硕, 李琳光, 等. 一种磨削功率与能耗智能监控系统及决策方法[P]: 中国, ZL201711087573.2. 2019.05.24.

[3] 田业冰. 难加工材料磨削功率/能耗智能监控及分析决策系统研究与开发[C]. 2020 年中国(国际)光整加工技术及表面工程学术会议暨 2020 年高性能零件光整加工技术产学研论坛, 常州, 2020.

[4] 李建伟. 磨削功率与能耗远程监控及专家数据库系统研究[D]. 淄博: 山东理工大学, 2021.

[5] Huang Y T, Vanderweele T J, Lin X H. Joint analysis of SNP and gene expression data in genetic association studies of complex diseases[J]. The Annals of Applied Statistics, 2014, 8(1): 352-376.

[6] 王锐. 货篮分析的数据组织与挖掘算法研究[D]. 哈尔滨: 哈尔滨工业大学, 2003.

[7] Tian Y B. Power/energy intelligent monitoring and big-data driven decision-making system for energy efficiency grinding[C]. European Assembly of Advanced Materials Congress, Stockholm, 2022.

[8] 田业冰, 王进玲, 胡鑫涛, 等. 一种用户-基础-过程-知识递进结构的远程磨削数据库管理系统及高效低耗智能磨削方法[P]: 中国, CN114153816A. 2022.03.08.

[9] 王进玲. 磨削功率监控与高效低耗工艺参数优化方法研究[R]. 淄博: 山东理工大学, 2023.

[10] 山东理工大学. 磨削工件烧伤与表面粗糙度预测分析系统[简称: 磨削烧伤与表面粗糙度预测分析]V1.0[CP]: 中国, 2021SR0045938. 2021.01.11.

[11] 邓广, 李鹏, 唐永忠, 等. 五轴并联机床刀具末端运动位姿自适应控制技术[J]. 机床与液压, 2023, 51(12): 12-18.

[12] 申泽. 电火花成型机床放电加工自适应控制系统研究[D]. 北京: 北方工业大学, 2023.

[13] 盖洪东. 数控机床进给伺服系统自适应滑模控制方法研究[D]. 淄博: 山东理工大学, 2022.

[14] 黎敦科. 数控机床自适应模糊控制伺服系统研究[D]. 株洲: 湖南工业大学, 2018.

[15] 周伟, 李涛, 吴何畏, 等. 数控机床液驱主轴转速模糊自适应 PID 精确控制[J]. 机械设计与制造, 2023, (5): 126-129.

[16] 冯一凡. 基于 PMAC 的智能五轴工具磨床的数控系统开发[D]. 成都: 西南交通大学, 2020.

[17] 马磊. 基于 PMAC 的龙门钻床数控系统界面的研究与开发[D]. 兰州: 兰州理工大学, 2007.

[18] Park H K, Kim S S, Park J M, et al. Design of a dual-drive mechanism for precision gantry[J]. KSME International Journal, 2002, 16(12): 1664-1672.

[19] Lee J H. Design of controllers for improving contour accuracy in a highspeed milling machine[D]. Gainesville: The University of Florida, 2005.

[20] 杨世新, 何宁. 基于 CAN 总线数控技术试验台控制系统的设计[D]. 西安: 西安科技大学, 2006.

[21] Chen C S, Shieh Y S. Cross-coupled control design of bi-axis feed drive servomechanism based on multitasking real-time kernel[C]. Proceedings of the IEEE International Conference on Control Applications, Taipei, 2004.

[22] 邢康林. 内圆磨削监控反馈系统构建与应用[D]. 郑州: 河南工业大学, 2014.

第8章 磨削功率/能耗智能监控与优化决策系统应用及展望

8.1 典型材料磨削加工的功率/能耗智能监控与优化决策

8.1.1 金属材料磨削加工

1. 45 号钢材料平面磨削实验设计

在 SMART-B818III 型超精密磨床上进行 45 号钢工件的平面磨削加工实验，SMART-B818III 磨床的可加工工件范围为 460mm（长）×200mm（宽）×25mm（高），45 号钢工件的体积为 50mm（长）×50mm（宽）×25mm（高）。采用山东鲁信高新技术产业股份有限公司生产的标准白刚玉砂轮，砂轮轮径、宽度和孔径分别为 200mm、10mm 和 31.75mm，磨粒粒径约为 180μm，即 80#。根据工件宽度和砂轮宽度测算，设计磨削宽度 w 为 5mm，前后空磨间隙 a 为 5mm，左右空磨间隙 b 为 10mm。使用第 2 章和第 3 章介绍的磨削功率/能耗智能监控与优化决策硬件系统和软件系统[1]，监控 45 号钢平面磨削过程功率信号，实验现场装置如图 8-1 所示。

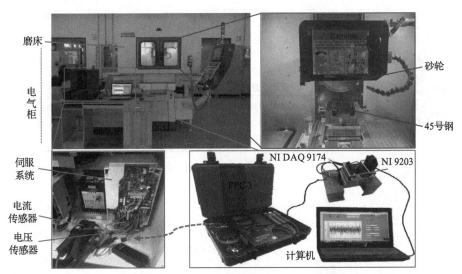

图 8-1 45 号钢工件平面磨削加工实验装置

采用三因素五水平实验设计方法，确定砂轮线速度 V_s 为 1000m/min、1200m/min、

1400m/min、1600m/min、1800m/min；工件进给速度 V_w 为 1000mm/min、2000mm/min、3000mm/min、4000mm/min、5000mm/min；磨削深度 a_p 为 2μm、7μm、12μm、17μm、22μm，如表 8-1 所示。通过第 4 章和第 5 章优化决策模块智能判别磨削烧伤，获取能耗效率优先的最优磨削参数。

表 8-1 三因素五水平磨削实验参数设计

水平	因素 1	因素 2	因素 3
	V_s/(m/min)	V_w/(mm/min)	a_p/μm
1	1000	1000	2
2	1200	2000	7
3	1400	3000	12
4	1600	4000	17
5	1800	5000	22

表面粗糙度 R_a(μm) 由 TIME 3200 粗糙度仪测量，在工件表面选择 6 个区域作为表面纹理曲线测量的固定位置，如图 8-2 所示。具体操作方法为：在磨削实验之前，使用记号笔在 45 号钢工件上制作标记线，以确保每次测量在相同位置进行。将 TIME 3200 粗糙度仪的探针与标记线垂直，测量 6 个区域的表面纹理曲线和计算表面粗糙度，如图 8-2 中的虚线 1～6 所示。在 DataView TIME 3200 软件中获取表面纹理曲线和计算表面粗糙度。测量 6 个表面粗糙度值后，去除最大值和最小值，将其余 4 组的平均值作为该组磨削参数下的实际测量表面粗糙度值。

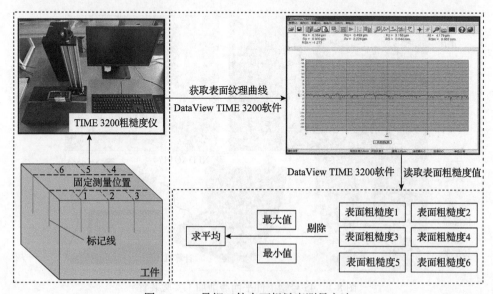

图 8-2 45 号钢工件表面粗糙度测量方法

2. 45 号钢磨削实时监控功率信号分析、特征提取与数据压缩

图 8-3 描述了两种磨削场景下的原始功率信号和低通滤波、快速傅里叶变换后的功率信号比较，其中，工件进给速度和磨削深度相同，分别为 V_w=1000mm/min、a_p=22μm；砂轮线速度为加工范围内的最小值和最大值，分别为 V_s=1000m/min 和 V_s=1800m/min。由图 8-3(a) 和 (b) 可以看出，功率信号监控可明显区分砂轮启动、材料去除、空磨 1、空磨 2、砂轮停转等不同加工阶段。快速傅里叶变换(FFT)后的频谱曲线如图 8-3(c) 和 (d) 所示，从频域范围内分析，采集到的功率信号包含更

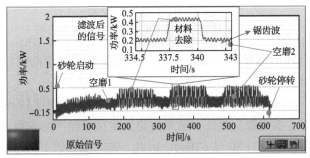

(a) 时域功率信号(V_s=1000m/min)

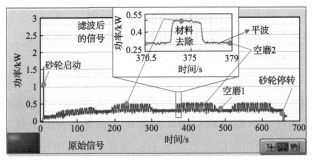

(b) 时域功率信号(V_s=1800m/min)

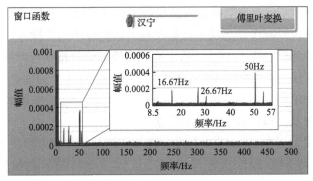

(c) 频域功率谱(V_s=1000m/min)

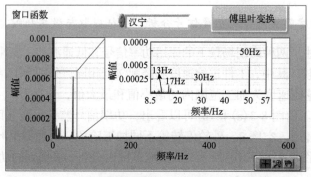

(d) 频域功率谱(V_s=1800m/min)

图 8-3　两种磨削场景下的功率信号时频域分析

高频率的电噪声和机械噪声，需要选择一个主波瓣足够窄的窗口函数——汉宁窗，阻止频谱泄漏[2]。

由图 8-3(c)可以看出，与机械噪声相比，较低砂轮线速度(V_s=1000m/min)时，电噪声是噪声的主要来源。此外，噪声主要发生在电噪声的主频 50Hz 上，及其二阶和三阶频率(26.67Hz 和 16.67Hz)。因此，该磨削参数下低通滤波频率可设置为 15Hz。经过低通滤波后，滤波后的功率波呈锯齿状，如图 8-3(a)所示，增加了功率特征提取难度。这主要是因为砂轮线速度较低时，主轴电机在恒转矩区运行。因此，使用本书介绍的磨削功率/能耗智能监控与优化决策系统时，建议在较高砂轮线速度下设计磨削实验和工业推广使用。

对于图 8-3(d)中较高砂轮线速度情况，噪声频率除集中在电噪声 50Hz 外，还在 30Hz、17Hz 和 13Hz 等频率分量上值较大，判断可能为机械噪声。因此，在较高砂轮线速度情况，电噪声和机械噪声都较为显著。此时，低通滤波频率建议设置为 10Hz。滤波后的功率信号如图 8-3(b)所示，主轴电机工作在恒功率区，功率信号也更加平滑，提取功率和能耗特征更加准确。

信号低通滤波后，提取功率信号的峰峰值、峰谷值、起点、结束点等特殊点，并进行插值拟合，以减少动态功率数据在磨削数据库中的存储量[3,4]。以图 8-3 中第 2 个磨削场景为例，图 8-4(a)显示了提取的插值拟合特征与原始功率信号的比较结果。共获得 16934 个波峰值点、16935 个波谷值、691 个插值点和 2 个状态点，存储在第 6 章介绍的关系型数据库中，数据量减少至原始功率数据的 5.204%。从图中拟合结果来看，拟合数据与原始数据基本一致。

图 8-4(b)展示了在 EconG© 中开发的功率和能耗特征提取模块，从功率特征提取窗口中可获得判断砂轮状态和表面质量的功率特征。在给定磨削条件下（V_w=1000mm/min，a_p=22μm，V_s=1800m/min），初始功率阈值、平均切削功率、最大切削功率、时间相关功率阈值和摩擦功率分别为 0.0362kW、0.0588kW、

0.0985kW、0.0472kW 和 0.001kW。从能耗特征自动计算窗口，可得到总能耗和有功能耗、能耗效率以及比磨削能等特征值，分别为 16.573kJ、2.984kJ、18% 和 32.07586J/mm³。

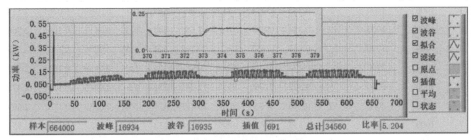

(a) 拟合特征曲线与原始功率信号比较

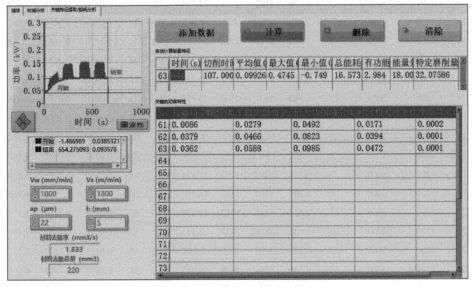

(b) 磨削功率和能耗特征提取与计算模块

图 8-4 监测功率信号的一般和关键特征提取

3. 45 号钢磨削实验结果分析与讨论

从表 8-1 的三因素五水平磨削实验参数设计中，随机选择 60% 的磨削实验参数和结果，验证 EconG©的磨削烧伤判别和优化决策模块[5]。表 8-2 总结了各磨削参数以及对应的功率、能耗特征和磨削加工质量、加工效率等输出结果。其中，将数据库存储时的数据压缩比作为重要指标记录，75 组磨削实验的数据大小从 89.5MB 减小到 5.82MB，实时数据存储量显著减少。

表 8-2　45 号钢平面磨削实验结果

次数	V_s /(m/min)	V_w /(mm/min)	a_p /μm	R_a /μm	E_t /J	E_a /J	E_{eff} /%	T_t /s	T_w /s	P_c /kW	P_{cm} /kW	压缩比 /%
1	1000	1000	2	0.248	13974	385	2.755	664	107	0.0169	0.0761	2.539
2	1000	1000	12	0.314	15898	2012	12.655	668	106	0.0417	0.1076	2.706
3	1000	1000	22	0.441	17257	3583	20.762	624	106	0.0746	0.1437	2.555
4	1000	2000	2	0.272	7636	596	7.805	325	55	0.0980	0.1052	2.599
5	1000	2000	7	0.322	7790	915	11.745	351	55	0.0483	0.1119	2.476
6	1000	2000	17	0.370	9705	2610	26.893	321	55	0.0239	0.1787	2.609
7	1000	3000	7	0.335	5988	1086	18.136	232	38	0.1757	0.1467	2.851
8	1000	3000	12	0.353	6514	1688	25.913	243	38	0.0961	0.1763	2.413
9	1000	3000	22	0.440	7803	2772	35.524	232	39	0.0680	0.2491	2.930
10	1000	4000	2	0.275	4769	417	8.743	191	34	0.0268	0.1087	3.287
11	1000	4000	12	0.362	6110	1724	28.216	182	34	0.1371	0.1883	2.704
12	1000	4000	17	0.371	6329	2045	32.311	197	34	0.1560	0.2159	2.619
13	1000	5000	7	0.363	4730	1062	22.452	151	28	0.0980	0.1501	2.946
14	1000	5000	17	0.382	5841	2100	35.952	151	29	0.191	0.2198	2.935
15	1000	5000	22	0.473	5980	2297	38.411	167	29	0.2189	0.2304	2.546
16	1200	1000	2	0.232	14346	778	5.423	617	106	0.0480	0.0751	8.484
17	1200	1000	7	0.302	14415	1040	7.214	664	107	0.0292	0.0931	6.880
18	1200	1000	17	0.358	15867	2193	13.821	623	106	0.0160	0.1066	8.619
19	1200	2000	7	0.309	8102	1172	14.465	323	55	0.1246	0.1096	6.964
20	1200	2000	12	0.334	8526	1582	18.555	323	56	0.0630	0.1389	5.977
21	1200	2000	22	0.432	10060	3130	31.113	323	55	0.0418	0.1872	7.969
22	1200	3000	2	0.270	5107	243	4.758	229	38	0.0268	0.0857	7.722
23	1200	3000	12	0.346	6562	1736	26.455	227	38	0.1060	0.1802	6.695
24	1200	3000	17	0.371	6975	2139	30.666	189	39	0.1183	0.1868	5.942
25	1200	4000	7	0.337	5493	1209	22.009	180	34	0.0829	0.1496	6.759
26	1200	4000	17	0.369	6578	2294	34.873	178	34	0.1722	0.2153	5.855
27	1200	4000	22	0.444	6491	2523	38.869	155	32	0.1877	0.2363	5.208
28	1200	5000	2	0.318	3789	387	10.213	155	27	0.0215	0.0851	5.452
29	1200	5000	12	0.372	5169	1641	31.746	153	28	0.1471	0.1867	5.810
30	1200	5000	22	0.460	6193	2539	40.997	151	29	0.1810	0.2400	5.325
31	1400	1000	7	0.279	15054	1698	11.279	622	106	0.0587	0.0812	9.675
32	1400	1000	12	0.302	14963	1607	10.739	664	106	0.0323	0.0818	9.722
33	1400	1000	22	0.395	16667	3205	19.229	617	106	0.0273	0.1152	10.19
34	1400	2000	2	0.253	7698	768	9.976	328	55	0.0251	0.0849	9.303
35	1400	2000	12	0.317	9024	2149	23.814	326	55	0.0810	0.1417	8.625

续表

次数	V_s /(m/min)	V_w /(mm/min)	a_p /μm	R_a /μm	E_t /J	E_a /J	E_{eff} /%	T_t /s	T_w /s	P_c /kW	P_{cm} /kW	压缩比 /%
36	1400	2000	17	0.353	9055	2180	24.075	343	55	0.0825	0.1440	7.883
37	1400	3000	7	0.329	6034	1284	21.279	234	38	0.0638	0.1370	8.402
38	1400	3000	17	0.360	7403	2653	35.836	229	38	0.1518	0.2191	7.328
39	1400	3000	22	0.432	7494	2658	35.468	241	39	0.1542	0.2167	7.033
40	1400	4000	2	0.263	4676	494	10.564	192	34	0.0516	0.0913	6.517
41	1400	4000	12	0.340	5602	1352	24.134	180	34	0.0964	0.1428	7.863
42	1400	4000	22	0.438	6449	2233	34.625	180	34	0.1709	0.2071	7.080
43	1400	5000	2	0.302	3976	351	8.827	153	29	0.1594	0.0959	6.830
44	1400	5000	7	0.358	4462	924	20.708	157	29	0.0825	0.1224	6.692
45	1400	5000	17	0.377	5308	1712	32.253	159	29	0.0253	0.1786	8.107
46	1600	1000	2	0.203	14349	781	5.442	629	106	0.0138	0.0561	10.13
47	1600	1000	12	0.283	15449	1987	12.861	612	106	0.0401	0.0825	9.514
48	1600	1000	17	0.340	15676	2426	15.475	657	106	0.0472	0.0927	7.904
49	1600	2000	7	0.290	8154	1224	15.011	327	55	0.0479	0.0963	8.331
50	1600	2000	17	0.346	9168	2293	25.010	335	55	0.0924	0.1403	8.523
51	1600	2000	22	0.424	10046	3046	30.320	349	56	0.1185	0.1685	8.322
52	1600	3000	2	0.254	5346	520	9.726	241	38	0.0223	0.0762	7.190
53	1600	3000	12	0.330	6343	1555	24.515	230	38	0.00885	0.1469	7.411
54	1600	3000	22	0.429	7387	2637	35.697	229	38	0.1577	0.2137	7.001
55	1600	4000	2	0.258	4728	478	10.109	184	34	0.0867	0.1506	6.985
56	1600	4000	7	0.323	5385	1067	19.814	189	34	0.0746	0.1233	5.658
57	1600	4000	17	0.346	6250	1966	31.456	178	34	0.0284	0.1876	7.462
58	1600	5000	7	0.352	4394	894	20.345	150	28	0.1229	0.2169	5.862
59	1600	5000	12	0.366	5346	1663	31.107	162	29	0.0753	0.1660	5.120
60	1600	5000	22	0.440	5890	2294	38.947	162	29	0.0746	0.2116	7.245
61	1800	1000	7	0.254	14815	1353	9.132	619	106	0.0279	0.0639	7.269
62	1800	1000	17	0.321	16085	2517	15.648	622	106	0.0466	0.0943	6.536
63	1800	1000	22	0.407	16573	2984	18.005	664	107	0.0588	0.0985	5.204
64	1800	2000	2	0.240	7510	525	6.990	343	55	0.0189	0.0613	4.972
65	1800	2000	12	0.305	8987	1892	21.052	323	55	0.0645	0.1146	7.329
66	1800	2000	22	0.410	10173	3005	29.538	333	56	0.1004	0.1622	7.419
67	1800	3000	2	0.248	5297	471	8.891	232	38	0.0688	0.1157	6.689
68	1800	3000	7	0.320	6154	1162	18.882	245	39	0.0653	0.1111	4.877
69	1800	3000	17	0.351	6936	2148	30.968	248	38	0.0251	0.1699	6.096
70	1800	4000	7	0.298	5112	862	16.862	183	34	0.1026	0.1811	5.551

次数	V_s /(m/min)	V_w /(mm/min)	a_p /μm	R_a /μm	E_t /J	E_a /J	E_{eff} /%	T_t /s	T_w /s	P_c /kW	P_{cm} /kW	压缩比 /%
71	1800	4000	12	0.335	6095	1777	29.155	192	34	0.1327	0.1542	3.650
72	1800	4000	22	0.410	6711	2427	36.164	180	34	0.060	0.2083	6.103
73	1800	5000	2	0.275	3936	408	10.365	157	28	0.0318	0.0840	6.424
74	1800	5000	12	0.351	4996	1371	27.441	155	29	0.1245	0.1374	5.860
75	1800	5000	17	0.353	5528	1874	33.900	162	29	0.1705	0.1792	4.151

使用 EconG$^©$中的 aANN 映射模块进行磨削加工过程表面质量、加工时间、总能耗、有功能耗、能耗效率等优化指标的在线预计，权重和偏置矩阵[W、B、V、D]已记录在 EconG$^©$软件的数据存储模块。为保证 aANN 样本训练和测试的随机性，将表 8-2 中的所有磨削实验结果重新排序，其中样本的 68%、12%和 20%分别选为训练集、验证集和测试集。采用 sigmoid 函数作为隐藏层和输出层的激活函数。根据第 5 章研究的 aANN 的超参数设置，隐藏层数设置为 15，初始学习率为 0.001，正学习率和负学习率调整系数分别为 1.5 和–10，正动量和负动量系数分别为 4 和–10。随着迭代的运行，学习率和动量系数能够自适应地调整。最大迭代次数设置为 2000，允许误差为 10^{-5}，预计结果如图 8-5 所示。

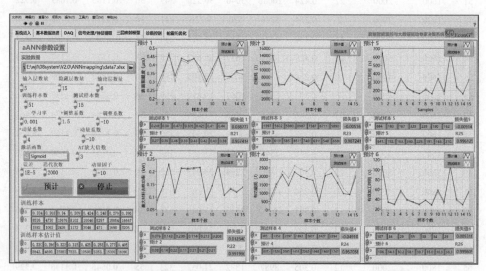

图 8-5　45 号钢工件表面粗糙度、材料去除功率、总能耗、有功能耗、
总加工时间、有效加工时间预计结果

由图 8-5 可以看出，所有预计指标的相关系数（R_{21}、R_{22}、R_{23}、R_{24}、R_{25}、R_{26}）均达到 0.95 以上，非常接近 1，说明本书提出的 aANN 三层映射模型预计精度能够满足要求[5]。

使用 EconG©中磨削烧伤的诊断控制模块，进行 45 号钢平面磨削实验中磨削烧伤的智能判别。图 8-6 为表 8-2 所有实验样本的诊断结果，两种磨削条件下（表 8-2 的第 16 组和第 55 组）均发生了磨削烧伤，这与实际实验结果相一致。然而，在图 8-6 中，出现了两组诊断误差，分别为第 1 组和第 4 组磨削实验。分析原因可能是磨削实验开始时，砂轮磨粒较为尖锐，导致异常大的功率信号。

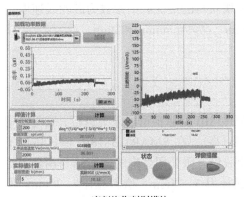
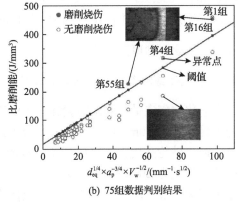

(a) 磨削烧伤判别模块　　　　　　　　　(b) 75 组数据判别结果

图 8-6　45 号钢平面磨削烧伤判别结果

利用本书提出的带惩罚函数的 NSGA II 算法来搜索 Pareto 最优解，在 45 号钢平面磨削案例中，以 E_t、T_t 和 R_a 三目标优化问题为例。使用 EconG©中的决策模块优化结果如图 8-7 所示，其中，优化迭代次数和样本数量均设置为 200。从能耗与表面粗糙度之间的 Pareto 优化前沿，以及时间与表面粗糙度之间的 Pareto 优

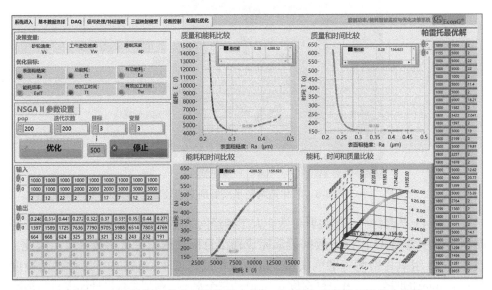

图 8-7　45 号钢工件表面粗糙度、总加工时间和总能耗目标优化结果

化前沿，可以得出能耗和时间目标与表面质量目标呈负相关性，即这三个目标不能同时最小化。能耗和时间的 Pareto 优化前沿说明了能耗和时间目标是一致的，即这两个指标可以同时最小化。表面质量、能耗和时间权衡的最优解出现在三维图的转折点上，可以通过移动光标进行手动搜索。

45 号钢平面磨削中优化得到的最优表面粗糙度、总能耗和加工时间分别为 0.28μm、4288.52J 和 156.623s。由决策模块获得的最优磨削参数为砂轮线速度、工件进给速度和磨削深度分别为 1794m/min、4779mm/min 和 2μm。

8.1.2　陶瓷材料磨削加工

1. 氧化锆陶瓷平面磨削实验设计

氧化锆陶瓷平面磨削实验在 SMART-B818III 型超精密磨床上进行，氧化锆陶瓷工件尺寸为 30mm（长）×25mm（宽）×3mm（高），在 SMART-B818III 磨床可加工范围内。砂轮采用山东鲁信高新技术产业股份有限公司生产的树脂结合剂金刚石砂轮，外径为 200mm，厚度为 10mm，孔径为 31.75mm，磨料粒径为 20μm。使用水基磨削液，水与磨削液的混合比例为 20:1。磨削功率信号监控和陶瓷工件表面粗糙度测量方法与 8.1.1 节 45 号钢平面磨削实验相同。由于氧化锆陶瓷工件较小，在实验中使用强力瞬间胶将其固定在 50mm（长）×50mm（宽）×25mm（高）的陶瓷块上进行磨削加工，如图 8-8 所示。

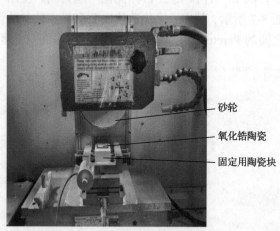

砂轮

氧化锆陶瓷

固定用陶瓷块

图 8-8　氧化锆陶瓷平面磨削实验装置

根据 45 号钢材料三层映射自适应人工神经网络模型参数研究，在氧化锆陶瓷磨削实验中选择 45 组以上数据能够完成输出目标预测与优化参数获取。因此，设计了 48 组氧化锆陶瓷磨削实验，包含砂轮线速度 V_s(m/min)、工件进给速度 V_w(mm/min) 的四个水平和磨削深度 a_p(μm) 的三个水平。磨削参数设计如表 8-3 所示。

表 8-3　氧化锆陶瓷平面磨削实验参数

磨削参数	值
砂轮线速度 V_s/(m/min)	1000, 1200, 1400, 1600
工件进给速度 V_w/(mm/min)	1000, 2000, 3000, 4000
磨削深度 a_p/μm	1, 2, 3

2. 氧化锆陶瓷磨削实时监控功率信号分析与比较

图 8-9 描述了 V_w=1000mm/min、a_p=1μm、V_s=1000m/min 和 V_w=1000mm/min、a_p=1μm、V_s=1600m/min 两个磨削场景下的氧化锆陶瓷磨削原始功率信号和低通滤波、快速傅里叶变换后的功率信号比较。从原始信号的时域波形（图 8-9(a) 和 (b)）来看，功率信号监控同样可明显区分材料去除、空磨等不同加工阶段，说明功率监控方法对氧化锆陶瓷磨削同样适用。在频域分析中，选择一个主波瓣足够窄的汉宁窗进行 FFT，防止频谱泄漏，频谱如图 8-9(c) 和 (d) 所示。

由图 8-9(c) 可以看出，相比于 45 号钢材料，在平面磨削氧化锆陶瓷实验中，较低砂轮线速度（V_s=1000m/min）时的功率信号噪声干扰十分严重，幅值接近较高砂轮线速度噪声幅值的 10 倍。而且，非电气噪声信号频率更加明显，主要集中在 52.6Hz、26.5Hz。因此，低通滤波频率设置为 20Hz。经过低通滤波后，滤波

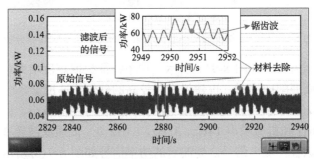

(a) 时域功率信号(V_s=1000m/min)

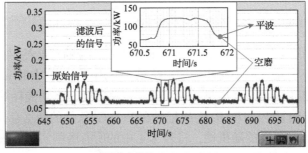

(b) 时域功率信号(V_s=1600m/min)

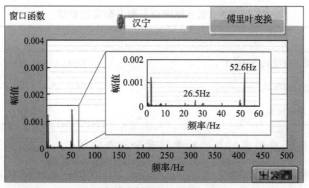

(c) 频域功率谱(V_s=1000m/min)

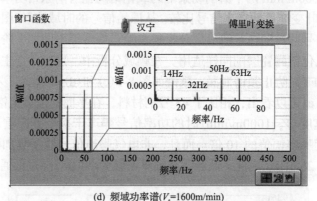

(d) 频域功率谱(V_s=1600m/min)

图 8-9 氧化锆陶瓷的两种磨削场景下的功率信号时频域分析

后的功率波呈锯齿状，如图 8-9(a)所示，功率特征提取难度增大。因此，在氧化锆陶瓷材料平面磨削应用时，也建议设置较高的砂轮线速度。

对比图 8-9(d)中较高砂轮线速度情况，噪声信号明显减小，信号频率主要集中在电噪声 50Hz 和机械噪声 14Hz、32Hz、63Hz 处，低通滤波频率设置为 10Hz，能够较好地滤除各种噪声信号。滤波后的功率信号如图 8-9(b)所示，此时功率信号更加平滑且无噪声干扰。在此滤波信号基础上，提取功率和能耗特征更加准确。

3. 氧化锆陶瓷磨削实验结果分析与讨论

表 8-4 总结了 48 组氧化锆陶瓷磨削参数以及对应的总能耗、有功能耗、能耗效率和磨削加工质量、加工时间等输出结果。使用 EconG©中的 aANN 模型映射模块进行磨削加工过程表面质量、加工时间、总能耗、有功能耗等优化指标的在线预测，权重和偏置矩阵[W, B, V, D]记录在 EconG©软件的数据存储模块。为保证 aANN 样本训练和测试的随机性，将表 8-4 中的所有磨削实验结果重新排序。选取 33 组样本作为训练集，15 组样本作为测试集。

表 8-4 氧化锆陶瓷磨削实验结果

序号	V_s /(m/min)	V_w /(mm/min)	a_p /μm	R_a /μm	T /s	E_t /J	E_a /J	η
1	1000	1000	1	0.185	111.361	6.614	0.305	0.046
2	1000	1000	2	0.107	111.454	6.862	0.522	0.076
3	1000	1000	3	0.100	111.194	6.823	0.555	0.081
4	1000	2000	1	0.088	57.637	3.483	0.247	0.071
5	1000	2000	2	0.145	56.901	3.542	0.287	0.081
6	1000	2000	3	0.093	57.664	3.790	0.607	0.160
7	1000	3000	1	0.094	40.377	2.434	0.173	0.071
8	1000	3000	2	0.104	40.166	2.713	0.445	0.164
9	1000	3000	3	0.128	40.245	2.716	0.521	0.192
10	1000	4000	1	0.098	32.451	2.006	0.186	0.093
11	1000	4000	2	0.094	32.391	2.193	0.435	0.199
12	1000	4000	3	0.095	32.399	2.350	0.621	0.264
13	1200	1000	1	0.125	111.479	7.315	0.347	0.047
14	1200	1000	2	0.124	111.644	7.285	0.366	0.050
15	1200	1000	3	0.124	111.619	7.504	0.537	0.072
16	1200	2000	1	0.108	58.050	3.863	0.246	0.064
17	1200	2000	2	0.107	58.422	4.104	0.414	0.101
18	1200	2000	3	0.117	58.389	4.209	0.585	0.139
19	1200	3000	1	0.102	40.200	2.774	0.235	0.085
20	1200	3000	2	0.097	40.329	2.969	0.423	0.142
21	1200	3000	3	0.098	40.328	3.148	0.621	0.197
22	1200	4000	1	0.086	32.460	2.313	0.254	0.110
23	1200	4000	2	0.093	32.499	2.489	0.435	0.175
24	1200	4000	3	0.092	32.429	2.576	0.549	0.213
25	1400	1000	1	0.081	111.777	8.163	0.334	0.041
26	1400	1000	2	0.081	111.468	8.314	0.572	0.069
27	1400	1000	3	0.106	112.462	8.543	0.655	0.077
28	1400	2000	1	0.073	58.402	4.284	0.243	0.057
29	1400	2000	2	0.074	58.505	4.544	0.581	0.128
30	1400	2000	3	0.080	58.247	4.731	0.762	0.161
31	1400	3000	1	0.074	40.262	3.076	0.329	0.107
32	1400	3000	2	0.074	40.209	3.198	0.446	0.139
33	1400	3000	3	0.078	40.314	3.380	0.673	0.199
34	1400	4000	1	0.103	32.304	2.428	0.167	0.069
35	1400	4000	2	0.083	32.407	2.703	0.493	0.182

序号	V_s /(m/min)	V_w /(mm/min)	a_p /μm	R_a /μm	T /s	E_t /J	E_a /J	η
36	1400	4000	3	0.090	32.446	2.720	0.512	0.188
37	1600	1000	1	0.085	111.557	8.764	0.427	0.049
38	1600	1000	2	0.082	111.638	9.044	0.523	0.058
39	1600	1000	3	0.082	111.355	9.242	0.835	0.090
40	1600	2000	1	0.077	58.298	4.685	0.353	0.075
41	1600	2000	2	0.079	58.298	4.822	0.569	0.118
42	1600	2000	3	0.080	58.354	5.099	0.847	0.166
43	1600	3000	1	0.093	40.236	3.382	0.231	0.068
44	1600	3000	2	0.090	40.196	3.325	0.420	0.126
45	1600	3000	3	0.099	40.208	3.541	0.592	0.167
46	1600	4000	1	0.097	32.313	2.591	0.224	0.086
47	1600	4000	2	0.100	32.484	2.850	0.395	0.138
48	1600	4000	3	0.107	32.427	2.872	0.526	0.183

　　采用 sigmoid 函数作为隐藏层和输出层的激活函数。根据本书研究的 aANN 模型超参数设置，隐藏层数设置为 15，初始学习率为 0.001，正学习率和负学习率调整系数分别为 1.5 和 –10，正动量和负动量系数分别为 4 和 –10。随着迭代的运行，学习率和动量系数能够自适应地调整。最大迭代次数设置为 2000，允许误差为 10^{-5}。aANN 模型训练误差如图 8-10 所示。

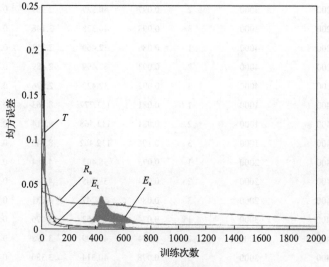

图 8-10　预测误差图

　　从图 8-10 中可以看出，在迭代 400～600 次时，aANN 模型的预计误差出现较大波动，这主要是由学习率和动量系数的自调节引起的，调节后模型预计误差随之减小。2000 次迭代后，aANN 模型的预计误差都在 0.02 以下。其中，加工时间 T 的预计误差最小，接近于零；表面粗糙度 R_a 的预计误差最大。该预测误差表明，在表面粗糙度、加工时间、总能耗、有功能耗的预测中，加工时间 T 的预测精度最高，表面粗糙度 R_a 的预测精度最低，预测结果如图 8-11 所示。

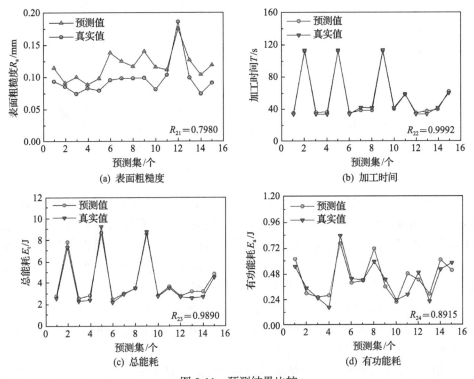

图 8-11　预测结果比较

　　计算预测值与真实值的相关系数可知，加工时间 T 和总能耗 E_t 的相关系数（R_{22}、R_{23}）达到 0.95 以上，非常接近 1，表明预测结果精度较好。有功能耗 E_a 的相关系数（R_{24}）接近 0.9，也有较高的预测精度。表面粗糙度 R_a 的相关系数（R_{21}）接近 0.8，预测精度较差。其主要原因为氧化锆陶瓷工件较小，在磨削加工实验中容易引起表面磨削不均匀，从而造成实验测量结果不稳定和训练误差大。

　　利用本书提出的带惩罚函数的 NSGA II 来搜索 Pareto 最优解，在氧化锆陶瓷平面磨削案例中，以能耗效率 η、加工时间 T 和表面粗糙度 R_a 三目标优化问题为例，优化结果如图 8-12 所示。根据不同能耗效率水平（$0 < \eta \leqslant 0.06$、$0.06 < \eta \leqslant 0.08$、$0.08 < \eta \leqslant 0.2$）进一步将 Pareto 前沿分为三个区域，分别用图中三种符号（正方形、三角形和圆形）表示。

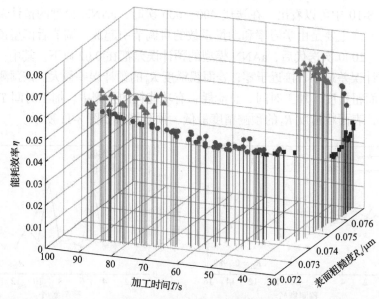

图 8-12　Pareto 前沿最优解

　　由图 8-12 可以明显看出，在能耗效率处于较低水平时(图中正方形符号所示)，加工时间和表面粗糙度不能达到同时最优。也就是说，在相同的磨削条件下，能耗效率、加工时间和表面粗糙度不能达到同时最优。例如，能耗效率在较低水平(0<η≤0.06)时，如图中右下角所示，随着表面粗糙度 R_a 的减小，能耗效率 η 减小且加工时间 T 增大。同样，能耗效率在中等水平(0.06<η≤0.08)时(图中圆形符号所示)，随着表面粗糙度 R_a 的减小，能耗效率 η 增大且加工时间 T 增大。能耗效率在较高水平(0.08<η≤0.2)时(图中三角形符号所示)，随着表面粗糙度 R_a 的减小，能耗效率 η 减小且加工时间 T 增大。

　　因此，分析得到最理想的情况是找到一个点，且满足：在相对较好的表面质量 R_a 下，具有良好的能耗效率 η 和较少的加工时间 T[6]。通过搜索这些点得到氧化锆陶瓷平面磨削中优化得到的最优表面粗糙度、能耗效率和加工时间分别为0.073μm、0.051 和 46.081s。由决策模块获得的最优磨削参数为：砂轮线速度、工件进给速度和磨削深度分别为 1573.4m/min、2633.4mm/min 和 1.7μm。

8.1.3　复合材料磨削加工

1. 二氧化硅纤维增强石英陶瓷复合材料平面磨削实验设计

　　在 SMART-B818III 型超精密磨床上进行 50mm(长)×50mm(宽)×25mm(高)的二氧化硅纤维增强石英陶瓷复合材料(SiO_{2f}/SiO_2)工件平面磨削实验研究，使用第2 章和第 3 章介绍的磨削功率/能耗智能监控与优化决策硬件系统和软件系统，监测磨削加工功率信号。在实验过程中，为消除磨削液冲刷对磨削功率测量精度和砂轮状态、表面质量预测的不确定影响，采用干磨加工方式[7,8]。在此条件下，磨削后的工件表面质量仅与磨削参数、砂轮状态相关。图 8-13 为二氧化硅纤维增强石英陶瓷复合材料平面磨削功率/能耗监控和表面质量测量的实验现场图。

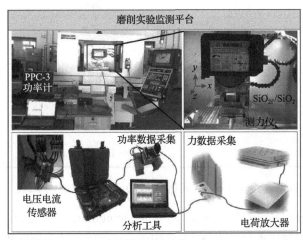

| (a) 磨削功率监控装置 | (b) 表面粗糙度测量 |

图 8-13　磨削实验现场

　　在二氧化硅纤维增强石英陶瓷复合材料平面磨削实验中，设计 5 种不同磨削深度的磨削场景，分别为#1~#5。在每个磨削场景中，进行 15 组磨削实验，磨削宽度设置为 4mm。采用外径 200mm、宽度 10mm 的树脂结合剂金刚石砂轮，磨粒粒径为 20μm。为尽可能使用相同的磨削参数来检验砂轮状态对表面质量的影响，每个实验场景中的磨削深度保持恒定。SiO_{2f}/SiO_2 工件的磨削参数设计根据金刚石砂轮的运动范围和实验研究结果确定：工件进给速度范围为 1000~5000mm/min，增量为 1000mm/min；砂轮线速度设置为 1000m/min、1200m/min、1400m/min、1600m/min 和 1800m/min。为降低实验成本，从三因素五水平的全因子实验设计中随机选择 3 组工件进给速度，并同时确保实验参数的随机性。砂轮修整频次由加工后测量的表面粗糙度决定：当表面粗糙度异常增大并出现异味时，使用 SiC 块对砂轮进行修整。表 8-5 总结了 SiO_{2f}/SiO_2 工件磨削的实验参数。

表 8-5　SiO_{2f}/SiO_2 工件磨削的实验参数

因素	参数
工件材料	SiO_{2f}/SiO_2
工件尺寸/(mm×mm×mm)	50（长）×50（宽）×25（高）
磨削方式	平面磨削

因素	参数
砂轮几何尺寸/(mm×mm)	200(外径)×10(宽)
磨粒材料	金刚石
冷却条件	干磨
磨粒尺寸/μm	20
磨削宽度 b/mm	4
进给速度 V_w/(mm/min)	1000, 2000, 3000, 4000, 5000
砂轮线速度 V_s/(m/min)	1000, 1200, 1400, 1600, 1800
磨削深度 a_p/μm(场景#1、#2、#3、#4、#5)	4, 6, 8, 10, 12

2. 二氧化硅纤维增强石英陶瓷复合材料磨削实时监控功率信号分析与比较

图 8-14 中显示了在磨削条件($V_s = 1800$m/min, $V_w = 5000$mm/min, $a_p = 12$μm)下监控到的功率和切向磨削力的对比示意。图 8-14(a)中的功率曲线能够完整反映整个磨削过程：从待机状态(0W)、启动(突然达到 470W 的峰值)、空磨(平均为

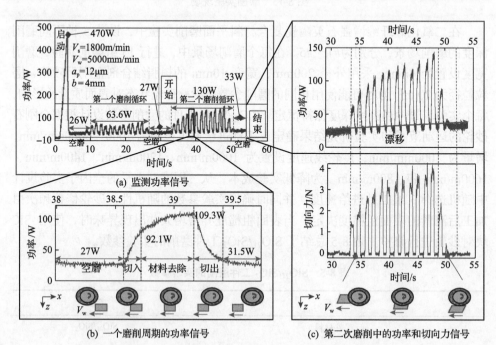

(a) 监测功率信号

(b) 一个磨削周期的功率信号

(c) 第二次磨削中的功率和切向力信号

图 8-14　实时监控功率信号和切向磨削力信号分析

26W)、第一个材料去除磨削循环(平均为 63.6W)、空磨(平均为 27W)、第二个材料去除磨削循环(平均为 130W)、空磨(平均为 33W)到停止(0W)。由于主轴电机快速驱动力的变化引起的旋转惯性会导致监测到的功率信号发生漂移,空磨状态下监测得到的功率信号略微增大。

从图 8-14(a)中可以看出,在第一次材料去除中,砂轮并没有完全接触工件表面,而只是接触到陶瓷工件表面的最高点,因此监测到的功率信号较小。在去除微凸峰之后,第二次材料去除中按设计的磨削深度进行材料去除。因此,图 8-14(c)进一步分析了第二次材料去除中的功率和切向磨削力信号。从图 8-14(c)中可以明显看出:功率和切向磨削力的变化趋势基本一致。进一步从图 8-14(b)所示第二次材料去除行程的第 5 个磨削周期的功率信号中可以解释沿 x 方向的加工过程:开始时,砂轮靠近工件,使用 27W 的功率使砂轮保持 1800m/min 的速度高速旋转;随着砂轮与工件接触弧长的增加,初始阈值功率迅速达到 92.1W,实现磨粒滑擦、耕犁和磨粒/工件滑动;然后,有效材料去除以相对稳定增大的功率进行(从 92.1W 上升到 109.3W,大约 0.5s);在切出时,工件离开砂轮接触区域,功率迅速下降至空磨值 31.5W。综合分析图 8-14 中得到的功率信号,认为本书中提出的功率监控方式是准确的,而且功率信号的变化灵敏度也能够满足实时监控要求。

3. 二氧化硅纤维增强石英陶瓷复合材料磨削平均材料去除功率提取

考虑到功率信号的漂移现象,为更精确地提取磨削过程材料去除功率信号特征,根据图 8-15 提出的平均材料去除功率提取过程,提取二氧化硅纤维增强石英陶瓷复合材料平面磨削的材料去除功率[9]。

从功率信号的幅值-频率曲线可看出,在二氧化硅纤维增强石英陶瓷复合材料平面磨削实验中,大部分噪声信号来自电气系统本身,即 50Hz 及其半频 25Hz。因此,设计一个 10Hz 的低通滤波器来消除电气噪声。滤波后,计算空磨功率 P_{air1} 和 P_{air2},以及一个磨削周期内的材料去除功率 P_{ave},并再次对两个空磨功率进行平均得到 P_{air},以消除磨削周期中信号漂移的影响。P_{ave} 和 P_{air} 的差认为是增加的材料去除功率,将 10 个磨削周期中的空磨功率和增加的材料去除功率再次平均,得到实际的平均材料去除功率 $P_{cutting}$。本章提出的方法能够减小砂轮状态不确定性和信号不规律漂移对特征值提取的影响程度。

4. 二氧化硅纤维增强石英陶瓷复合材料磨削实验结果分析与讨论

表 8-6 中总结了提取的平均材料去除功率(切削功率)$P_{cutting}$ 和测得的表面粗糙度 R_a 的实验结果。

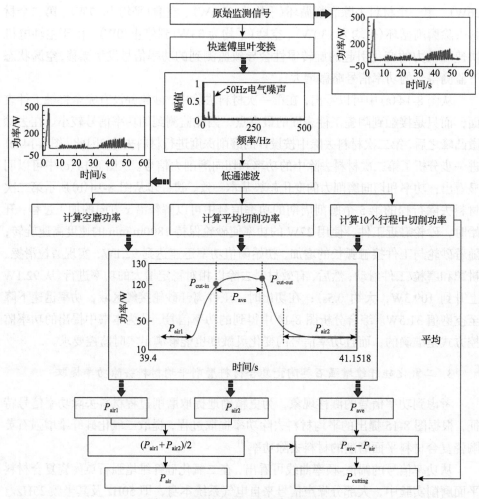

图 8-15 平均材料去除功率提取过程

表 8-6 磨削实验结果

实验次数	a_p /μm	V_s /(m/min)	V_w /(mm/min)	$P_{cutting}$ /W	R_a /μm
1		1000	1000	3.26	0.3328
2		1000	2000	4.9035	0.4258
3		1000	4000	7.5671	0.427
4	4	1200	1000	2.7317	0.3053
5		1200	3000	5.8231	0.44
6		1200	5000	7.0000	0.4445
7		1400	2000	3.9071	0.3125

续表

实验次数	a_p /μm	V_s /(m/min)	V_w /(mm/min)	$P_{cutting}$ /W	R_a /μm
8		1400	4000	9.5247	0.3488
9		1400	5000	11.062	0.4183
10		1600	1000	2.13	0.2373
11	4	1600	3000	18.54	0.311
12		1600	4000	22	0.3413
13		1800	2000	6.48	0.2868
14		1800	3000	7.89	0.2968
15		1800	5000	11.731	0.326
16		1000	2000	18.423	0.4193
17		1000	3000	21.747	0.4328
18		1000	5000	36.791	0.4622
19		1200	1000	11.023	0.3903
20		1200	4000	27.03	0.4688
21		1200	5000	32.462	0.4708
22		1400	1000	10.787	0.3755
23	6	1400	3000	31.753	0.3935
24		1400	5000	50.391	0.4303
25		1600	2000	20.404	0.3663
26		1600	4000	17.132	0.4343
27		1600	5000	29.83	0.452
28		1800	1000	10.224	0.371
29		1800	3000	24.33	0.3925
30		1800	4000	29.661	0.4258
31		1000	2000	50.753	0.4243
32		1000	3000	68.462	0.465
33		1000	5000	73.211	0.4655
34		1200	1000	25.936	0.4008
35		1200	2000	35.903	0.4113
36	8	1200	4000	55.989	0.5005
37		1400	1000	15.082	0.4003
38		1400	3000	50.613	0.4318
39		1400	5000	63.777	0.452
40		1600	2000	13.226	0.388

续表

实验次数	a_p /μm	V_s /(m/min)	V_w /(mm/min)	$P_{cutting}$ /W	R_a /μm
41		1600	4000	41.791	0.432
42		1600	5000	44.62	0.4498
43	8	1800	1000	10.877	0.393
44		1800	3000	39.5	0.4023
45		1800	4000	42.5	0.4038
46		1000	1000	19.009	0.4
47		1000	4000	24.057	0.4355
48		1000	5000	32.212	0.4668
49		1200	2000	23.553	0.4333
50		1200	3000	37.842	0.4643
51		1200	5000	65.012	0.4805
52		1400	2000	23.944	0.397
53	10	1400	4000	68.589	0.4163
54		1400	5000	92.307	0.4805
55		1600	1000	26.706	0.328
56		1600	3000	44.217	0.4003
57		1600	5000	72.883	0.4798
58		1800	2000	22.014	0.3728
59		1800	4000	30.574	0.3903
60		1800	5000	36.577	0.4133
61		1000	1000	82.243	0.4228
62		1000	3000	121	0.5133
63		1000	4000	143.5	0.5293
64		1200	2000	69	0.4668
65		1200	3000	73.504	0.479
66		1200	5000	89.75	0.533
67		1400	1000	21.06	0.4145
68	12	1400	2000	25.387	0.437
69		1400	4000	78.615	0.4748
70		1600	1000	22.336	0.4025
71		1600	3000	68.506	0.4398
72		1600	5000	103.03	0.4708
73		1800	2000	32.306	0.4155
74		1800	4000	69.661	0.419
75		1800	5000	77.603	0.4663

通过平均材料去除功率（$P_{cutting}$）、材料去除率（MRR）和比磨削能（SGE）随磨削实验次数的变化情况，得到 a_p=4mm、6mm、8mm、10mm、12mm 五个场景的砂轮状态比较，如图 8-16 所示。在每个磨削场景中，平均材料去除功率和比磨削能的变化趋势是一致的。其中，冷暖色密度图形式表示的比磨削能可视化效果更好，砂轮状态变化更明显，可作为砂轮状态指示器：比磨削能进入暖区表示砂轮从锋利状态转变为磨损状态；相反，当比磨削能处于冷区时，认为砂轮状态较好[10,11]。

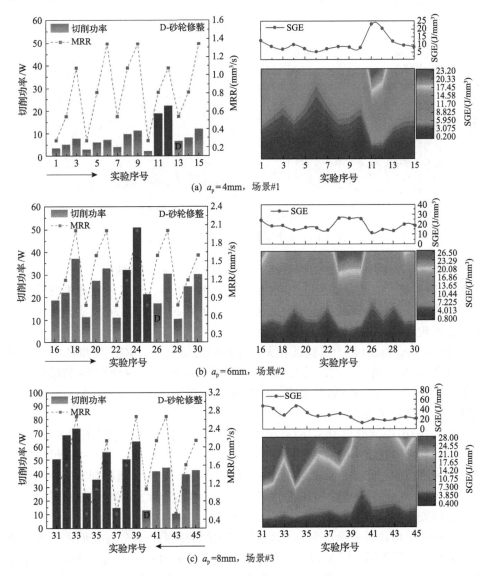

(a) a_p=4mm，场景#1

(b) a_p=6mm，场景#2

(c) a_p=8mm，场景#3

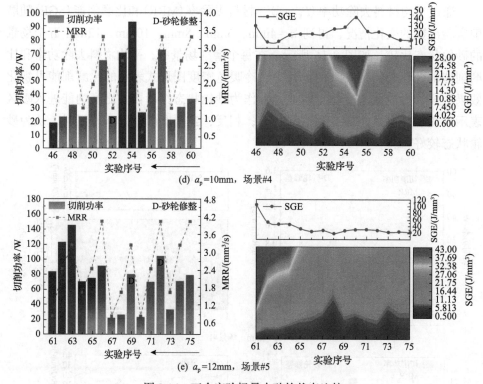

(d) a_p=10mm，场景#4

(e) a_p=12mm，场景#5

图 8-16　五个实验场景中砂轮状态比较

由图 8-16(a)和(b)对比可以看出，当磨削实验从第 1 组到第 15 组和从第 16 组到第 30 组进行时，分别经过 10 次和 7 次磨削加工后，SGE 密度图中突然的暖色趋势表明了砂轮由锋利状态转为磨钝状态。在第 13 组和第 26 组实验开始前，进行了砂轮修整，SGE 密度图转至冷区。

场景#3（a_p=8μm）是为了验证在无砂轮修整的情况下，SGE 密度图的变化情况。如图 8-16(c)所示，SGE 密度图在 9 组实验中（第 31~39 组）中保持暖状态；在第 40 组实验中进行砂轮修整后，SGE 密度图进入蓝区，表示修整后砂轮由磨钝状态转至良好状态。

图 8-16(d)中情形与图 8-16(a)和(b)类似，再次验证了本书提出的 SGE 密度图可视化判别砂轮状态的有效性。由图 8-16(e)可以发现，在第 61~66 组磨削实验中，未进行砂轮修整，SGE 密度保持在暖区；在 66~75 组磨削实验中，每 3 次实验进行一次砂轮修整，SGE 密度转至冷区。综述分析，认为 SGE 密度的变化趋势能够表明砂轮状态变化。

为说明平均材料去除功率与表面粗糙度之间的关系，首先对它们进行聚类分析，分为三个聚类簇。图 8-17(a)~(e)分别说明了 a_p=4mm、6mm、8mm、10mm 和 12mm 时的聚类分析结果，每个聚类矩阵中有 3 种聚类状态和 15 个样本。心形图案的左下角代表良好的砂轮状态，其中平均材料去除功率较小。相反，右上角的星形区域显示了磨钝的砂轮状态，其中平均材料去除功率较大。在这两种状态之间，通过平均材料去除功率找到一个聚类中心，以搜寻风险区域。

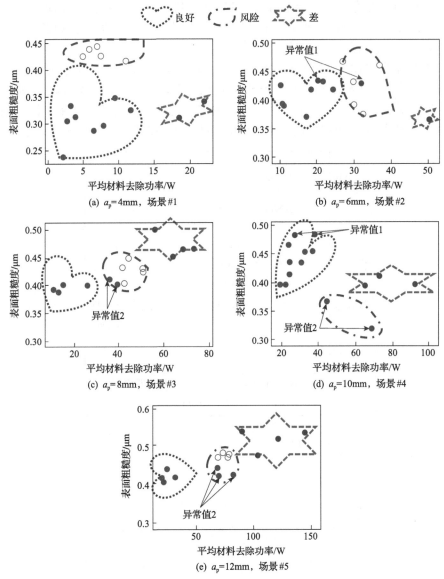

图 8-17　平均材料去除功率与表面粗糙度之间的聚类关系

如图 8-17(a)所示，在异常大的平均材料去除功率值中(表 8-6 中的 18.54W 和 22W)，找到了两个星形区域点(第 11 组和第 12 组)，与图 8-16(a)中的砂轮磨损状态分析一致。但此时，表面粗糙度没有显著增加，这是由于陶瓷材料的高脆性，材料去除表面未明显粗糙化。同理，在图 8-17(b)～(e)中，表面粗糙度的聚类结果与图 8-16(b)～(e)的砂轮状态变化比较一致。但在图 8-17(b)中，发现了一种异常情况，砂轮已经磨损但误判为良好状态，这可能是由砂轮自锐导致的。在图 8-17(c)中，还存在一种异常情况，砂轮状态判定为良好状态，而出现异常大的功率值，分析可能是由砂轮磨粒的堵塞造成的。因此，在进行表面粗糙度预计模型建立时，应首先剔除这些异常点[12]。

使用高斯-牛顿方法预测表面粗糙度，在收敛公差为 10^{-7} 的情况下进行了 500 次迭代。使用三个标准指标来检查预测性能，即残差误差 RE、均方误差 MSE 和皮尔逊相关系数 r。图 8-18 展示了不考虑切削功率和考虑切削功率所做的预计比较。由图 8-18(a)可以看出，考虑切削功率的预测结果中，25%～75%的 RE 在

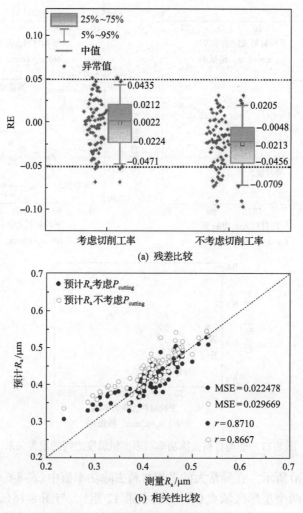

图 8-18　表面粗糙度预计结果比较

−0.0224～0.0212；95%的 RE 保持在±0.05 以内。然而，在不考虑切削功率的情况下，RE 较大，25%～75%的 RE 范围为−0.0456～−0.0048；95%的 RE 达到了−0.0709，绝对值大于 0.05。从 RE 比较结果看出，考虑切削功率时的预测准确性高于不考虑情况。

图 8-18(b)说明了两种情况下表面粗糙度预测值和测量值之间的相关性。考虑切削功率的预计 R_a 与测量值更接近，均方误差 MSE 和相关系数 r 分别达到了 0.022478 和 0.8710。而不考虑切削功率的预计情况，精度降低，均方误差和相关系数分别为 0.029669 和 0.8667。

8.2　典型零部件磨削加工的磨削功率/能耗智能监控与优化决策

8.2.1　轴承磨削加工

1. GCr15 轴承钢材料

在轴承磨削加工中，选用 GCr15 轴承钢材料。GCr15 是一种高韧性、高硬度和高耐磨性的结构钢，其化学成分主要包括碳(C)、硅(Si)、锰(Mn)、磷(P)、硫(S)、铬(Cr)和钼(Mo)，广泛应用于航空航天、汽车工业以及其他重要工业领域中。相对其他结构钢，GCr15 轴承钢具有良好的耐磨性和耐热性，因此其在高温、高压和重载场合中表现出卓越的性能。GCr15 轴承钢的化学成分如表 8-7 所示。

表 8-7　GCr15 轴承钢化学成分

元素	Fe	C	Si	Mn	P	S	Cr	Mo	Ni	Cu
质量分数/%	96.962	0.99	0.2	0.33	0.006	0.002	1.44	0.02	0.03	0.02

2. GCr15 轴承钢磨削实验设计

在磨削实验中，GCr15 轴承钢样本尺寸为 50mm(长)×50mm(宽)×25mm(高)。砂轮采用外径为 180mm、厚度为 10mm、内径为 31.75mm 的陶瓷结合剂白刚玉砂轮，磨料粒径为 180μm[13]。根据 GCr15 钢材料和白刚玉砂轮特性，砂轮线速度 V_s、工件进给速度 V_w 和磨削深度 a_p 分别设计为 1200m/min、2000mm/min 和 1μm。砂轮在磨损初期和磨损末期状态变化较慢，因此在每组实验中都采用 15μm 的累计深度来测量主轴功率、磨削力和工件表面粗糙度，直到砂轮严重磨损。随着磨削行程变化，砂轮磨损状态逐渐加剧，由轻度磨损、中度磨损向重度磨损转变。使用表面粗糙度和力信号作为砂轮磨损状态的指征参数，并验证和说明本书提出的磨削功率/能耗智能监控方法的有效性[14]。具体实施过程为：在实验开始之前先对工件进行磨平，并对砂轮进行修整；由砂轮磨到工件开始算起，累计磨削深度为15μm后停机，用清洁纸和无水乙醇清洗工件的加工表面，并测量工件表面粗糙度；在15μm的累计磨削过程中，以最后一个行程的功率数据和力数据作为本组实验的代表数据，即砂轮在该磨损状态下的过程信号数据。

　　磨削功率/能耗智能监控软硬件系统采用第2章和第3章介绍内容，力信号监控使用Kistler 9257B测力仪监测，采样频率设置为2000Hz。表面粗糙度R_a采用TIME 3200粗糙度仪测量，测量方法如图8-19所示，选择工件表面上的6个区域1～6作为固定位置进行粗糙度测量。其中，l_1为12mm，确保砂轮完全切入工件。标记线1和标记线2之间的距离为5mm，等于磨削宽度。在磨削实验前，在标记线1和标记线2处使用记号笔进行标记，以确保整个实验过程在相同的位置测量表面粗糙度。标记线1和标记线2之间的区域与采集到的功率信号的第三波形相对应。测量后，删除6个测量值中的最大值和最小值，以其余4组实验值的平均值作为实际测量表面粗糙度值。

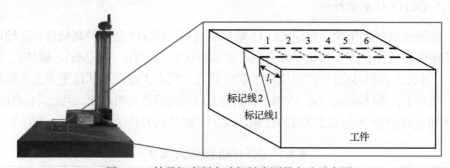

图8-19　轴承钢磨削实验粗糙度测量方法示意图

3. GCr15轴承钢磨削实时监控功率信号分析与比较

　　图8-20描述了三种砂轮磨损状态下的原始功率信号和低通滤波、快速傅里叶变换后的功率信号比较，三种状态分别是砂轮在轻度磨损阶段（磨削行程数为15）、中度磨损阶段（磨削行程数为120）和重度磨损阶段（磨削行程数为180）的状态。选择一个主波瓣足够窄的汉宁窗进行快速傅里叶变换，得到的频谱曲线如图8-20(b)、(d)和(f)所示。

　　由图8-20(b)可以看出，在砂轮处于轻度磨损阶段时，除了磨削产生的低频信号，其他噪声信号主要发生在主频74Hz，及其二阶频率37Hz和三阶频率23Hz上。随着磨削行程数的增加，砂轮磨损状态加剧。在砂轮处于中度磨损阶段时（磨削行程数为120），频率为23Hz的信号的幅值明显增大，频率段为37Hz和74Hz的信号小幅增大。在砂轮处于重度磨损阶段时（磨削行程数为180），频率为23Hz

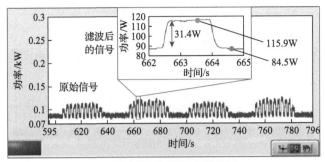

(a) 时域功率信号(磨削行程数为15)

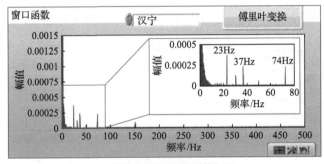

(b) 频域功率谱(磨削行程数为15)

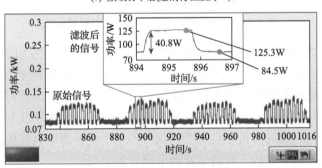

(c) 时域功率信号(磨削行程数为120)

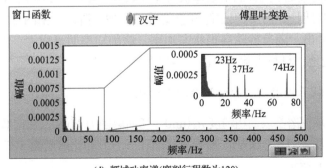

(d) 频域功率谱(磨削行程数为120)

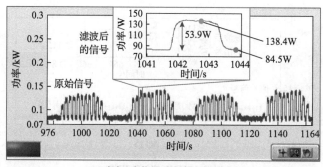

(e) 时域功率信号(磨削行程数为180)

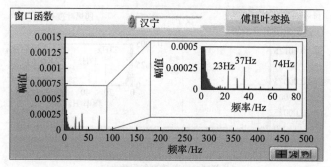

(f) 频域功率谱(磨削行程数为180)

图 8-20　三种磨削场景的功率信号时频域分析

的信号的幅值大幅减小，远小于砂轮轻度磨损阶段的幅值，频率段为 37Hz 的信号小幅增大，频率段为 74Hz 的信号小幅减小，幅值与砂轮轻度磨损阶段的幅值相近。整个实验只有砂轮磨损状态变化而无其他条件改变，因此可以推断频率在 23Hz、37Hz 和 74Hz 的信号虽含有正常磨削功率信号，但由于其与高频噪声信号的频率相同，在后续的分析中会对磨削信号产生干扰，所以也需要通过滤波将其去除。因此，该磨削参数下低通滤波频率设置为 20Hz。

经过低通滤波后，滤波后的功率波都呈平波状，如图 8-20(a)、(c) 和 (e) 所示，功率信号监控可明显区分材料去除和空磨等不同加工阶段。由图 8-20(a)、(c) 和 (e) 对比可以看出，随着砂轮磨损状态加剧，磨削功率明显增大，由 115.9W 至 138.4W。相应地，材料去除功率由 31.4W 增大至 53.9W。

4. GCr15 轴承钢磨削实验结果分析与讨论

GCr15 轴承钢磨削表面粗糙度 $R_a(\mu m)$、切向磨削力 $F_t(N)$、法向磨削力 $F_n(N)$、平均材料去除功率 $P_{cutting}(kW)$、材料去除能耗 $E_a(kJ)$ 和比磨削能 $SGE(J/mm^3)$ 的实验结果如表 8-8 所示。

表 8-8　轴承钢磨削实验结果

序号	磨削行程数	R_a /μm	F_t /N	F_n /N	$P_{cutting}$ /kW	E_a /kJ	SGE /(J/mm³)
1	15	0.09075	1.678	7.014	0.031414	0.036796	188.484
2	30	0.09125	1.967	8.745	0.034696	0.039341	208.176
3	45	0.09250	2.102	9.622	0.036929	0.042193	221.574
4	60	0.09275	2.193	10.2	0.036869	0.040903	221.214
5	75	0.09275	2.4	11.45	0.041164	0.044945	246.984
6	90	0.09575	2.51	12.31	0.041861	0.047587	251.166
7	105	0.10275	2.425	13.38	0.045238	0.049267	271.428
8	120	0.10175	2.438	12.42	0.041821	0.048513	244.926
9	135	0.10975	2.643	13.41	0.045246	0.050055	271.476
10	150	0.11400	2.476	12.85	0.041795	0.048978	250.77
11	165	0.11425	2.639	13.93	0.042942	0.047808	257.652
12	180	0.17750	3.185	16.78	0.053911	0.061735	323.466
13	195	0.21850	3.072	16.47	0.052545	0.059637	315.27
14	210	0.23700	3.295	17.81	0.055295	0.062916	331.77
15	225	0.25525	3.212	17.51	0.054115	0.061437	324.69
16	240	0.24700	3.333	18.18	0.056944	0.068803	341.664
17	255	0.25625	3.433	18.80	0.056755	0.069127	340.53
18	270	0.25000	3.325	18.39	0.055158	0.068381	330.948

　　在砂轮与工件接触的过程中，材料去除摩擦产生的瞬时高温使得砂轮硬度和强度降低，磨粒更易磨损，导致加工工件表面粗糙。此外，工件材料也会黏附在砂轮表面，形成堆积或堵塞，改变砂轮与工件接触方式，从而增加摩擦力和法向磨削力，也会引起加工面粗糙度增加。因此，使用加工后工件的表面粗糙度作为砂轮磨损状态的指征参数之一。同时，随着砂轮磨损加剧，磨损后的砂轮表面变得不平整，失去了原本的平面度，砂轮与工件接触面积减小，导致单位面积上承受的作用力增大，直接造成法向磨削力增大。此外，砂粒变钝后，磨削效率降低，需要增加磨削力以达到相同的材料去除效果，进一步增加了法向磨削力和切向磨削力。由此，使用法向磨削力和切向磨削力作为砂轮磨损状态的补充指征参数。

　　如图 8-21 所示，用表面粗糙度、法向磨削力和切向磨削力来表征砂轮的磨损程度，将砂轮磨损状态分成三个阶段：轻度磨损、中度磨损和重度磨损。由图 8-21(a)、(b)和(c)可明显看出，在前 75 个行程中，工件的表面粗糙度保持在较低水平上稳定，而法向磨削力和切向磨削力急剧增加，此时砂轮的磨削性能变化快速，但可以获得良好的磨削质量，定义该阶段为轻度磨损；在第 76~165 个磨削行程中，表面粗糙度略微增加，而法向磨削力和切向磨削力保持稳定，这意味着砂轮的磨削性能稳定但加工后表面质量逐渐恶化，定义该阶段为中度磨损；在 166 个磨削行程之后，表面粗糙度、法向磨削力和切向磨削力都显著增加，表明砂轮的磨削性能急剧恶化，砂轮进入重度磨损阶段。其中，在 225 个行程之前时，表面粗糙度一直呈增大趋势，法向磨削力和切向磨削力均变化显著，而在 226 个行程之后，表面粗糙度重新保持稳定，法向磨削力和切向磨削力虽然仍保持增大趋势但增大的幅度明显减小，因此将砂轮的重度磨损阶段分成两部分。在第 166~225 个磨削行程时，定义该阶段为重度磨损 I；在第 226 个磨削行程之后，定义该阶段为重度磨损 II。

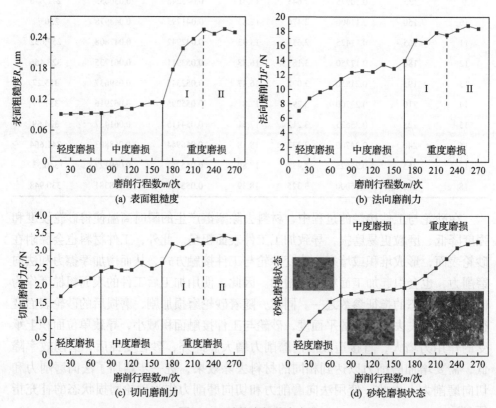

图 8-21　砂轮磨损状态定义

图 8-21(d) 为三种砂轮磨损状态的显微图像。在砂轮处于轻度磨损时，砂轮表面洁净，且磨料颗粒清晰可见。在砂轮处于中度磨损时，砂轮表面有少量磨屑，但切削性能良好。在砂轮处于重度磨损时，砂轮表面有大量磨屑，砂轮堵塞严重。

综上分析，根据对工件表面粗糙度、磨削力和砂轮表面的评价，确定了三个阶段：前 75 个磨削行程为轻度磨损阶段，第 75～165 个磨削行程为中度磨损阶段，第 166 个磨削行程后为重度磨损阶段。

GCr15 轴承钢平面磨削过程平均材料去除功率和材料去除能耗随磨削行程变化如图 8-22 所示。可以看出，随磨削行程变化，平均材料去除功率与能耗都呈上升趋势，且其变化趋势与切向磨削力、法向磨削力变化基本相同。在三种磨损阶段，功率和能耗变化同样较为明显，可以通过设定阈值的方式来判断砂轮磨损状态。在轴承钢磨削案例中，当材料去除功率和能耗分别在 0～0.0415kW 和 0～0.0460kJ 范围内时，为轻度磨损；在 0.0416～0.0460kW 和 0.0461～0.0510kJ 范围内时，为中度磨损；在 0.0461～0.0570kW 和 0.0511～0.0700kJ 范围内时，为重度磨损。通过材料去除功率和能耗能够清晰比较重度磨损 I 区和 II 区。在重度磨损 I 区，测量得到的平均材料去除功率和能耗增大后保持在稳定的值；在重度磨损 II 区，平均材料去除功率和能耗轻微下降。为更加直观地判断砂轮磨损状态，采用如图 8-23 所示平均材料去除功率及 SGE 密度图。

图 8-23(b)所示的 SGE 密度可视化方法更加直观。由图 8-23(b)可以看出，当磨削行程从 0 到 75 时，SGE 密度图处于冷区且有向暖区变化的趋势，表明砂轮处于轻度磨损阶段且有向中度磨损状态变化的趋势；在第 76～165 个磨削行程中，SGE 密度图稳定在冷区和暖区的过渡阶段，砂轮处于中度磨损阶段；在第 166 个磨削行程之后，SGE 密度图进入暖区，砂轮进入重度磨损阶段。其中，在 225 个行程之前和 226 个行程之后，SGE 密度图分别在暖区的两个区域保持稳定，分别对应重度磨损 I 阶段和重度磨损 II 阶段。因此，根据本书提出的功率阈值方法和 SGE 密度图方法，提前调整砂轮修整计划，对于提高砂轮利用率和生产效率具有重要意义。

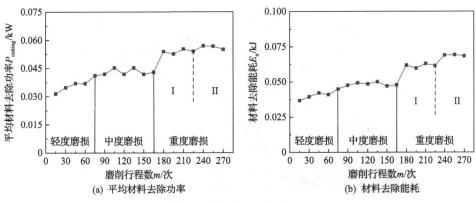

图 8-22　砂轮磨损状态判别(功率和能耗方法)

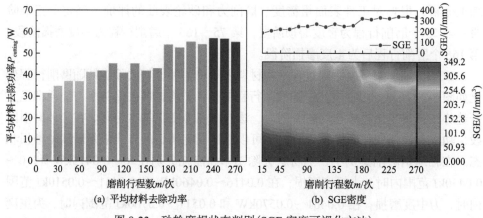

图 8-23 砂轮磨损状态判别（SGE 密度可视化方法）

5. 某型号轴承磨削加工功率/能耗智能监控与优化决策系统应用

某型号轴承磨削加工现场如图 8-24 所示，包括加工工件和现场磨削功率信号采集。砂轮采用外径为 600mm、厚度为 25mm 的棕刚玉砂轮，磨料粒径为 100μm。

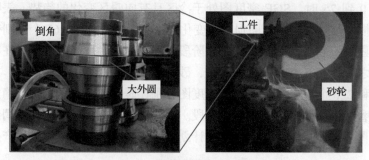

(a) 外圆磨削加工

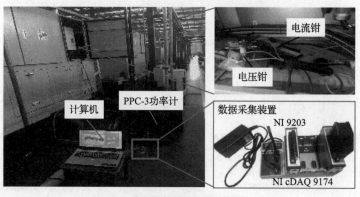

(b) 磨削功率/能耗监控硬件系统

图 8-24 某型号轴承磨削加工现场

使用水基磨削液，磨削液压力为 0.16MPa。其磨削加工面为大外圆面，磨削方式为外圆磨削，工件旋转方向与砂轮旋转方向相反。磨削功率/能耗智能监控与优化决策硬件系统连接在磨床砂轮主轴伺服驱动输出线上，监控磨削过程中砂轮主轴功率信号。该轴承外圆磨削加工包含粗磨、半精磨、精磨和无火花磨削四个工序。连续磨削 3～5 个工件，进行一次砂轮修整。

　　在初始磨削时工件表面出现螺旋面，其台阶高度等于砂轮切深；在磨削循环经由粗磨、半精磨、精磨进入无火花磨削时，砂轮切深逐渐减小，台阶高度变小，工件被磨圆。通过在线检测大外圆直径和表面粗糙度，当达到工步规定加工要求时，立即开始下一个工步。外圆磨削过程监控的功率信号如图 8-25 所示，功率信号曲线可明显区分粗磨、半精磨、精磨和无火花磨削等各加工工序。

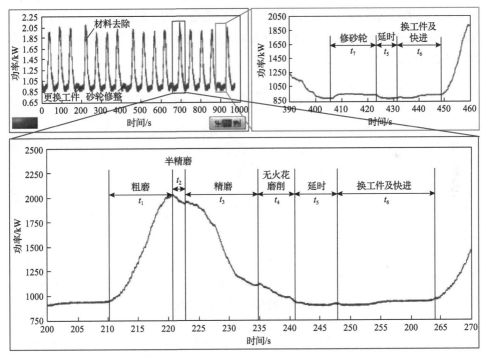

图 8-25　某型号轴承外圆磨削主轴功率信号分析

　　如图 8-25 局部放大图所示，在粗磨 t_1 阶段，砂轮切入工件，功率随之增大，粗磨时间较长，功率在达到最大值后趋于稳定；随后减小进给量和进给速度，进入半精磨 t_2 阶段，功率减小并趋于稳定；之后再继续减小进给量和进给速度，进入精磨 t_3 阶段，功率迅速下降并趋于稳定；最后进给量和进给速度减到最小，进入无火花磨削 t_4 阶段，功率进一步减小。加工完成后进入延时 t_5 阶段，此时主轴功率变为空转功率且保持稳定；随后进入换工件及快进 t_6 阶段，功率持续缓慢增大。如图 8-25 所示,功率信号每隔 4 个波形循环一次,说明在实际加工时每磨 4 个工件修整砂轮一次。砂轮修整后第一个工件加工时功率信号最大,另外三组功率信号较为稳定,说明砂轮修整后磨粒较为尖锐。砂轮修整功率信号如图 8-25 局部放大右图所示,砂轮主轴功率信号较空磨阶段大,能够从功率信号中区分砂轮修整与延时、换工件等工序。

　　某型号轴承外圆磨削各工序功率/能耗特征值的提取结果如图 8-26 所示,统计了各工序阶段的时间、平均功率、功率峰值和能耗情况。其中,序号 1～7 分别代表粗磨阶段、半精磨阶段、精磨阶段、无火花磨削阶段、延时阶段、换工件及快进阶段、砂轮修整阶段。由图 8-26 可以看出,在仅统计 1 个工件完整材料去除工序与砂轮修整工序情况下,耗时最长的是砂轮修整阶段,约为 24.02s;平均功率最大的是半精磨阶段,约为 1.93kW;功率峰值最大的是粗磨阶段,约为 2.03kW;能耗最多的是砂轮修整阶段,约为 22.32kJ。各工序阶段加工效率和能耗详细比较如图 8-27 所示。

	时间/s	平均功率/kW	功率峰值/kW	能耗/kJ	材料去除率	
全部	969.999999	1.158897	2.064475	1124.130013		
1	10.796000	1.429524	2.032854	15.434571		
2	1.973000	1.933085	1.957580	3.815910		
3	11.725000	1.532982	1.957580	17.975746		
4	6.733000	0.902410	0.928022	6.076826		
5	5.456000	0.901732	0.928022	4.920749		
6	16.601000	0.915226	0.942953	15.194577		
7	24.021000	0.929324	0.961393	22.324216		
8						
9						
10						
11						
11						
12						

图 8-26　提取各工序功率特征值

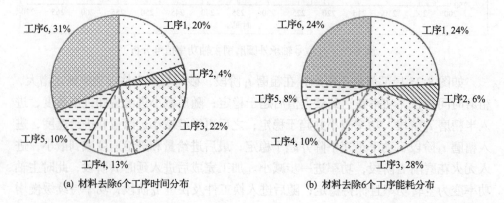

(a) 材料去除6个工序时间分布　　　　(b) 材料去除6个工序能耗分布

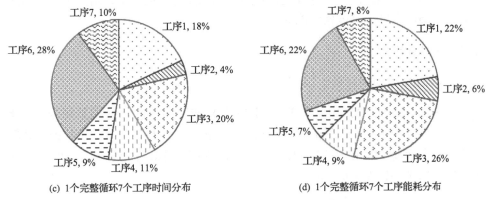

(c) 1个完整循环7个工序时间分布　　　　(d) 1个完整循环7个工序能耗分布

图 8-27　某型号轴承外圆磨削各工序加工效率和能耗分析

图 8-27(a) 和 (b) 分别为磨削加工 1 个工件时材料去除 6 个工序(1-粗磨、2-半精磨、3-精磨、4-无火花磨削、5-延时、6-换工件及快进)的加工时间和能耗分布结果。可知在整个材料去除过程中，换工件及快进工序所占时间比例最大，约占整个材料去除工序的 31%；延时工序时间占比也达到了 10%，说明此工件与下一工件材料去除间歇时间较长(合计达到 41%)，影响整体加工效率；粗磨、精磨和无火花磨削工序时间占比较为合理，分别为 20%、22%和 13%；半精磨工序所占时间比例最小，约占整个材料去除工序的 4%。在能耗分布方面，精磨阶段所占能耗比例最大，约占整个工序的 28%；半精磨阶段所占能耗比例最小，约占整个工序的 6%；换工件及快进工序与延时工序整体能耗占比达 32%，对比两个工序时间占比情况，发现较长的间歇工序时间同时会导致较高的电能消耗，提高加工效率与能耗效率目标具有协同作用。

图 8-27(c) 和 (d) 分别为包含砂轮修整工序(序号为 7)的一个完整磨削加工循环的加工时间和能耗分布情况，整个过程共包含 4 次完整材料去除工序(即磨削加工 4 个工件)和 1 个砂轮修整工序。由图 8-27(c) 和 (d) 可知，在 1 个完整磨削加工循环中，换工件及快进工序和半精磨工序仍分别占加工时间比例的最大值与最小值，分别为 28%与 4%；虽然每加工 4 个工件修 1 次砂轮，但砂轮修整工序占整个磨削循环的时间比例仍比较大，达到 10%，说明延长砂轮修整周期能够明显提高轴承加工效率。在能耗分布方面，用于材料去除的粗磨、半精磨、精磨和无火花磨削工序能耗占比分别为 22%、6%、26%和 9%，该型号轴承外圆磨削加工的能耗效率为 63%；换工件及快进和延时工序能耗占比分别为 22%和 7%，砂轮修整工序约占完整磨削加工循环能耗的 8%。由此分析，建议工厂在保证机床稳定性范围内，调整工件进给速度，缩短换工件及快进和延时工序时间、延长砂轮修整周期，可同时提高加工效率和能耗效率。此外，在精磨阶段能耗占比较大，建议

通过加工质量与能耗的双目标优化，在保证加工质量的前提下，增大工件进给速度或增大磨削深度，降低精磨能耗。

8.2.2　曲轴磨削加工

1. 48MnV 曲轴钢材料

在曲轴磨削加工实验中，材料选用 48MnV 曲轴钢。48MnV 曲轴钢是一种非合金钢，属于中碳热处理钢的范畴，具有良好的可加工性、较高的抗拉强度和较强的抗冲击性能，常用于高温、疲劳载荷和动载荷下的高性能曲轴上。48MnV 曲轴钢的化学成分如表 8-9 所示。

表 8-9　48MnV 曲轴钢化学成分

元素	质量分数/%
Fe	余量
C	0.45～0.51
Si	0.17～0.37
Mn	0.90～1.2
P	≤0.035
S	0.010～0.035
V	0.05～0.10
O	≤0.0030

2. 48MnV 曲轴钢磨削实验设计

在 SMART-B818III 高精度磨床上进行磨削实验，48MnV 曲轴钢工件尺寸为 50mm（长）×50mm（宽）×25mm（高）。砂轮采用外径为 180mm、厚度为 10mm、内径为 31.75mm 的陶瓷结合剂白刚玉砂轮，磨料粒径为 180μm。砂轮线速度、工件进给速度和磨削深度分别设计为 1200m/min、2000mm/min 和 1μm。共安排 18 组、900 个行程的磨削实验，磨削方式为湿磨。由于 48MnV 曲轴钢相对于 GCr15 轴承钢材料硬度较低，砂轮磨损速度相对较慢，设置功率、能耗、表面粗糙度、磨削力等数据的采集间隔为 50μm 材料去除厚度。磨削过程功率信号、力信号和表面粗糙度测量方法与 8.2.1 节相同。

3. 48MnV 曲轴钢磨削实时监控功率信号分析与比较

图 8-28 描述了轻度砂轮磨损阶段（磨削行程数为 50）、中度砂轮磨损阶段（磨削行程数为 600）和重度砂轮磨损阶段（磨削行程数为 900）三种不同砂轮状态的原始功率信号和 FFT、低通滤波后的功率信号比较。由图 8-28（a）、（c）和（e）原始功

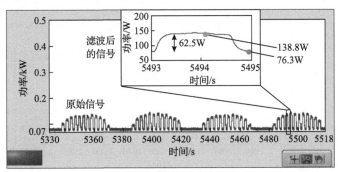

(a) 时域功率信号(磨削行程数为50)

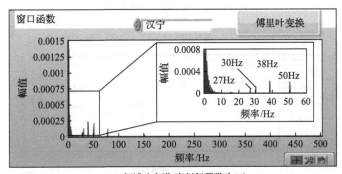

(b) 频域功率谱(磨削行程数为50)

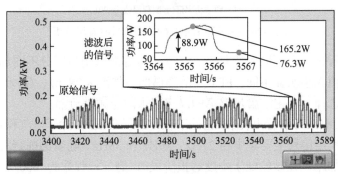

(c) 时域功率信号(磨削行程数为600)

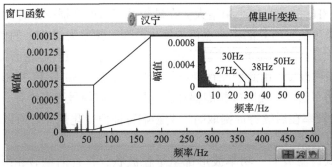

(d) 频域功率谱(磨削行程数为600)

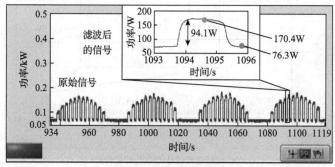

(e) 时域功率信号(磨削行程数为900)

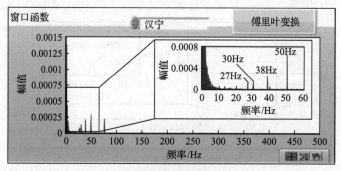

(f) 频域功率谱(磨削行程数为900)

图 8-28　三种磨削场景的功率信号时频域分析

率信号可以看出，在不同砂轮状态，功率信号都能够明显区分不同加工工序且功率信号的幅值大小明显不同。FFT 后的频谱曲线如图 8-28(b)、(d)和(f)所示。在 FFT 之前，选择一个主波瓣足够窄的汉宁窗来防止频谱泄漏。

由图 8-28(b)可以看出，当砂轮处于轻度磨损阶段时，除了电气噪声频率 50Hz 之外，其他噪声信号主要集中在 27Hz、30Hz 和 38Hz。随着磨削行程数增加，砂轮磨损状态加剧。在砂轮处于中度磨损阶段时(磨削行程数为 600)，其他噪声信号所处的频率点未发生改变，但频率为 27Hz 的噪声信号幅值明显增大，频率段为 30Hz 和 38Hz 的信号也小幅增大。在砂轮处于重度磨损阶段时(磨削行程数为 900)，其他噪声信号所处的频率点仍未发生改变，频率为 27Hz 的信号幅值大于 30Hz，且远大于砂轮轻度磨损阶段的幅值。由于实验中只有砂轮磨损状态变化而无其他加工条件改变，由此推断在噪声信号频率 27Hz、30Hz 和 38Hz 处可能也含有正常磨削功率信号，或随砂轮磨损加剧，机械噪声信号逐渐增强。27Hz、30Hz 和 38Hz 信号频率在后续特征提取时，会影响特征值变化规律。所以，采用 20Hz 低通滤波器将其滤除。

经信号低通滤波后，功率波形都呈平稳波状，符合前期砂轮线速度大小对功率信号监控稳定性影响规律的分析结果，如图 8-28(a)、(c)和(e)小框所示。由图 8-28(a)、(c)和(e)对比可以发现，随着砂轮磨损状态加剧，磨削功率由 138.8W 增大至 165.2W、170.4W。相应地，材料去除功率由 62.5W 增大至 88.9W、94.1W，同时砂轮空转功率保持在 76.3W 不变。由材料去除功率对比可以发现，砂轮由轻度磨损至中度磨损，功率信号变化较大；而至后期磨损阶段，功率信号增加较为缓慢。

4. 48MnV 曲轴钢磨削实验结果分析与讨论

48MnV 曲轴钢磨削表面粗糙度 $R_a(\mu m)$、切向磨削力 $F_t(N)$、法向磨削力 $F_n(N)$、平均材料去除功率 $P_{cutting}(kW)$、材料去除能耗 $E_a(kJ)$ 和比磨削能 SGE(J/mm^3)的实验结果如表 8-10 所示。

表 8-10　曲轴钢磨削实验结果

序号	磨削行程数	R_a /μm	F_t /N	F_n /N	$P_{cutting}$ /kW	E_a /kJ	SGE /(J/mm³)
1	50	0.0898	3.457	17.23	0.059429	0.0891435	356.58
2	100	0.1006	3.752	19.32	0.064694	0.097041	388.14
3	150	0.1286	4.435	24.35	0.077094	0.115641	462.54
4	200	0.1251	4.669	26.63	0.080901	0.1213515	485.4
5	250	0.1225	4.767	28.14	0.083409	0.1251135	500.46
6	300	0.1321	5.368	31.31	0.092731	0.1390965	556.38
7	350	0.1401	4.896	28.90	0.086568	0.129852	519.42
8	400	0.1408	5.165	32.03	0.089931	0.1348965	539.58
9	450	0.1438	5.411	32.09	0.09107	0.136605	546.42
10	500	0.1425	4.754	27.81	0.082752	0.124128	496.5
11	550	0.1803	5.415	32.23	0.092756	0.139134	556.56
12	600	0.1786	5.089	30.11	0.08708	0.13062	522.48
13	650	0.1731	5.325	32.28	0.091363	0.1370445	548.16
14	700	0.1735	5.766	35.51	0.099594	0.149391	597.54
15	750	0.1736	5.996	36.01	0.1045	0.15675	627
16	800	0.1865	5.747	34.65	0.097531	0.1462965	585.18
17	850	0.2041	5.329	35.33	0.092281	0.1384215	553.68
18	900	0.1951	5.897	38.84	0.1025	0.15375	615

图 8-29(a)～(c)分别显示了表面粗糙度、法向磨削力和切向磨削力随磨削行程数的变化规律。如图 8-29(a)所示，表面粗糙度在前 300 个磨削行程中由 0.0898μm 急剧增加到 0.1321μm。在随后的 200 个磨削行程中，表面粗糙度维持在较为稳定的状态且总体呈缓慢增加趋势，达到 0.1425μm。550 个磨削行程后，

表面粗糙度急剧增加到 0.1803μm，并保持在较高位，判断此时砂轮已重度磨损。

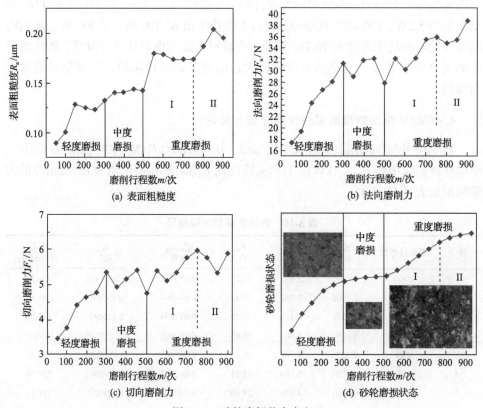

图 8-29　砂轮磨损状态定义

进一步对比图 8-29(b) 和 (c) 法向磨削力和切向磨削力的分析结果，可发现在前 300 个磨削行程中，法向磨削力和切向磨削力均逐渐增大且增长趋势较快，说明砂轮状态在初期变化较为显著。在中间阶段 300 个行程至 500 个行程位置处，法向磨削力和切向磨削力变化均不十分明显，且呈波动状，这主要由于砂轮一直处于不断磨损和自锐过程。

对比图 8-29(a) 表面粗糙度变化规律，判断砂轮在 550 个磨削行程时已经临界重度磨损，而力信号并不能跟踪到这一变化。500 个磨削行程后，法向磨削力和切向磨削力均保持高位增长态势，说明砂轮已重度磨损。尤其是在最后 100 个磨削行程，法向磨削力急剧增加，而切向磨削力几乎稳定或呈减小趋势，表明砂轮材料去除能力严重下降。图 8-29(d) 为三种砂轮磨损状态的显微图像，认为利用表面粗糙度、法向磨削力信号、切向磨削力信号作为砂轮状态的判据是有效的。

进一步分析与验证平均材料去除功率和材料去除能耗在砂轮磨损状态判别中的作用，如图 8-30 所示。可发现随磨削行程变化，测量的平均材料去除功率与能耗变化趋势与切向磨削力变化情况基本相同。与 GCr15 轴承钢磨削实验不同的是，从磨削功率信号中无法直观划分 48MnV 曲轴磨削的三种砂轮磨损状态。

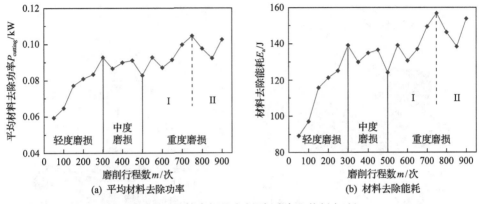

图 8-30 砂轮磨损状态判别(功率和能耗方法)

为更加直观有效地进行砂轮状态判别，图 8-31 分析了平均材料去除功率和比磨削能(SGE)随磨削行程的变化规律。从图 8-31(a)和(b)的直接对比可发现，本书提出的 SGE 密度可视化方法更加有效。在前 250 个磨削行程，砂轮处于轻度磨损状态。在 300~500 个磨削行程中，SGE 密度变化至温暖状态，砂轮处于中度磨损阶段。在 500 个磨削行程后，红色区域急剧增加，砂轮进入急速磨损阶段，需要及时进行砂轮修整。SGE 密度随砂轮磨损状态显著上升的可视变化，说明利用能耗特征来区分砂轮性能的有效能力。

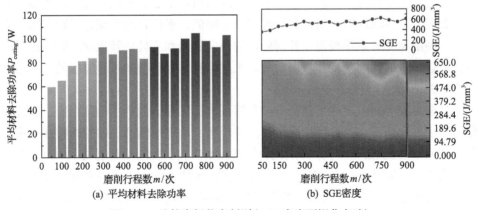

图 8-31 砂轮磨损状态判别(SGE 密度可视化方法)

5. 某型号曲轴磨削加工功率/能耗监控与优化决策系统应用

某型号曲轴加工现场如图 8-32 所示，其磨削加工面为曲轴连杆颈和主轴颈，磨削方式为随动磨削。磨削功率/能耗智能监控与优化决策硬件系统连接在磨床砂轮主轴伺服驱动输出线上，监控磨削过程中砂轮主轴功率信号。

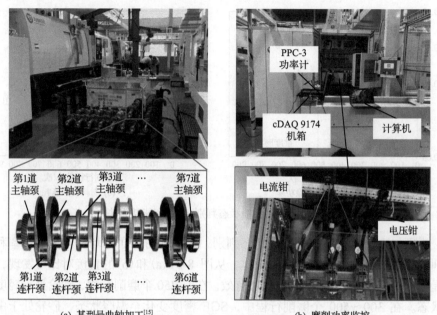

(a) 某型号曲轴加工[15]　　　　　　　　　　　(b) 磨削功率监控

图 8-32　某型号曲轴加工现场

随动磨削是随磨削技术和数控技术发展而提出的一种新型磨削加工工序，通过以曲轴的主轴颈定位，以主轴颈中心连线为回转中心，一次装夹磨出主轴颈和连杆颈[15,16]。主轴颈的磨削方式与现有方法相似，连杆颈的实现方式则根据建立的连杆磨削运动的数学模型，控制砂轮的横向进给和工件回转运动的联动插补，以保证连杆颈的磨削精度和表面质量。某型号轴承随动磨削过程监控的功率信号如图 8-33 所示。

从图 8-33(a)和(b)中可清晰分辨各磨削加工工序，包括主轴颈粗磨、连杆颈粗磨、主轴颈精磨、连杆颈精磨、输出端粗磨、输出端精磨、砂轮修整和更换工件，说明本书提出的磨削功率/能耗智能监控方法在曲轴随动磨削技术中也具有较好的适应性。从图 8-33(b)中还可看出，由功率信号的时域幅值可简单方便地分辨出当前加工处于主轴颈，还是连杆颈的加工阶段。砂轮空转功率约为 160W，主轴颈粗磨削功率信号范围在 490～590W，连杆颈粗磨功率信号变化不大，处于 338～358W。输出端磨削功率信号相对较小，粗磨功率约为 350W，精磨功率约为 385W。

图 8-33(c)和(d)分别显示了砂轮修整和更换工件过程的功率信号变化规律。由图 8-33(c)可以看出，金刚石修刀笔对砂轮进行了 3 次修整。功率信号在初期修

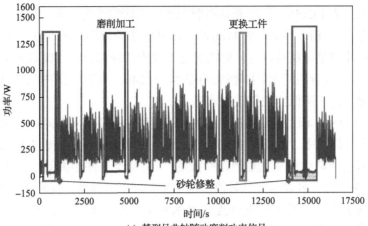

(a) 某型号曲轴随动磨削功率信号

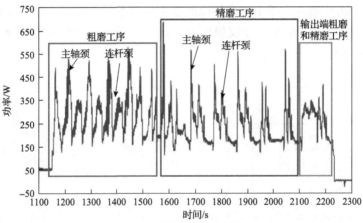

(b) 粗磨和精磨功率信号

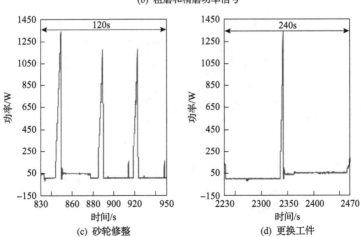

图 8-33　某型号曲轴磨削主轴功率信号分析

整时比较大，为 1350W，说明修整前磨粒磨损或堵塞较为严重。后面 2 次砂轮修整功率信号几乎相同，保持在 1180W，表明经 2 轮修整后砂轮状态是一致的，也说明此砂轮修整周期可以进行适当优化，改为 2 轮修整，以提高加工效率。由图 8-33(d)可清晰看到两个工件磨削间隔时间为 240s，工序间隔时间明显过长，建议工厂优化工艺，降低能耗和提高效率。

　　图 8-34 显示了该型号曲轴连续磨削加工过程的磨削功率/能耗特征值的提取结果，统计了平均功率、能耗、功率峰值、最小功率变化情况。图 8-34(a)、(c)中平均功率和功率峰值的变化规律是一致的，第 1 个工件相关值小，随后缓慢增加，第 11 个工件又恢复至较低数值。这与实际加工过程是一致的，每隔 10 个工件修整一次砂轮，未修砂轮期间连续磨削功率信号逐渐增大，进一步验证了本书提出的功率和能耗监控方法在实际生产应用中是十分有效的。相比较而言，图 8-34(b)、(d)中能耗和最小功率特征的变化规律不完全能够说明实际加工过程。因此，在工业推广应用中，建议提取平均功率和功率峰值特征作为磨削过程状态变化指征参数。

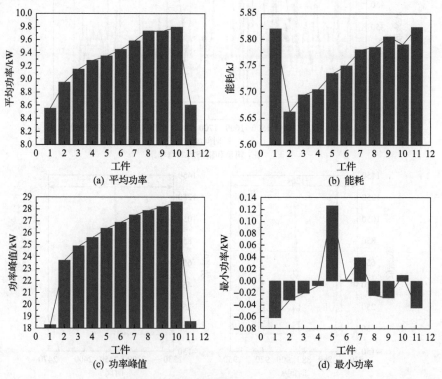

(a) 平均功率　　　　　　　　　　(b) 能耗

(c) 功率峰值　　　　　　　　　　(d) 最小功率

图 8-34　提取功率特征随工件变化规律

8.3　磨削加工过程智能监控与优化决策系统展望

磨削加工作为精密与超精密加工应用最为广泛的一种加工工艺，成为现代制造技术的重要组成部分，其产品涉及航空航天、精密机械、生物医疗、光学工程、5G 通信、新能源汽车等诸多高端技术领域。然而，磨削是通过磨具表面大量不规则磨粒的不均匀性磨损去除工件材料，受磨粒摩擦磨损状态、冷却条件、机床条件、磨削参数等多重因素综合影响，磨削加工是一个极其不稳定的过程。尤其是磨削工艺决策智能化程度低，仍依靠技术工人反复"试凑"加工参数，较难对磨削过热、砂轮钝化、磨削烧伤等进行有效预判，极易出现磨削能耗高、效率低、烧伤频繁、表面完整性差、磨削性能不稳定等技术问题，严重制约制造业可持续发展。

近年来，大数据和深度学习为代表的新一代信息技术的快速发展为磨削技术智能化迭代升级带来新的机遇与挑战，尤其是以"数据驱动的智能装备"为代表的第四次工业革命以来，借助传感器采集磨削过程物理信号，判断磨削状态、优化工艺目标、智能获取加工策略成为重要发展趋势。尽管国内外研究学者在磨削力、声发射、温度、振动等监控方法和砂轮状态、磨削烧伤等问题判别技术方面做了大量研究工作，但都面临着信号抗干扰性差、数据处理量大、预测精度低、无法推广应用等共性难题，迫切需要研究安装便捷、响应速度快、易于工业化应用的新型智能监控与优化决策系统。

近年来，作者提出使用磨削功率/能耗智能监控技术，研发了磨削功率/能耗智能监控与优化决策软硬件系统，提出了海量功率信号的特征提取和压缩存储方法，研究了砂轮状态和磨削烧伤实时、可视化判别技术，建立了磨削输出指标的三层映射人工自适应神经网络模型，突破了时间监测响应数据的单一映射关系，分析了磨削过程能耗分布特性，提出了能耗与生产指标协同的磨削工艺优化方法和精准智能控制技术。在此理论研究基础上，进一步探究了金属材料、陶瓷材料、复合材料以及某型号轴承、某型号曲轴等平面磨削、外圆磨削、随动磨削监控与优化决策应用实例，建立了多层结构的远程磨削数据库。

本书研究内容积极响应国家"双碳目标"战略决策，将新一代信息技术与先进制造技术深度融合，对加快磨削制造产业进入智能化和绿色化时代具有重要的学术意义和应用价值。但是，在提高物理信号处理准确性、特征提取响应速度、智能判别精度、自适应反馈控制技术等方面的研究工作仍需进一步完善。基于本书研究内容的不足，分别从以下方面对磨削功率/能耗智能监控与优化决策系统进行展望：

(1)功率信号处理和特征提取方法优化与多因素、多模式、多场景反复验证。

磨削加工精准智能控制技术的关键在于对监测物理信号的实时处理和特征提取，必须深入分析各种因素，如磨削参数、冷却条件、砂轮条件、外部环境等对监测功率信号稳定性和特征提取准确性的影响规律。研究适用于高速/超高速磨削、缓进给磨削、高速深磨、超声辅助磨削、电化学磨削、电解在线砂轮修整磨削、化学机械磨削和高剪低压磨削等先进磨削技术的功率信号处理和特征提取方法，扩大磨削功率/能耗智能监控与优化决策系统的应用范围。深入探讨诸如车间电网供电和用电设备量对监测功率信号的影响程度，提高磨削功率/能耗智能监控与优化决策系统工程适用性。

（2）突破砂轮状态和磨削烧伤等磨削问题诊断的实时性。结合使用声发射监控、温度监控等多传感器融合监控技术，探究磨削加工中磨粒磨损、自锐过程的不确定性变化，及其对磨削加工弧区温度的影响规律，分析由磨粒状态变化和磨削烧伤引起的功率信号异常状态点，提高使用材料去除功率、有功能耗和比磨削能等特征值判别砂轮状态和磨削烧伤的准确性。研究深度学习算法，提高磨削状态识别的自学习能力，突破磨削问题诊断的实时性限制。

（3）在商品化数控磨床上搭建精准智能控制平台，实现磨削加工的自适应反馈控制。针对商品化数控磨床控制系统封闭，难以外加数据库和自适应反馈控制指令问题，研究通过可编程控制器和控制指令，开发与数控系统编程外接函数对话的程序库，实现对磨床伺服系统和电机运动控制。研究磨削加工运动控制中的运动误差、几何误差和热误差等因素，提出相应误差预防和误差补偿方法，提高自适应反馈控制精度，实现磨削加工的精准智能控制。

参 考 文 献

[1] Tian Y B, Liu F, Wang Y, et al. Development of portable power monitoring system and grinding analytical tool[J]. Journal of Manufacturing Processes, 2017, 27: 188-197.

[2] Wang J L, Tian Y B, Hu X T, et al. Predictive modelling and Pareto optimization for energy efficient grinding based on aANN-embedded NSGA II algorithm[J]. Journal of Cleaner Production, 2021, 327: 129479.

[3] 李建伟, 田业冰, 张昆, 等. 面向磨削数据库的功率信号压缩方法研究[J]. 制造技术与机床, 2021, (8): 117-121.

[4] 李建伟. 磨削功率与能耗远程监控系统及专家数据库的研究[D]. 淄博: 山东理工大学, 2021.

[5] Wang J L, Tian Y B, Hu X T, et al. Development of grinding intelligent monitoring and big data-driven decision making expert system towards high efficiency and low energy consumption: Experimental approach[J]. Journal of Intelligent Manufacturing, 2024, 35(3): 1013-1035.

[6] 山东理工大学. 机械加工多目标预测与优化系统 V1.0[CP]: 中国, 2023SR0371904.

2023.03.21.

[7]　Li Y, Liu Y H, Wang J L, et al. Real-time monitoring of silica ceramic composites grinding surface roughness based on signal spectrum analysis[J]. Ceramics International, 2022, 48(5): 7204-7217.

[8]　Li Y, Liu Y H, Tian Y B, et al. Application of improved fireworks algorithm in grinding surface roughness online monitoring[J]. Journal of Manufacturing Processes, 2022, 74: 400-412.

[9]　Wang J L, Tian Y B, Zhang K, et al. Online prediction of grinding wheel condition and surface roughness for the fused silica ceramic composite material based on the monitored power signal[J]. Journal of Materials Research and Technology, 2023, 24: 8053-8064.

[10]　王进玲. 磨削功率监控与高效低耗工艺参数优化方法研究[R]. 淄博: 山东理工大学, 2023.

[11]　Wang J L, Tian Y B, Hu X T. Grinding prediction of the quartz fiber reinforced silica ceramic composite based on the monitored power signal[C]. International Conference on Surface Engineering, Weihai, 2021.

[12]　Tian Y B. Power/energy intelligent monitoring and big-data driven decision-making system for energy efficiency grinding[C]. European Assembly of Advanced Materials Congress, Stockholm, 2022.

[13]　王进玲, 李建伟, 田业冰, 等. 磨削功率信号采集与动态功率监测数据库建立方法[J]. 金刚石与磨料磨具工程, 2022, 42(3): 356-363.

[14]　Wang S, Tian Y B, Wang J L, et al. Identification of grinding wheel wear conditions of GCr15 steel usingan AE monitoring and EMD-RF method[C]. The 25th International Symposium on Advances in Abrasive Technology, Taichung, 2023.

[15]　丛建臣, 孙军, 倪培相, 等. 曲轴磨削工艺与残余应力关系[J]. 内燃机学报, 2019, 37(2): 186-191.

[16]　张满朝. 曲轴连杆颈随动磨削特性及其对加工质量的影响规律研究[D]. 上海: 上海交通大学, 2016.